高职高专计算机任务驱动模式教材

交换机/路由器的配置与管理

配置与管理

（第3版）

主 编／冯 昊

清华大学出版社

北京

内 容 简 介

交换机和路由器是网络的核心设备。掌握交换机和路由器的配置与管理技术,以及网络工程的规划设计方法,是网络从业人员必须具备的核心专业技能。

本书以规划设计和构建一个拥有三个校区的某高校大型局域网络和模拟的因特网为例,以该案例的建设为主线贯穿全书,以"项目引导,任务驱动"的方式组织全书的内容,详细介绍了大型局域网络和高可靠网络的规划设计与配置实现方法。

全书内容新颖,实用性和可操作性较强,主要介绍了计算机网络技术、网络模拟仿真软件、交换机配置基础、虚拟局域网技术、网络地址转换、访问控制技术、DHCP 服务配置与应用、动态路由协议、构建高可靠局域网络、VPN 配置与应用等实用内容。

本书配有实训内容,可作为应用型本科及高职高专院校计算机相关专业的教材,也可作为网络培训教材。

图书在版编目(CIP)数据

交换机/路由器的配置与管理/冯昊主编. —3 版. —北京:清华大学出版社,2022.2(2023.9 重印)
高职高专计算机任务驱动模式教材
ISBN 978-7-302-54298-8

Ⅰ.①交… Ⅱ.①冯… Ⅲ.①计算机网络-信息交换机-高等职业教育-教材 ②计算机网络-路由选择-高等职业教育-教材 Ⅳ.①TN915.05

中国版本图书馆 CIP 数据核字(2019)第 271682 号

责任编辑:张龙卿
封面设计:范春燕
责任校对:袁 芳
责任印制:沈 露

出版发行:清华大学出版社
　　　　网　　　址:http://www.tup.com.cn, http://www.wqbook.com
　　　　地　　　址:北京清华大学学研大厦 A 座　　　　　邮　　编:100084
　　　　社 总 机:010-83470000　　　　　　　　　　　邮　　购:010-62786544
　　　　投稿与读者服务:010-62776969,c-service@tup.tsinghua.edu.cn
　　　　质量反馈:010-62772015,zhiliang@tup.tsinghua.edu.cn
　　　　课件下载:http://www.tup.com.cn,010-83470410
印 装 者:三河市铭诚印务有限公司
经　　销:全国新华书店
开　　本:185mm×260mm　　　　**印　张:**20.25　　　　**字　数:**461 千字
版　　次:2005 年 12 月第 1 版　　2022 年 2 月第 3 版　　**印　次:**2023 年 9 月第 2 次印刷
定　　价:59.00 元

产品编号:086592-01

编审委员会

出版说明

我国高职高专教育经过几十年的发展,已经转向深度教学改革阶段。教育部于 2012 年 3 月发布了教高〔2012〕第 4 号文件《关于全面提高高等教育教学质量的若干意见》,重点建设一批特色高职学校,大力推行工学结合,突出实践能力培养,全面提高高职高专教学质量。

清华大学出版社作为国内大学出版社的领跑者,为了进一步推动高职高专计算机专业教材的建设工作,适应高职高专院校计算机类人才培养的发展趋势,根据教高〔2012〕第 4 号文件的精神,2012 年秋季开始了切合新一轮教学改革的教材建设工作。该系列教材一经推出,就得到了很多高职院校的认可和选用,其中部分书籍的销售量超过了 3 万册。现重新组织优秀作者对部分图书进行改版,并增加了一些新的图书品种。

目前国内高职高专院校计算机网络与软件专业的教材品种繁多,但符合国家计算机网络与软件技术专业领域技能型紧缺人才培养培训方案,并符合企业的实际需要,能够自成体系的教材还不多。

我们组织国内对计算机网络和软件人才培养模式有研究并且有较丰富实践经验的高职高专院校进行了较长时间的研讨和调研,遴选出一批富有工程实践经验和教学经验的"双师型"教师,合力编写了这套适用于高职高专计算机网络、软件专业的教材。

本套教材的编写方法是以任务驱动、案例教学为核心,以项目开发为主线。我们研究和分析了国内外先进职业教育的培训模式、教学方法和教材特色,消化吸收优秀的经验和成果。以培养技术应用型人才为目标,以企业对人才的需要为依据,把软件工程和项目管理的思想完全融入教材体系,将基本技能培养和主流技术相结合,课程设置中重点突出、主辅分明、结构合理、衔接紧凑。教材侧重培养学生的实战操作能力,学、思、练相结合,旨在通过项目实践增强学生的职业能力,使知识从书本中释放并转化为专业技能。

一、教材编写思想

本套教材以案例为中心,以技能培养为目标,围绕开发项目所用到的知识点进行讲解,对某些知识点附上相关的例题,以帮助读者理解,进而将知识转变为技能。

考虑到是以"项目设计"为核心组织教学,所以在每一学期都配有相应的实训课程及项目开发手册,要求学生在教师的指导下,能整合本学期所学的知识内容,相互协作,综合应用该学期的知识进行项目开发。同时,在教材中采用了大量的案例,这些案例紧密地结合教材中的各个知识点,循序渐进、由浅入深,在整体上体现了内容主导、实例解析、以点带面的模式,配合课程后期以项目设计贯穿教学内容的教学模式。

软件开发技术具有种类繁多、更新速度快的特点。本套教材在介绍软件开发主流技术的同时,帮助学生建立软件相关技术的横向及纵向的关系,培养学生综合应用所学知识的能力。

二、丛书特色

本系列教材体现目前工学结合的教改思想,充分结合教改现状,突出项目面向教学和任务驱动模式教学改革成果,打造立体化精品教材。

(1) 参照和吸纳国内外优秀计算机网络、软件专业教材的编写思想,采用本土化的实际项目或者任务,以保证其有更强的实用性,并与理论内容有很强的关联性。

(2) 准确把握高职高专软件专业人才的培养目标和特点。

(3) 充分调查研究国内软件企业,确定了基于 Java 和.NET 的两个主流技术路线,再将其组合成相应的课程链。

(4) 教材通过一个个的教学任务或者教学项目,在做中学,在学中做,以及边学边做,重点突出技能培养。在突出技能培养的同时,还介绍了解决思路和方法,培养学生未来在就业岗位上的终身学习能力。

(5) 借鉴或采用项目驱动的教学方法和考核制度,突出计算机网络、软件人才培训的先进性、工具性、实践性和应用性。

(6) 以案例为中心,以技能培养为目标,并以实际工作的例子引入概念,符合学生的认知规律。语言简洁明了、清晰易懂,更具人性化。

(7) 符合国家计算机网络、软件人才的培养目标;采用引入知识点、讲述知识点、强化知识点、应用知识点、综合知识点的模式,由浅入深地展开对技术内容的讲述。

(8) 为了便于教师授课和学生学习,清华大学出版社正在建设本套教材的教学服务资源。在清华大学出版社网站(www.tup.com.cn)免费提供教材的电子课件、案例库等资源。

高职高专教育正处于新一轮教学深度改革时期,从专业设置、课程体系建设到教材建设,依然是新课题。希望各高职高专院校在教学实践中积极提出意见和建议,并及时反馈给我们。清华大学出版社将对已出版的教材不断地修订、完善,以提高教材质量,完善教材服务体系,为我国的高职高专教育继续出版优秀的高质量教材。

清华大学出版社
高职高专计算机任务驱动模式教材编审委员会
2017 年 3 月

前　言

习近平总书记在党的二十大报告中指出：教育、科技、人才是全面建设社会主义现代化国家的基础性、战略性支撑；必须坚持科技是第一生产力、人才是第一资源、创新是第一动力；深入实施科教兴国战略、人才强国战略、创新驱动发展战略，这三大战略共同服务于创新型国家的建设。

随着计算机和网络技术的迅猛发展，计算机网络及应用已渗透到社会的各个领域，大数据、云计算、物联网、人工智能等国家战略性新兴信息产业的发展和应用，均离不开网络这个信息化基础设施，它们彼此依附且相互助力。新一代信息技术产业将加快建设下一代信息网络，因此急需大量高层次网络人才。

交换机和路由器是网络的核心设备，掌握交换机和路由器的配置与管理技术，以及网络工程的规划设计方法，是网络从业人员必须具备的核心专业技能。

本书是在前两版的基础上进行的一次最新改版，是编者二十多年网络行业从业经验和最新教学经验的结晶。本书侧重对网络实用技能的培养，根据计算机网络行业对网络专业人才的技能需求，精心选择知识点和技能点，以规划设计和构建一个拥有三个校区的某高校大型局域网和模拟的因特网为主线贯穿全书，以"项目引导，任务驱动"的方式组织全书的内容，详细介绍了大型局域网和高可靠网络的规划设计与配置实现方法，以及因特网的体系结构与配置实现方法。

本书精心设计网络工程案例，该案例涵盖了作为一名网络工程师应具备的知识点和技能点。它来源于真实网络工程，不仅新颖，而且实用性和可操作性非常强。学完本书内容，整个网络工程也就顺利组建完成了。案例中高校的 A 校区局域网采用传统三层式架构进行规划设计并配置实现；B 校区局域网采用扁平化设计方案进行规划设计并配置实现；C 校区局域网采用双核心双汇聚的高可靠网络方案进行规划设计并配置实现。三个校区的局域网内网借助因特网，并利用 IPSec VPN 技术实现彼此间的互联互通，从而完成整个网络工程的组建。

本书并不单纯讲解交换机和路由器的配置指令与用法，更注重网络工程规划设计和建设能力的培养。本书的编写目标是通过对内容的学习和实践操作,使读者具备能规划并设计大、中型局域网络,同时能独立配置交换机和路由器等网络设备,完成整个网络工程组建的能力。

对网络进行规划设计以及对交换机和路由器进行配置和管理,都需要具备一定的网络理论知识。为此,本书首先对必须要掌握和充分理解的网络理论知识进行了简明扼要的介绍。对于未学习过计算机网络基础知识的读者,通过学习前面的章节,也能无障碍地进行后续章节内容的学习。

本书由重庆工商职业学院冯昊编写。本书的教学 PPT 和网络案例的 pkt 文件可通过清华大学出版社官网获取。建议本书的学时数为 72 学时。

限于笔者学识,如有不当之处,敬请读者批评指正。

编　者

2023 年 1 月

目 录

第1章　计算机网络技术

本章介绍在计算机网络工程规划设计、网络组建和网络运维管理过程中所必须理解和掌握的网络基础知识，并重点介绍了 TCP/IP 模型和 TCP/IP。

1.1　计算机网络基本概念

计算机网络是计算机技术和通信技术发展的必然产物。进入 20 世纪 90 年代以后，以因特网(Internet)为代表的计算机网络得到了飞速发展，加速了全球数字化、网络化、信息化和智能化革命的进程。计算机网络正日益影响和改变着人们的生活方式、工作方式和学习方式，现在人们的生活、工作、学习和交往都已离不开计算机网络了。

1.1.1　计算机网络的定义与分类

1. 计算机网络的定义

计算机网络是指利用无线或有线(Wi-Fi 及 3G、4G、5G 无线信号)传输介质，将分布在不同地理位置且自治的计算机互联起来而构成的计算机集合。组建网络的目的是实现资源共享和通信。

目前最大的计算机网络就是因特网，它是利用传输介质和网络互联设备，将分布在全球范围内的计算机和计算机网络互联起来，而形成的一个覆盖全球的计算机网络。

2. 计算机网络的分类

可以从不同的角度对计算机网络进行分类。

(1) 根据网络的交换功能的不同，计算机网络可分为电路交换网、报文交换网、分组交换网和混合交换网。混合交换就是在一个数据网络中同时采用了电路交换技术和分组交换技术。

目前计算机网络主要采用分组交换技术，而传统的电话网采用电路交换技术。

(2) 根据网络覆盖的地理范围的大小，计算机网络可分为局域网、城域网和广域网。

- 局域网(local area network，LAN)：指网络覆盖范围在几百米至几千米的网络，网络覆盖的地理范围较小，如校园网、企事业单位内部网等。

  局域网可运行的协议主要有以太网协议(IEEE 802.3)、令牌总线(IEEE 802.4)、令牌环(IEEE 802.5)和光纤分布式数据接口(FDDI)。目前局域网最常用的是以太网协议,因此,在没有特别说明的情况下,局域网通常是指以太局域网。以太网是指运行以太网协议的网络。

- 城域网(metropolitan area network,MAN):指网络覆盖范围在几千米至几十千米的网络,其作用范围为一个城市。
- 广域网(wide area network,WAN):指网络覆盖范围在几十至几千千米的网络,可以跨越不同的国家或洲。因特网是全球最大的一个广域网,因特网通信采用TCP/IP簇,该协议簇就是为因特网而设计的。目前局域网也采用TCP/IP来通信。

(3) 根据网络的使用者,计算机网络可划分为公用网络和专用网络。

3. 网络的性能指标

计算机网络的主要性能指标有带宽和时延。

(1) 带宽。在模拟信号中,带宽是指通信线路允许通过的信号频率范围,其单位为赫兹。

在数字通信中,带宽是指数字信道发送数字信号的速率,其单位为比特每秒(b/s),因此带宽有时也称为吞吐量,常用每秒发送的比特数来表示。比如,通常说某条链路的带宽或吞吐量为100Mb/s,实际上是指该条链接的数据发送速率为100Mb/s,即每秒钟可传送100M比特的数据。

注意:在数字通信中,单位换算关系与计算机领域是不相同的,其换算关系为

$$1kb/s=1000b/s$$
$$1Mb/s=1000kb/s$$
$$1Gb/s=1000Mb/s$$

(2) 时延。时延是指一个报文或分组从链路的一端传送到另一端所需的时间。时延由发送时延、传播时延和处理时延三部分构成。

发送时延是使数据块从发送节点进入传输介质所需的时间,即从数据块的第一个比特数据开始发送算起,到最后一个比特发送完毕所需的时间,其值为数据块的长度除以信道带宽。因此,在发送的数据量一定的情况下,带宽越大,则发送时延越小,传输越快。发送时延又称传输时延。

传播时延是指电磁波在信道中传输一定的距离所花费的时间。一般情况下,这部分时延可忽略不计,但如果通过卫星信道传输,则这部分时延较大。电磁波在铜线电缆中的传播速度约为 2.3×10^5 km/s,在光纤中的速度约为 2.0×10^5 km/s,1000km 长的光纤线路产生的传播时延约为 5ms。

处理时延是指数据在交换节点为存储转发而进行一些必要处理所花费的时间。在处理时延中,排队时延占的比重较大,通常可用排队时延作为处理时延。

1.1.2　网络拓扑结构

网络拓扑结构是指用传输介质互联的各节点的物理布局。在网络拓扑结构图中,通常用点来表示联网的计算机,用线来表示通信链路。

在计算机网络中,网络拓扑结构主要有总线型、星形、环形、网状和树形,最常用的主要是星形。

1. 总线型结构网络

总线型结构网络使用同轴电缆细缆或粗缆作为公用总线来连接其他节点。总线的两端安装一对 50Ω 的终端电阻,以吸收剩余的电信号,避免产生有害的反射电信号。采用细同轴电缆时,每一段总线的长度一般不超过 185m。其网络拓扑结构如图 1.1 所示。总线结构网络可靠性差,速率慢(10Mb/s),目前已不再使用。

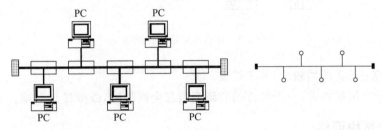

图 1.1 总线型的网络拓扑结构

主要优点:结构简单,所需电缆数量较少。
主要缺点:故障诊断和隔离较困难,可靠性差,传输距离有限,共享带宽,速度慢。

2. 星形结构网络

星形结构网络中,各节点以星形方式连接到中心交换节点,通过中心交换节点,实现各节点间的相互通信,是目前局域网的主要组网方式。中心交换节点可以用集线器或交换机,集线器是共享带宽设备,已淘汰,目前主要采用交换机来作为中心交换节点。其网络拓扑结构如图 1.2 所示。

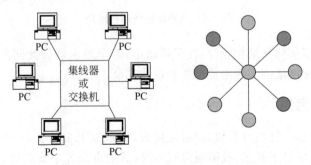

图 1.2 星形的网络拓扑结构

主要优点:控制简单,故障诊断和隔离容易,易于扩展,可靠性好。
主要缺点:需要的电缆较多,交换节点负荷较重。

3. 环形结构网络

环形结构网络由通信线路将各节点连接成一个闭合的环,数据在环上单向流动,网络中用令牌控制来协调各节点的发送,任意两节点都可通信。其网络拓扑结构如图 1.3 所示。

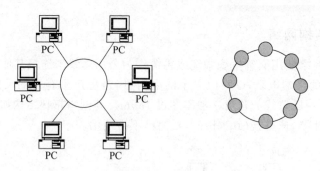

图 1.3　环形的网络拓扑结构

主要优点:所需线缆较少,易于扩展。

主要缺点:可靠性差,一个节点的故障会引起全网故障,故障检测困难。

4. 网状结构网络

网状结构网络在所有设备间实现点对点的互联,如图 1.4 所示。

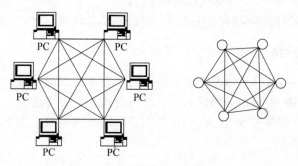

图 1.4　网状的网络拓扑结构

在局域网中,使用网状结构较少;在因特网中,骨干路由器彼此间的互联可采用网状结构,以提供到目标网络的多种路径选择和链路冗余。

5. 树形结构网络

树形结构网络像一棵倒置的树,顶端是树根,树根以下带分支,每个分支还可再进行分支。树形结构网络易于扩展,故障隔离较容易,其缺点是各个节点对根的依赖性较大。

1.1.3　网络通信协议

1. 网络通信协议的概念

在计算机网络中,要做到有条不紊地交换数据和通信,就必须共同遵守一些事先约定好的规则,这些为进行网络数据交换而建立的规则、标准或约定就称为网络协议。

网络协议由语法、语义和同步三个要素组成。语法规定了数据与控制信息的结构或格式;语义则定义了所要完成的操作,即完成何种动作或做出何种响应;同步则是事件实现顺序的详细说明。

2. 常用的网络通信协议

在局域网中,常用的协议主要有 NetBEUI 和 TCP/IP 协议集,用得最广泛的主要是 TCP/IP 协议集。

(1) NetBEUI 协议。NetBEUI(NetBIOS extended user interface,NetBIOS 用户扩展接口)是 IBM 于 1985 年开发的一种体积小、效率高、速度快的通信协议,但不具备跨网段工作的能力,主要用于小型网络。

(2) TCP/IP 协议集。TCP/IP 是因特网的标准通信协议,支持路由和跨平台特性。在局域网中,也广泛采用 TCP/IP 来工作。TCP/IP 是一个大的协议集,并不仅是 TCP 和 IP 这两个协议。

1.2　计算机网络体系结构

相互通信的两个计算机系统必须高度协调一致才能正常工作,而这种协调过程是相当复杂的,因此,计算机网络实际上是个非常复杂的系统。

对计算机网络体系结构进行分层,可将庞大而复杂的问题,转化为若干较小的局部问题,这样就比较容易研究和处理。

对计算机网络体系结构的分层模型有 OSI 模型和 TCP/IP 模型两种。OSI 属于国际标准,由于分层较多,实现较复杂,主要用于理论研究。TCP/IP 模型分层较少,实现较容易,成为事实上的国际标准和工业生产标准。

1.2.1　OSI 模型

OSI(open system interconnection reference model,开放系统互联参考模型)是国际标准化组织 ISO 于 1983 年正式推出的参考模型,即著名的 ISO 7498 国际标准。

在 OSI 模型中,将网络体系结构分成了七层,由低层到高层,依次是物理层、数据链路层、网络层、传输层(运输层)、会话层、表示层和应用层。每一层均向相邻的上一层通过层间接口提供服务,上一层要在下一层所提供的服务的基础上实现本层的功能,因此服务是垂直的。而协议是水平的,它是控制对等层实体之间通信的规则,即只有对等的层才能相互通信。比如 A 计算机的数据链路层与 B 计算机的数据链路层之间通信,A 计算机的传输层与 B 计算机的传输层之间通信。

应用层为用户提供所需的各种应用服务,如 HTTP 服务、FTP 服务、邮件服务、域名服务等。

表示层主要用于数据的表示、编码和解码,实现信息的语法语义表示和转换,如加密解密、转换翻译、压缩与解压缩等。

会话层用于为不同机器上的应用进程建立和管理会话。

传输层解决数据在网络之间的传输问题,用于提高网络层服务质量,提供点对点的数据传输。它从会话层接收数据,并在必要时将数据分割成适合在网络层传输的数据单元,然后将这些数据交给网络层,再由网络层负责将数据传送到目的主机。该层的数据传输单位为数据报。

网络层解决网络与网络之间的通信问题,主要功能有逻辑编址、分组传输、路由选择等。此层的数据传送单位为 IP 数据包。

数据链路层为网络层接供一条无差错的数据传输链路。在发送数据时,接收网络层传递来的数据包,封装成数据帧;在接收数据时,数据链路层将物理层传递来的二进制比特流,还原为数据帧。数据链路层传送的基本单位为数据帧,使用物理地址进行寻址。

物理层负责传送原始比特流,并屏蔽传输介质的差异,使数据链路层不必考虑传输介质的差异,实现数据链路层的透明传输。另外,物理层还必须解决比特同步的问题。

1.2.2 TCP/IP 模型

1. TCP/IP 模型体系结构

OSI 的七层体系结构仅是一个纯理论的分析模型,本身并不是一个具体协议的真实分层,具有四层体系结构的 TCP/IP 模型得到了广泛应用,成为事实上的国际标准和工业生产标准。

在 TCP/IP 模型中,网络体系结构由低层到高层,依次为网络接口层、网络层、传输层(运输层)和应用层,其网络体系结构与 OSI 七层结构的对应关系如图 1.5 所示。

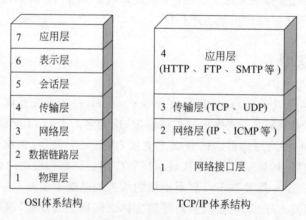

图 1.5 OSI 与 TCP/IP 体系结构的对应关系

在 TCP/IP 体系结构中,网络接口层整合了 OSI 体系结构中的物理层和数据链路层的功能,因此,从协议的层次结构看,TCP/IP 模型实际上是一个具有五层协议的体系结构。

　　在实际应用中,网络接口层的功能主要由网络接口(网卡)来实现,它实现了数据链路层和物理层的功能。网络层主要由路由器或三层交换机来实现。传输层(运输层)由用户主机中的应用进程(比如 QQ 服务进程、IIS 服务进程等)来实现,它存在于分组交换网之外的主机中,传输层的任务就是负责两个主机中的服务进程之间的通信。传输层之上的应用层就不再关心信息的传输问题了。通常也将分组交换网称为通信子网,而将用户主机的集合称为资源子网。

2. 各层常用的协议

1) 应用层协议

常用协议主要有 HTTP(hypertext transfer protocol,超文本传输协议)、HTTPS(hypertext transfer protocol over secure socket layer,安全的超文本传输协议)、SMTP(simple mail transfer protocol,简单邮件传输协议)、IMAP4(internet message access protocol version 4,交互式数据消息访问协议第 4 版)、POP3(post office protocol version 3,邮局协议第 3 版)、Telnet(终端仿真协议)、SSH(secure shell)、FTP(file transfer protocol,文件传输协议)、TFTP(trivial file transfer protocol,简单文件传输协议)、DNS(domain name system,域名系统)、DHCP(dynamic host configuration protocol,动态主机配置协议)、SNMP(simple network management protocol,简单网络管理协议)等。

2) 传输层协议

传输层提供端到端(主机服务进程对另一主机服务进程)的数据传输,提供可靠传输协议 TCP(transmission control protocol,传输控制协议)和不可靠传输协议 UDP(user datagram protocol,用户数据报协议)两种。

TCP 提供面向连接的、可靠的传输服务。利用 TCP 传输数据时,必须先建立 TCP 连接,连接建立成功后,才能传输数据。TCP 提供传输可靠性控制机制,通过流量控制、分段/重组和差错控制功能,能对传送的分组进行跟踪,对在传输过程中丢失的报文,会要求重传,从而保证传输的可靠性。

UDP 是一种无连接的传输层协议,提供面向事务的、简单、不可靠的信息传送服务。UDP 无法跟踪报文的传输过程,当报文发送之后,是无法得知其是否安全完整地到达目标主机的,故是不可靠的传输协议,常用于数据量大且对可靠性要求不高的传输应用,比如音频或视频信号的传输。

3) 网络层协议

网络层协议主要是 IP。IP 的作用是将数据封装成 IP 数据包,并运行必要的路由算法,对 IP 数据包进行路由转发,实现网络与网络之间的通信。

网络层协议除了 IP 之外,还有两个附属协议,分别是 ICMP(Internet control message protocol,因特网控制报文协议)和 IGMP(Internet group management protocol,因特网组管理协议),它们可视为工作在网络层和传输层之间,其数据采用 IP 数据包进行封装。对这两个协议,没有严格定义它们是属于网络层还是传输层,一般习惯上将其视为网络层协议。

ICMP 是一种无连接的协议,用于在 IP 主机、路由器之间传递控制消息,这些控制消息包括网络是否通畅,主机是否可达,路由是否可用等。检测网络是否通畅的 ping 命令和 tracert 路由追踪命令就是基于 ICMP 工作的。

IGMP 是因特网协议家族中的一个组管理协议,用于组播通信,属于组成员管理协议,管理组播组成员的加入和离开。主机和组播路由器之间通过 IGMP 来实现组播组成员信息的交互。

4) 网络接口层协议

网络接口层完成了 OSI 中的数据链路层和物理层的功能,在进行数据分组传送时,负责建立无差错的数据传输链路。

数据链路层常用的协议主要有 LLC(logical link control,逻辑链路控制)协议、MAC(medium access control,介质访问控制)协议、ARP(address resolution protocol,地址解析协议)、RARP(reverse address resolution protocol,反向地址解析协议)、MPLS(multiprotocol label switch,多协议标签交换)协议等。

ARP、RARP 和 MPLS 协议工作时涉及数据链路层和网络层,可视为工作在数据链路层和网络层之间的协议。

数据链路层分为 LLC 和 MAC 两个子层。LLC 子层是数据链路层的上层部分,为网络层提供统一的接口,LLC 子层实现与硬件无关的功能,比如流量控制、差错恢复等。在 LLC 子层下面是 MAC 子层,MAC 子层提供与物理层之间的接口。

ARP 用于将目的 IP 地址解析为数据链路层物理寻址所需的 MAC 地址,解析成功后,IP 地址与 MAC 地址的对应关系将保存在主机的 ARP 缓冲区中,从而建立起一个 ARP 列表,以供下次查询使用。ARP 缓冲区中的 ARP 列表有老化期,以保证列表的有效性。

RARP 用于将 MAC 地址解析为对应的 IP 地址,功能与 ARP 相反。

MPLS 是一种标记(label)机制的包交换技术,通过简单的 2 层交换来集成 IP 路由的控制功能。利用 MPLS 技术与 VPN 技术相结合,可实现 MPLS VPN。

目前国内使用较多的仍是 TCP/IP 的第 4 版,即 IPv4,新版的 IPv6 已在骨干网络中部署和应用;IPv4 与 IPv6 将共同存在较长的时间;IPv6 是未来发展和应用的方向,也是物联网发展的基础。

3. 数据在各层间的传递过程

为简化问题,假设计算机 1 和计算机 2 直接相连,现在计算机 1 的应用进程 AP_1 要向计算机 2 的应用进程 AP_2 发送数据,下面分析该数据在发送端和接收端的各层间的传递和处理过程。

应用进程 AP_1 将要传送的数据交给应用层,应用层在数据首部加上必要的控制信息 H_5,然后将数据传递给下面的传输层,数据和控制信息就成为下一层的数据单元。

传输层接收到这个数据单元后,在首部加上本层的控制信息 H_4,再交给下面的网络层,成为网络层的数据单元。

网络层接收到这个数据单元后,在首部加上 IP 包头 H_3,再交给下面的数据链路层。

数据链路层收到这个数据单元后,在首部和尾部分别加上控制信息 H_2 和 T_2,将数据单元封装成数据帧,然后交给物理层进行传送。

对于 HDLC 数据帧,在首部和尾部各加上 24bit 的控制信息;对于 Ethernet V2 格式的 MAC 帧,首部添加 14(6+6+2)字节,尾部添加 4 字节的帧校验序列(frame check sequence,FCS)。

物理层直接进行比特流的传送,不再加控制信息。当这一串比特流经网络传输介质到达目的主机时,就从第 1 层依次交付给上一层进行处理。每一层根据控制信息进行必要的操作,然后将本层的控制信息剥去,将剩下的数据单元再交付给上一层进行处理,最后,应用进程 AP_2 就可收到来自 AP_1 应用进程传送的数据。

从中可见,数据在发送时从高层向低层流动,每一层(物理层除外)都给收到的数据单元套上一个本层的"信封"(控制信息);数据在被接收时从低层向高层流动,每一层(物理层除外)进行必要处理后,去掉本层的"信封",将"信封"中的数据单元再上交给上一层进行处理。整个传递过程如图 1.6 所示。

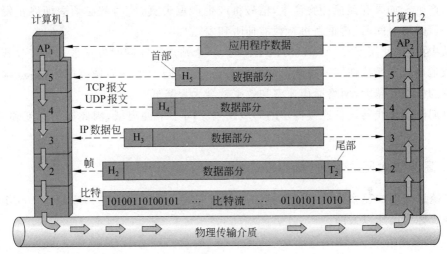

图 1.6　数据在各层间的传递过程

1.3　以太网简介

1. 以太网标准

以太网是美国施乐(Xerox)公司于 1975 年研制成功的,是一种基于基带总线的局域网,采用无源电缆作为总线来传送数据帧,当时的数据速率为 2.94Mb/s。

1980 年,DEC、Intel 和施乐公司联合提出了 10Mb/s 速率的以太网规范(DIX V1)。1982 年修改为第二版(DIX Ethernet V2),成为世界上第一个局域网规范。

在此基础上,IEEE 802 委员会于 1983 年制定了第一个以太网标准,编号为 IEEE 802.3,数据速率为 10Mb/s。该标准仅对帧格式做了很小的调整,允许基于这两种标准的硬件可以在同一个局域网上互操作。由于这两个标准差异很小,通常不严格区分。因此目前存在两个以太网协议标准,即国际标准的 IEEE 802.3 和 DIX Ethernet V2 标准。

由于商业竞争,IEEE 的 802 委员会并未形成统一的局域网标准,除了以太网局域网标准(IEEE 802.3)外,还有令牌总线(IEEE 802.4)和令牌环网(IEEE 802.5)的局域网标准。目前局域网主要采用以太网协议标准,称为以太局域网。

2. 以太网工作原理

以太网使用带冲突检测的载波侦听和载波侦听多路访问/冲突检测(carrier sense multiple access with collision detection,CSMA/CD)协议进行工作。

载波侦听是指每一个站点在发送数据之前,都要先检测总线是否空闲,是否有其他计算机在发送数据,如果有,则暂时不要发送数据,以免发生碰撞冲突。

冲突检测是指站点应边发送数据边检测信道上的信号电压的大小,以判断当前是否有冲突产生。如果有碰撞冲突产生,信号将产生严重失真,此时就必须立即停止发送,并等待一段随机时间后,再重新进行载波侦听和发送。

从中可见,使用 CSMA/CD 协议工作时,一个站点不能同时发送数据和接收数据,属于半双工通信。连接在同一总线上的所有站点,均在同一个冲突域范围内,站点越多,碰撞冲突的概率就越大,网络通信速率和效率就会大大降低。

早期使用集线器设备连接构建的局域网属于同一个冲突域,因此通信速度和效率很低下。

3. 高速以太网

传统以太网的速率为 10Mb/s,且以半双工方式工作。速率达到或超过 100Mb/s 的以太网统称为高速以太网。

1) 快速以太网

快速以太网(fast ethernet)是指速率达到 100Mb/s 的以太网,采用星形拓扑结构,在双绞线(100Base-TX)或光纤(100Base-FX)上传送 100Mb/s 的基带信号。1995 年 IEEE 正式将快速以太网定为国际标准,编号为 IEEE 802.3u。

快速以太网的 MAC 帧格式仍采用 IEEE 802.3 标准规定的帧格式,由于速率提高了 10 倍,为了保持最短帧长(64 字节)不变,将网段的最大电缆长度减小到 100m,帧间时间间隔也从原来的 9.6μs 改为 0.96μs。

快速以太网是对 IEEE 802.3 标准的补充,能自动识别和适应 10Mb/s 和 100Mb/s 网速。

2) 吉比特以太网

吉比特以太网又称千兆以太网。IEEE 于 1997 年通过了吉比特以太网标准,编号为 IEEE 802.3z,1998 年成为正式标准。

吉比特以太网允许在 1Gb/s 速率下以全双工或半双式两种模式工作,向后兼容 10Base-T 和 100Base-T。使用 IEEE 802.3 协议规定的帧格式,在半双工模式工作时使用 CSMA/CD 协议。

吉比特以太网目前常用作主干网,对带宽要求较高的应用场合,也可采用吉比特以太网,千兆交换到桌面。

吉比特以太网的物理层可以使用基于光纤(1000Base-X)和双绞线(1000Base-T)的传输介质。使用不同的传输介质,传输距离有所不同。1000Base-T 使用 4 对 5 类或超 5 类 UTP 双绞线时,传输距离为 100m。对于光纤传输介质,会因光纤种类(多模或单模)、光纤质量等级、纤芯直径和工作波长的不同,其传输距离也不相同。

3) 10 吉比特以太网

10 吉比特以太网又称万兆以太网,由 IEEE 802.3ae 委员会制定,编号为 IEEE 802.3ae,于 2002 年 6 月成为正式标准。

10 吉比特以太网的帧格式、最小帧长和最大帧长均与 IEEE 802.3 标准规定相同,以利于以太网的升级。10 吉比特以太网只能以全双工方式工作,因此不再使用 CSMA/CD 协议。采用星形结构组网。由于数据速率很高,传输介质一般使用光纤,而不使用铜缆。

1.4　数据链路层与以太网帧格式

1.4.1　数据链路层简介

为了使数据链路层能更好地适应多种局域网标准,IEEE 802 委员会将局域网的数据链路层分成了两个子层,分别是逻辑链路控制(logical link control,LLC)子层和介质访问控制(medium access control,MAC)子层。与传输介质有关的内容均放在 MAC 子层中,这样 LLC 子层就与传输介质无关。不管采用何种局域网协议标准,对 LLC 子层来说都是透明的。

LLC 子层在 MAC 子层的基础上向网络层提供服务,LLC 层实现与硬件无关的功能。MAC 子层提供与物理层之间的接口,MAC 子层的存在屏蔽了不同物理链路种类的差异性,其主要功能包括数据帧的封装和拆封、帧的寻址和识别、帧的接收与发送、链路管理、帧差错控制等。

MAC 子层也提供对共享介质的访问方法,包括以太网的带冲突检测的载波侦听和 CSMA/CD 协议、令牌环(token ring)、光纤分布式数据接口(FDDI)等。

数据链路层传输的数据单位为数据帧,寻址时使用的地址为 MAC 地址(物理地址或硬件地址)。MAC 地址采用 6 字节(48bit)的二进制数编码表示,表达时采用十六进制数来表示。对于 Windows 系统,采用"××-××-××-××-××-××"格式表示,例如 00-0F-EA-01-B9-4E。在华为和华三交换机或路由器中,采用"××××-××××-××××"格式表示,例如 000F-EA01-B94E;在 Cisco 交换机或路由器中,采用"××××.××××.××××"格式表示,例如 000F.EA01.B94E。

MAC 地址是全球唯一的,不允许重复,前 3 字节为厂商标识,后 3 字节为该厂商所生产的网络设备的序号。网络适配器(网卡)实现了数据链路层和物理层的功能。

1.4.2　以太网帧格式

目前以太网有四种不同标准的帧格式,分别是 DIX Ethernet V2 帧格式、IEEE 802.3 raw 帧格式(Novell 专用的以太网标准帧格式)、IEEE 802.3 SAP 帧格式和 IEEE 802.3 SNAP 帧格式。目前最常用的是 DIX Ethernet V2 标准的帧格式,也是目前以太网的网络设备默认采用的帧格式,该种帧格式较简单,下面针对该种帧格式进行介绍。

以太网设备默认采用 Ethernet V2 帧格式,将网络层传输来的 IP 数据包通过添加帧头和帧尾封装成数据帧,再在物理层中传输。图 1.7 为 Ethernet V2 标准的 MAC 帧格式。

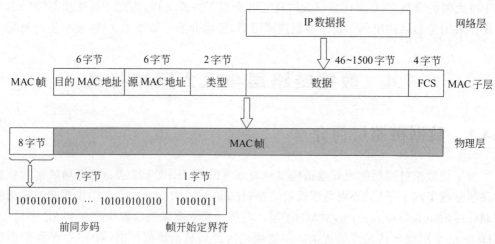

图 1.7　Ethernet V2 标准的 MAC 帧格式

Ethernet V2 帧格式的帧头由目的 MAC 地址、源 MAC 地址和 2 字节的类型标识字段构成,帧头共 14 字节;接下来的是不定长的数据字段,该字段为帧的负荷(payload),即所封装的 IP 数据包,该部分数据的长度为 46～1500 字节,即 MTU(maximum transmission unit,最大传输单元)值为 1500 字节。在单个帧中,IP 数据包必须小于或等于 1500 字节,超过了则必须分片传输。帧尾由 4 字节构成,代表帧校验序列(frame check sequence, FCS),采用 32 位的 CRC 循环冗余校验,对从目标 MAC 地址字段到数据字段的数据进行校验。

2 字节的类型标识字段用于标识以太网帧中所携带的上层数据的协议类型,采用十六进制数表示。比如:0x0800 代表 IP 数据,0x86DD 代表 IPv6 协议数据,0x809B 代表 AppleTalk 协议数据,0x8137 代表 Novell IPX 协议数据。

从中可见,以太网中,MAC 帧最短有效帧长为 64 字节。凡是长度小于 64 字节的帧都是无效帧,并直接丢弃。最大帧长为 1518 字节。

从 MAC 子层将 MAC 帧交给物理层进行传输时,还要在帧的前面插入 8 字节(由硬件自动生成和插入)。这 8 字节由两部分构成,第一部分为 7 字节的前同步码(1 和 0 交替出现),其作用是使接收端在接收 MAC 帧时能迅速实现比特同步;第二部分为 1 字节

的帧开始定界符,定义为 10101011,表示在这后面的信息就是 MAC 帧了。因此在物理层
传输的数据要比 MAC 帧多 8 字节。

1.5　TCP/IP

1.5.1　TCP

1. TCP 简介

TCP(transmission control protocol,传输控制协议)和 UDP(user datagram protocol,
用户数据报协议)是传输层所使用的协议。TCP 提供面向连接的可靠传输服务,利用
TCP 传送数据时,有建立连接→传送数据→释放连接的过程。UDP 是无连接的协议,提
供尽最大努力交付的传输服务,属于不可靠服务,常用于传输语音、视频等数据量大,对可
靠性要求不高的应用。

2. TCP 的功能

TCP 主要是建立连接,然后从应用层的应用进程中接收数据并进行传输。TCP 采用
虚电路连接方式进行工作,在发送数据前,它需要在发送方和接收方建立起一个连接。数
据在发送出去后,发送方会等待接收方给出一个收到数据的确认性应答,否则发送方将认
为此数据报丢失,并将重新发送此数据报,以保证数据传输的可靠性。

3. TCP 报头

传输层使用 TCP 时,在数据单元首部所添加的控制信息,就是 TCP 报头。TCP 报
文首部(报头)的前 20 字节是固定的,后面的选项为可变长度,最大长度为 40 字节。TCP
报头最小长度为 20 字节,最大长度为 60 字节。报头结构如图 1.8 所示。

比特 0		比特 15 比特 16		比特 31
源端口 (16)			目的端口 (16)	
序列号 (32)				
确认号 (32)				
TCP 偏移量 (4)	保留 (6)	标志 (6)	窗口 (16)	
校验和 (16)			紧急 (16)	
选项 (可变)				
数据 (可变)				

图 1.8　TCP 报头结构

源端口:指定了发送端所使用的端口号。端口采用 2 字节的二进制编码表示,因此
TCP 端口最多可有 65536 个端口。端口是传输层向应用层提供服务的层间接口。

13

目的端口:指定了接收端所使用的端口号。

序列号:占 4 字节。TCP 给在一个 TCP 连接中传送的数据流中的每一个字节都编上一个序号,整个数据的起始序列号在连接建立时设置。TCP 报头中的序列号字段的值代表的是本报文段所发送的数据的第一个字节的序号。例如,如果当前 TCP 报头中的序列号值为 101,本报文所携带的数据为 100 字节,则下一个 TCP 报文的报头序列号值就应为 201。

确认号:占 4 字节,代表期望收到的下一个报文段的数据的第一个字节的序号,即期望收到的下一个报文段首部的序列号字段的值。

提示:TCP 在传输的过程中,使用序列号和确认号来跟踪数据的接收情况。

TCP 偏移量:占 4bit,它指定了段头的长度。即 TCP 报文段的数据起始处距离 TCP 报文段的起始处有多远。段头的长度与段头选项字段的设置有关。

保留:占 6bit,指定了一个保留字段,以备将来使用,目前应置为 0。

标志:占 6bit,从左到右依次是 URG、ACK、PSH、RST、SYN、FIN 标志位,含义如下。

- URG:表示紧急指针。当 URG 位为 1 时,TCP 报头的紧急字段才有效,它相当于告诉系统该报文段有紧急数据,需要尽快传送,而不是按原来的排队顺序传送。
- ACK:表示确认。只有当 ACK 标志位为 1 时,TCP 报头的确认号字段才有效。
- PSH:表示尽快地将数据送往接收进程处理,而不再等到缓冲区填满后才向上交付给应用进程处理。
- RST:表示复位连接。当 RST 位被置为 1 时,表明 TCP 连接中出现严重差错,必须释放连接,然后重新建立连接。利用复位比特可实现异常终止一个连接。
- SYN:表示同步,在连接建立时用来同步序号。当 SYN=1 而 ACK=0 时,表明这是一个连接请求报文;如果对方同意建立连接,则在响应报文中,应使 SYN=1,ACK=1,因此同步比特 SYN 置为 1,就表明这是一个连接请求报文或连接接收的响应报文。
- FIN:用于释放一个连接。当 FIN 位为 1 时,表明此报文段的发送端数据已发送完毕,并要求释放连接。

窗口:占 2 字节,用于指定发送端允许传输的下一报文段数据的大小,单位为字节。发送方与接收方之间的流量控制是通过调整发送方的窗口大小来实现的,是用接收方的数据接收能力来控制发送方的窗口大小,从而控制发送端的数据发送量。

校验和:校验和包含 TCP 报头和数据部分,用来校验报头和数据部分在传输过程中的完整性。

紧急:指明报文中包含紧急信息,只有当 URG 标志位置 1 时,紧急指针才有效。

选项:长度可变。目前 TCP 只规定了一个选项,即 MSS(maximum segment size,最大报文段长度),它代表了 TCP 报文中数据字段的最大长度。在连接建立过程中,双方应将自己能够支持的 MSS 填写在这一字段中,在以后的数据传送阶段,MSS 取双方的较小值来决定 TCP 报文负荷的大小。如果选项字段未填(0 值),则 MSS 默认值为 536 字节,此时 TCP 报文的大小为 536+20=556(字节)。

对 TCP 报文的解码视图如图 1.9 所示。

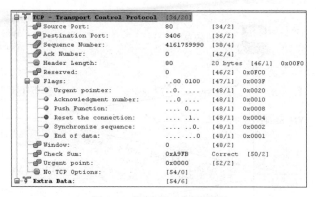

图 1.9　TCP 报文解码视图

4. TCP 的工作原理

1）TCP 连接建立过程

利用 TCP 传送数据之前,应先建立起 TCP 连接,其连接建立过程又称为 TCP 的三次握手。

第一次握手:连接请求发起方(客户端)向接收方(服务端)发起一个建立连接的请求报文,报文首部的同步位 SYN 置为 1,初始序号 seq=x(随机数),然后 TCP 客户端进程进入 SYN_SENT(同步已发送)状态,等待服务端确认。

第二次握手:服务端收到连接请求报文后,如果同意建立连接,则向客户端发送确认报文。在确认报文中,SYN=1,ACK=1,确认号 ack=x+1,初始序号 seq=y。接下来服务端进入 SYN_RCVD(同步收到)状态。

第三次握手:客户端进程收到服务端的确认报文后,要向服务端发送一个确认报文。在确认报文中,ACK=1,确认号 ack=y+1,序号 seq=x+1。服务端收到该确认报文后,连接建立成功,双方均进入 ESTABLISHED(已建立连接)状态,完成三次握手过程,至此 TCP 连接建立成功,客户端和服务端就可开始传送数据了。TCP 建立连接的三次握手过程如图 1.10 所示。

2）TCP 连接的关闭

当应用进程结束数据传送后,就要释放已建立的连接。TCP 连接是双向的,数据可双向传输,每个方向都要进行单独关闭。首先进行关闭的一方执行主动关闭,而另一方则执行被动关闭,关闭连接要经历四次握手过程,过程如下。

当客户端的数据传输完后,可执行主动关闭操作,主动发送出 FIN 置 1 的报文给服务端(客户端主动关闭),以关闭客户端至服务端方向的数据传送,并等待服务端的 ACK 确认应答,同时进入 FIN_WAIT_1 状态。

服务端收到 FIN 置 1 的报文后,进入被动关闭,回复一个 ACK 确认报文,并进入 CLOSE_WAIT 状态;客户端收到该 ACK 确认报文后,进入 FIN_WAIT_2 状态。

至此完成了 TCP 连接的半关闭,即关闭了客户端至服务端方向的数据发送,此时客户端虽然不能向服务端发送数据,但还能接收服务端发给客户端的数据,即服务端至客户

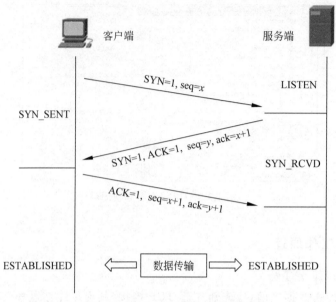

图 1.10　TCP 建立连接的三次握手过程

端方向的连接还未被关闭,此时,如果服务端还有要传输给客户端的数据,就可继续传送。数据传送完毕后,服务端再向客户端发出一个 FIN 置 1 的报文,关闭服务端至客户端方向的数据传送,并等待客户端的 ACK 确认应答,同时进入 LAST_ACK 状态。

客户端收到 FIN 置 1 的报文后,回复 ACK 确认报文,并进入 TIME_WAIT 状态,经过 2 倍报文最大生存时间(MSL)后,TCP 删除原来建立的连接记录,返回到初始的 CLOSED 状态。服务端收到 ACK 确认报文后,进入 CLOSED 状态,完成连接的双向关闭。

TCP 关闭连接的四次握手过程如图 1.11 所示。

如果要观察 TCP 连接状态的变迁,单击 Windows 的"开始"菜单中的"运行"菜单项,然后执行 cmd 命令,进入命令行状态。接着打开浏览器访问某一个网站,然后快速在命令行输入 netstat -an 命令并按 Enter 键执行,即可查看到当前的网络连接和各连接的状态。通过不断地反复执行 netstat -an 命令,进行状态刷新显示,即可观察到 TCP 连接的不同状态。

3)TCP 重传

在 TCP 的传输过程中,如果在重传超时时间内,没有收到接收方主机对某数据报文的确认回复,发送方主机就认为此数据报文丢失,并再次发送这个数据报文给接收方,这称为 TCP 重传。

5. 端口的概念

端口(port)是传输层的服务访问点,传输层使用端口与位于上层的应用进程进行通信,应用层的各种进程也通过相应的端口与传输层进行交互。

在发送数据时,应用层的应用进程通过相应的端口,将数据传递给传输层,传输层就

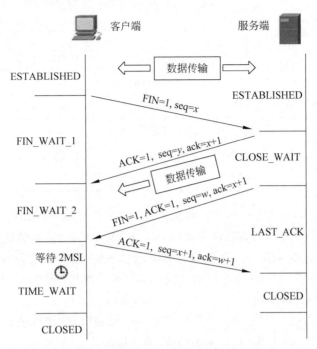

图 1.11　TCP 关闭连接的四次握手过程

会在数据的首部添加一个报文头,并在报文头中写入源端口和目的端口号,然后将封装后的数据交给下层的网络层进行传输。

在接收数据时,网络层将收到的 IP 包的包头去掉,将数据上交给传输层,传输层再从报文头部取出该数据要送达的目的端口号,然后将报文头部去掉,将剩下的数据,通过目的端口,上交给相应的应用进程接收和处理。

从中可见,端口的作用就是让应用层的各种应用进程能将其数据通过端口向下交付给传输层;在接收数据时,让传输层知道应该将数据通过哪一个端口向上交付给目的应用进程接收处理。因此,端口可用来标志应用进程,或者说端口代表了某一种服务。

传输层的协议有 TCP 和 UDP,因此 TCP 和 UDP 均有端口的概念,在报文头中,端口采用一个 16 位的二进制数编码表示,故 TCP 和 UDP 的端口总数均有 65536 个。

0~1023 号端口分配给一些常用的标准服务固定使用,用户自行开发的应用进程应使用 1024 及以上的端口。常用的标准服务所使用的端口号如表 1.1 所示。

CIFS(common Internet file system)是从 Windows 2000 和 Windows XP 系统开始新增的,使用 TCP/UDP 445 号端口。

在 Windows 系统中,SMB(server message block)用于实现文件和打印共享服务。NBT(NetBIOS over TCP/IP)使用 TCP 137、UDP 138 和 TCP 139 端口来实现基于TCP/IP 的 NetBIOS 网际互联。在 Windows NT 4.0 中,SMB 基于 NBT 实现,从Windows 2000 开始,SMB 除了基于 NBT 实现外,还可直接通过 TCP/UDP 445 号端口来实现。

表 1.1　常用的标准服务所使用的端口号

服务程序	协议及端口	服务程序	协议及端口	服务程序	协议及端口
HTTP	TCP 80	SMTP	TCP 25	RPC	TCP/UDP 135
S-HTTP	TCP 443	POP3	TCP 110	netbios-ns	TCP/UDP 137
FTP	TCP 21 和 TCP 20	IMAP4	TCP 143	netbios-dgm	UDP 138
TFTP	UDP 69	SNMP	UDP 161	netbios-ssn	TCP 139
DNS	TCP/UDP 53	SNMP TRAP	UDP 162	CIFS	TCP/UDP 445
TELNET	TCP 23	SSH	TCP 22		

当 Windows 2000/Windows XP 系统未禁用 NBT 时(UDP 137、UDP 138 和 TCP 445、TCP 139 和 TCP 445 号端口将开放),当连接 SMB 服务时,会尝试连接 TCP 139 和 TCP 445 号端口,如果 TCP 445 号端口有响应,则会发送 RST 标志位置 1 的报文给 TCP 139 号端口,以断开 TCP 139 号端口的 TCP 连接,然后改用 TCP 445 号端口建立连接;当 TCP 445 号端口无响应时,才使用 TCP 139 号端口。

当在系统禁用 NBT(只会开放 TCP/UDP 445 号端口)的情况下访问 SMB 服务时,只会尝试连接 TCP 445 号端口,如果无响应,则连接失败。

RPC(remote procedure call,远程过程调用)协议使用 TCP/UDP 135 端口工作,用于提供 DCOM(分布式组件对象模型)服务,利用 RPC 可以实现远程调用,执行另一台计算机中的程序代码。

如果要使用网管软件(SNMP),在防火墙上应注意打开 UDP 161 和 UDP 162 端口。

6. TCP 的缺陷

TCP 在三次握手过程存在一定的缺陷,利用这个缺陷,可发动 SYN 泛洪(SYN flood)攻击,最终导致系统拒绝服务(denial of service,DoS)。

如果一个客户端向服务器发送了 SYN 连接请求报文后突然死机或掉线,则服务器在发出 SYN+ACK 应答报文后,是无法收到客户端的 ACK 应答报文的,第三次握手无法完成,此时的连接状态称为半连接状态。这种情况下,服务器端一般会重试(再次发送 SYN+ACK 给客户端)并等待一段时间,如果仍接收不到 ACK 确认报文,则丢弃这个未完成的连接,这段时间的长度称为 SYN 超时(timeout),一般为 30s~2min。

一个客户端出现异常导致服务器的一个线程等待并不会造成大的问题,但如果一个恶意的攻击者或者大量的攻击者大量模拟这种情况,就会消耗掉系统的大量资源,导致系统运行缓慢甚至发生崩溃,出现无法响应正常用户访问请求的现象。从用户的角度来看,服务器没有响应,拒绝提供服务。

目前由于服务器的运行速度和冗余性非常高,一对一的 SYN 泛洪攻击一般不会成功,但可采取同时对一台服务器发起大量的 SYN 泛洪攻击来实现,这种攻击方式称为分布式拒绝服务攻击(distributed denial of service),一般容易成功,危害性较大。

7. 利用 TCP 分析网络连接故障

对于网络连接访问故障,可利用 TCP 的相关知识来分析,以发现和解决问题。

在故障分析中,要注意从 TCP 建立连接的三次握手过程来进行分析,并注意连接是双向的,数据报文(访问请求报文)有去,就必有回(响应报文),否则就无法建立连接。可沿着数据报文出去的路径和回来的路径进行分析,并注意请求报文的源端口与目的端口以及响应报文的源端口和目的端口的变化,并注意检查沿途的网络设备(三层交换机、路由器或防火墙),是否开放了对这些目的端口的访问。

比如,在实际应用中,如果出现了局域网用户可正常访问网页和其他互联网服务,就是无法登录网上银行的现象。面对该网络故障,其分析思路如下。

既然用户能访问网页,说明网络连接和互联网出口没有问题,出现某一项服务无法访问,则说明对该服务的访问请求报文或者其响应报文被防火墙、路由器或三层交换机拦截了,接下来就可沿着请求报文出去的路径和回来的路径,检查路径中的三层设备中的 ACL 包过滤规则,看是否拒绝了该项服务(端口)的访问请求报文或响应报文。网上银行出于安全考虑,使用的是 S-HTTP(https://),其服务端口为 TCP 443。

另外也要结合网络拓扑图,考虑和检查三层网络设备上相关的路由是否设置,设置是否正确,特别要注意响应报文的回程路由是否添加。很多时候是添加了数据报文出去的路由,而忘了添加响应报文回来时的回程路由,使响应报文回到局域网边界设备后,由于缺乏回程路由,导致网络不通,TCP 连接无法建立,最终出现访问失败。

1.5.2　IP

1. IP 简介

IP(Internet protocol,因特网协议)是负责网络互联的网络层协议,也是 TCP/IP 集中最主要的协议之一。IP 具有分组与重新组装、寻址和路由的功能。

IP 提供一种无连接的传输机制,在发送数据时,IP 将数据进行分割,封装成 IP 数据包在网络中传输。将每个 IP 数据包都作为独立的单元来对待,根据 IP 数据包中的目标网络地址进行路由转发,以将 IP 数据包送达到目标主机。IP 数据包全部到达目标主机后,再进行重新组装还原。

无论传输层使用何种协议,都要依赖 IP 来发送和接收数据。IP 不保证数据传输的可靠性,其可靠性由传输层的 TCP 负责。

2. IP 数据包的格式

IP 数据包由首部和数据两部分构成。IP 首部由固定部分和可变部分组成,固定部分总共为 20 字节,可变部分最多为 40 字节。最常用的首部长度为 20 字节,即不使用任何可选项。IP 数据包的格式如图 1.12 所示。

- 版本:占用 4bit,指定 IP 的版本,目前常用的是 IPv4 版,IPv6 是发展方向。

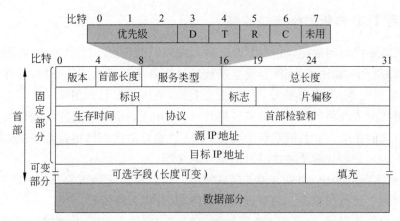

图 1.12 IP 数据包格式

- 首部长度：占用 4bit，可表示的最大值为 15 个单位，每个单位代表 4 字节，因此 IP 的首部长度最大值为 60 字节。数据部分在 4 字节的整数倍时开始。
- 服务类型：占用 8bit，前 3 个比特代表优先级，因此 IP 数据包具有 8 个优先级。D 比特表示要求有更低的时延，T 比特表示要求有更高的吞吐量，R 比特表示要求有更高的可靠性，C 比特表示要求选择代价更小的路由。
- 总长度：代表首部和数据的长度之和，单位为字节。由于总长度占用 16bit，因此 IP 数据包的最大长度为 65536 字节，即 64KB。
- 标识：占 16bit，是一个计数器，用来产生数据报的标识。当数据报的长度超过网络允许的 MTU 值时，就必须对 IP 数据包进行分片传输，分片时，这个标识字段的值，就会被复制到所有 IP 数据片的标识字段中。在接收端对各分片的 IP 数据包进行重装还原时，就根据该标识字段的值来识别，具有相同标识字段值的 IP 分片包组装在一起。
- 标志：占 3bit，目前只有低 2 位的比特有意义。最低位代表 MF(more fragment)，当该位为 1 时，表示后面还有分片；该位为 0 时，表示这是若干个数据报片中的最后一个。中间一位为 DF(don't fragment)标志位，代表不允许分片。只有 DF 位为 0 时，才允许分片传输。
- 片偏移：较长的分组在分片后，某片的数据在原分组中的相对位置。片偏移以 8 字节为单位，因此每个分片的长度一定是 8 字节的整数倍。
- 生存时间：代表数据报在网络中的寿命，单位为 s。通常为 32s。
- 协议：占用 8bit，该字段指出此数据报携带的数据的协议类型。该字段取值与协议的对应关系如表 1.2 所示。

表 1.2 字段取值与协议的对应关系

协议名	ICMP	IGMP	TCP	EGP	IGP	UDP	IPv6	OSPF
协议字段值	1	2	6	8	9	17	41	89

20

- 首部检验和：对数据报首部的检验和，不包括数据部分。
- 源 IP 地址和目标 IP 地址：各占 4 字节。

1.5.3　IP 地址及分类与管理

IP 地址是 IP 所使用的协议地址（逻辑地址），在网络层寻址时使用 IP 地址。根据 IP 版本号的不相同，IP 分为 IPv4 和 IPv6 两个版本，目前网络使用最多的仍是 IPv4 协议，IPv6 是以后应用和发展的方向，目前的网络设备一般均支持 IPv6 协议。

1. IP 地址的格式

在 IPv4 协议中，IP 地址使用一个 32 位的二进制数进行编码表示，为便于记忆，通常采用点分十进制数表示法来表达，即每 8 个二进制位用小数点进行分隔，然后将每部分的二进制数（1 字节）转换为对应的十进制数来表示，其格式为 a.b.c.d。其中 a、b、c、d 四个部分均为 1 字节，其取值范围为 0～255，例 192.168.120.250。

在 IPv4 协议中，IP 地址总数大约为 43 亿个，目前全球人口总数已突破 74 亿人，因此，IPv4 地址严重不够用。

在新版的 IPv6 协议中，使用 128 位的二进制数编码来表示 IPv6 的地址。这 128 位分为 8 个 16 位的块，每个块的值转换为 4 位的十六进制数来表示，然后用冒号进行分隔，例如：2001:0000:3238:DFE1:0063:0000:0000:FEFB。

由于 IPv6 的地址比较长，提供了一些规则来缩短地址的长度。

(1) 一个块中的前导 0 可以省略不写，比如 0063 可以表达为 63。

(2) "0000" 可以缩写为单个 0，因此，上面的 IP 地址可缩写为 2001:0:3238:DFE1:63:0:0:FEFB。

(3) 连续为 0 的两个及以上的块，可用 "::" 替换，但这种替换只能有一次，因此，上面的 IP 地址可进一步缩写为 2001:0:3238:DFE1:63::FEFB

2. IP 地址的编址

IP 地址的编址方法经历了有类 IP 地址、子网划分和无分类编址（CIDR）三个历史阶段。目前主要采用无分类编址和变长子网掩码（VLSM）方法来划分使用 IP 地址。

3. IP 地址的结构

IP 地址从结构上看，由 "网络地址＋主机编号" 两部分构成，其地址结构如图 1.13 所示。

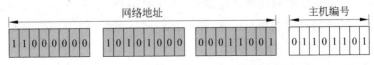

图 1.13　IP 地址的结构

21

4. 有类 IP 地址

有类 IP 地址是指将 IP 地址划分为若干个固定的类,分别是 A、B、C、D、E 五类地址,最常见的主要是 A、B、C 三类。D 类地址属于组播地址,E 类地址为保留地址。

A 类、B 类和 C 类地址分别采用 1 字节、2 字节和 3 字节来编码表示网络号,剩余的二进制位编码表示该网络中的主机号,如图 1.14 所示。

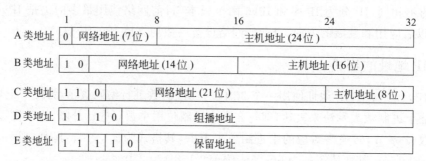

图 1.14　IP 地址的分类

A 类地址:网络地址编码位数最少,而主机地址位数最多,因此 A 类网络最少,只有 126 个,第 1 个可用网络号为 1.0.0.0/8,最后一个网络号为 126.0.0.0/8;每一个 A 类网中可拥有的主机数则是最多的,可容纳 $2^{24}-2$ 台主机。

B 类地址:网络地址采用 14 位二进制编码表示,可有 2^{14} 个 B 类网络,第 1 个可用网络号为 128.0.0.0/16,最后一个网络号为 191.255.0.0/16;每个网络可有 $2^{16}-2$ 台主机。

C 类地址:网络地址和主机地址分别占 21 位和 8 位,网络数较多,共有 2^{21} 个,第 1 个可用网络号为192.0.0.0/24,最后一个可用网络号为 223.255.255.0/24,每个 C 类网可容纳的主机数仅有 254 台,即 $2^{8}-2$ 台。

D 类地址:属于组播地址,支持多目标传输,不能分配给单独的主机使用,地址范围为 224.0.0.0~239.255.255.255。组播是指一台主机可以同时将数据包转发给多个接收者。

E 类地址:保留,专门用来供研究使用。地址范围为 240.0.0.0~247.255.255.255。

5. 子网掩码

IP 地址由网络号和主机号两部分构成,为了能根据 IP 地址识别出其网络地址,引入了子网掩码。

在 IP 地址中,与子网掩码中为 1 的二进制位相对应的二进制位,代表网络地址;与子网掩码中为 0 的二进制位相对应的二进制位,为主机编号(主机地址)。因此,将 IP 地址与子网掩码进行二进制数的逻辑与运算,即可获得网络地址;将子网掩码的反码与 IP 地址进行逻辑与运算,则可获得主机地址。

例如,如果 IP 地址为 192.168.2.100,子网掩码为 255.255.255.0,则该 IP 所属的网络地址如下。

十进制数：	192	168	2	100
二进制数：	11000000	10101000	00000010	01100100
子网掩码：	11111111	11111111	11111111	00000000
AND 运算：	11000000	10101000	00000010	0000000
网络地址：	192	168	2	0

经过逻辑与(AND)运算后,得到网络地址:192.168.2.0。

IP 地址中的 100 为主机地址,即在 192.168.2.0 网络中主机编号为 100 的主机。

路由器在对 IP 分组进行路由转发时,需要根据目的 IP 地址和子网掩码来获得目的主机所在的网络地址,然后在路由表中查找到达目的网络的路由,最后根据该路由的指示进行路由转发,因此,在表达 IP 地址时,要同时附上对应的子网掩码。

A 类、B 类和 C 类有类网络,默认的子网掩码分别为 255.0.0.0、255.255.0.0 和 255.255.255.0。

6. 特殊 IP 地址

在 IP 地址中,有一些 IP 地址具有特殊的含义。

(1) 回环地址。以 127 开头的 IP 地址($127.x.y.z$),比如常用的 127.0.0.1,用作本地回环(loopback)地址,用于对本地主机的网络进行回路测试。发送到这个地址的数据包不会输出到实际的网络,而是送给系统的 loopback 驱动程序来处理。比如,要检查本地主机的网卡工作是否正常,可使用 ping 命令来 ping 127.0.0.1 这个地址。

(2) 广播地址。主机地址编码的二进制数位均为 1 的地址用于广播通信,属于广播地址。这种广播地址称为定向广播地址或直接广播地址,路由器会转发这种广播数据包到目标网络。比如 192.168.11.255 就属于定向广播地址,IP 数据包的目标主机地址如果为该地址,则该 IP 数据包将广播到 192.168.11.0 网络中的每一台主机。

全为 1 的 IP 地址,即 255.255.255.255 代表的是本网络中的所有主机,用于网内广播,路由器不转发这类广播数据包,广播范围受限,称为有限广播。即 255.255.255.255 地址用于向本地网络的所有主机发送广播消息。

(3) 网络地址。主机地址编码的二进制数位均为 0 的地址代表该网络的地址。例如 192.168.11.0 就是网络地址,它代表编号为 192.168.11 的网络。

全为 0 的 IP 地址(0.0.0.0)表示整个网络,即网络中的所有主机。在路由配置时,可使用 0.0.0.0/0 来配置默认路由,此时该 IP 地址代表的是所有不清楚的主机和目的网络,即在路由表中没有到达目的网络的路由时,都按默认路由的指示进行路由转发。

(4) $169.254.x.x$。该类 IP 地址被微软买断,用作用户获取不到 IP 地址时自动分配的 IP 地址。也就是说,在计算机采取自动获取 IP 地址分配方式时,如果计算机不能正常获得 IP 地址,则将给计算机分配以 169.254 开头的 IP 地址。

(5) $224.x.x.x$。第一字节以 224 开始的 IP 地址为组播地址段,用于多点广播(multicast),属于 D 类地址。

7. IP 地址的管理

IP 地址的分配和管理由 ICANN(the Internet corporation for assigned names and numbers,互联网名称与数字地址分配机构)管理机构负责。ICANN 是一个非营利性的国际组织,负责 IP 地址的分配、协议标识符的指派、通用顶级域名及国家和地区顶级域名系统的管理,以及根服务器系统的管理。

IP 地址的分配和管理最初是由 IANA(Internet assigned numbers authority,互联网地址分配机构)负责,现在由 ICANN 行使 IANA 的职能。

亚太互联网络信息中心(APNIC)是具有 IP 地址管理权的国际机构,负责亚太地区的 IP 地址分配和管理。中国互联网络信息中心(CNNIC)是亚太互联网络信息中心的国家级 IP 地址注册机构成员。

8. 专用 IP 地址

专用 IP 地址也称私网 IP 地址。在 IPv4 协议中,由于 IP 地址数量严重不足,因此,因特网地址管理机构规定一批专用 IP 地址(私网地址)只能用在局域网中,不同的局域网可以重复使用这些私网地址,从而在一定程度上解决 IP 地址严重不足的问题。

对 A 类、B 类和 C 类网,均划分出了一部分私网地址,局域网中可以使用的私网地址段如下。

A 类:10.0.0.0/8   约 1658 万个

B 类:172.16.0.0 到 172.31.255.255   约 97.5 万个

C 类:192.168.0.0/16   约 6.5 万个

因此,在进行局域网地址规划设计时,只能使用这三类私网地址。除私网地址外的其他地址,称为公网地址,即允许在因特网中使用的合法地址。

私网地址不能在因特网中使用,因此,因特网中的路由器不会转发含有私网地址的 IP 分组,这就是使用私网地址的计算机不能直接访问因特网的原因。使用私网地址的计算机要想访问因特网,必须进行网络地址转换(NAT),在数据包离开局域网进入因特网之前,进行 NAT,将 IP 数据包中的私网地址(源 IP 地址)替换成公网地址,然后路由到因特网中,这样数据包才能被路由器路由转发,从而到达目标主机。

1.5.4 子网划分与变长子网掩码

1. 子网划分的目的

在网络的规划与组建中,常常需要进行子网的划分,子网划分的目的是节约 IP 地址。比如三层设备互联时,两端的互联接口需要各设置一个 IP 地址,总共需要两个 IP 地址,这两个 IP 地址必须在一个独立的网段中。最小的 C 类网,一个网段可用的 IP 地址数有 254 个,如果直接分配一个 C 类网络给互联接口使用,则 IP 地址浪费太严重,因此需要进行子网划分。

2. 子网划分的方法

子网划分是将一个大的网络划分为若干个小的子网络,每个子网需要有一个子网络编号,该子网的编码所需的二进制位从何而来呢?

方法是将原来用于主机编码的二进制位,从高位(左端)拿一部分出来用于子网的编码,剩下的二进制位用于编码表达子网中的主机编号,如图 1.15 所示。

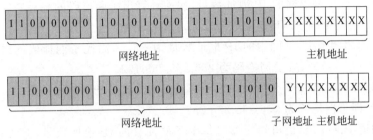

图 1.15　子网划分方法

下面以将 192.168.250.0/24 网段划分为 4 个子网,每个子网有 64 个 IP 地址为例,介绍子网的划分方法。

由于要划分 4 个子网,需要两个二进制位来编码表示,这 4 个子网的编号分别为 00、01、10 和 11。

要划分的网段为 C 类网,原主机编码有 8 个二进制位,将高位(左侧)的两个二进制位(图 1.15 中用 Y 表示)用作子网编码,剩下的 6 个二进制位用作子网中的主机编码,因此每个子网可有 2^6 个 IP 地址。此时子网掩码的最后一个字节的二进制数应为"11000000",转换为十进制数为 192,因此,进行子网划分后,子网掩码就应为 255.255.255.192。

下面逐一分析每个子网的起始 IP 地址,分析时只考虑 IP 地址的最后一字节,因为前 3 字节不会变,均应为 192.168.250。

每一个网段主机的第一个编号全为 0,该地址实际上是该网段的网络地址,最后一个主机地址编号全为 1,是该网段的广播地址。网络地址和广播地址不能分配给主机使用,在网络地址和广播地址之间的 IP 地址,是实际可使用的 IP 地址。

- 第 1 个子网(子网号为 00)

网络地址:.00 000000,即 192.168.250.0。

广播地址:.00 111111,即 192.168.250.63。

- 第 2 个子网(子网号为 01)

网络地址:.01 000000,即 192.168.250.64。

广播地址:.01 111111,即 192.168.250.127。

- 第 3 个子网(子网号为 10)

网络地址:.10 000000,即 192.168.250.128。

广播地址:.10 111111,即 192.168.250.191。

● 第 4 个子网(子网号为 11)

网络地址:.11 000000,即 192.168.250.192。

广播地址:.11 111111,即 192.168.250.255。

由以上内容可见,进行子网划分后,IP 地址总数不会改变,网段增加了,但可用的 IP 地址数会减少,这是因为每一个子网的第 1 个 IP 地址和最后 1 个 IP 地址不能分配给主机使用。

经验总结:可根据子网的 IP 地址数量,快速计算出子网掩码的最后一字节的十进制值,其值为"256-子网中的 IP 地址数量"。

例如,上面的例子中,子网中的 IP 地址数量为 64 个,因此子网掩码的最后一字节的值就应为 256-64=192,故子网掩码为 255.255.255.192。

如果要划分出只有 4 个 IP 地址的子网掩码,则此时的子网掩码的最后一字节值应为 256-4=252,即子网掩码为 255.255.255.252。

反之,知道子网掩码,也可快速算出每个子网拥有的 IP 地址数量,方法相同。比如,如果子网掩码为 255.255.255.224,则子网中的 IP 地址数量为 256-224=32(个)。

子网的个数或主机数必须是 2^n,不可能为奇数。

3. 变长子网掩码

在前面的子网划分中,每个子网的掩码长度是相同的,也即每个子网的主机数量相同,这种划分子网的方式称为定长子网掩码(fixed-length subnet mask)。

在实际应用中,定长子网掩码有时并不能满足应用需求,比如某单位申请到有 256 个 IP 的地址段,需要分配给 5 个部门使用,这 5 个部门需要的 IP 地址数量分别是 50、60、60、30、30。这时,每个子网的主机数量不完全相同,即子网掩码的长度不相同,这种划分子网的方式称为变长子网掩码(variable-length subnet mask,VLSM)。

在刚才的应用需求中,可将拥有 256 个 IP 的地址段,依次划分出 5 个子网,每个子网的地址数分别为 64、64、64、32、32 个,具有 64 个地址的子网的子网掩码为 255.255.255.192,具有 32 个地址的子网的子网掩码为 255.255.255.224。

1.5.5 无分类编址

有类 IP 地址是将 IP 地址分成了 A、B、C、D、E 类地址来使用,地址使用时没有进行子网划分,直接按类进行分配使用,因此 IP 地址利用率不高,闲置占用得较多。

为了提高 IP 地址资源的利用率,在 VLSM 技术的基础上,在 1993 年提出了无分类域间路由(classless inter-domain routing,CIDR),IP 地址不再分类使用,利用 VLSM 技术,可根据地址数量的需求,进行分配使用。目前因特网服务商(ISP)均采用 CIDR 方案来划分和分配 IP 地址。

CIDR 取消了传统的 A、B、C、D、E 类地址以及子网划分的概念,使用各种长度的网络前缀代替分类地址中的网络号和子网号。使 IP 地址又回到了两级编址(无分类的两级编址),即网络前缀+主机标识。

子网划分相当于将 IP 地址变成了三级编址,即网络号＋子网号＋主机号。

CIDR 使用斜线记法来表达 IP 地址,又称 CIDR 记法,它是在 IP 地址的后面加上一条斜线,然后写上网络前缀所占的位数,位数采用十进制数表示。

例如,128.30.36.12/24 表示在 32 比特的 IP 地址中,前 24 位为网络前缀(网络地址),后面的 8 位表示主机标识(主机地址),因此,128.30.36.12/24 等价于 128.30.36.12 255.255.255.0。

网络前缀都相同的连续的 IP 地址组成 CIDR 地址块(超网),通过令主机号分别为全 0 和全 1,可以得到一个 CIDR 地址块的最小地址和最大地址。

例如,对于 128.14.32.0/20 地址块而言,前 20 位为网络前缀,后 12 位为主机号。

由于网络前缀是 20 位,因此,第 3 字节的 8 个二进制位中,最前面的 4 个高位应是网络地址位,掩码对应的二进制数为 11110000,转换为十进制数为 240,因此,采用点分十进制法表达的子网掩码为 255.255.240.0,所以 128.14.32.0/20 表达与 128.14.32.0 255.255.240.0 表达等价。

128.14.32.0/20 地址块包含了 16×256 个地址,地址范围为 128.14.32.0～128.14.47.255。

常用的 CIDR 地址块如表 1.3 所示。

表 1.3　常用的 CIDR 地址块

CIDR 前缀长度(掩码中含 1 的数量)	点分十进制表示	包含的 IP 地址数
/8	255.0.0.0	$256 \times 256 \times 256$
/9	255.128.0.0	$128 \times 256 \times 256$
/10	255.192.0.0	$64 \times 256 \times 256$
/11	255.224.0.0	$32 \times 256 \times 256$
/12	255.240.0.0	$16 \times 256 \times 256$
/13	255.248.0.0	$8 \times 256 \times 256$
/14	255.252.0.0	$4 \times 256 \times 256$
/15	255.254.0.0	$2 \times 256 \times 256$
/16	255.255.0.0	256×256
/17	255.255.128.0	128×256
/18	255.255.192.0	64×256
/19	255.255.224.0	32×256
/20	255.255.240.0	16×256
/21	255.255.248.0	8×256
/22	255.255.252.0	4×256
/23	255.255.254.0	2×256

CIDR 前缀长度(掩码中含 1 的数量)	点分十进制表示	包含的 IP 地址数
/24	255.255.255.0	256
/25	255.255.255.128	128
/26	255.255.255.192	64
/27	255.255.255.224	32
/28	255.255.255.240	16
/29	255.255.255.248	8
/30	255.255.255.252	4

1.6　局域网技术简介

计算机技术与通信技术的结合促进了计算机网络的飞速发展,局域网经历了从单工到双工,从共享式到交换式,从低速到高速的发展过程。本节主要介绍局域网技术的发展历程和主流的局域网技术。

1.6.1　带宽共享式以太网络

早期的以太局域网络属于带宽共享式的以太网,有总线结构和星形两种组网方式,遵循 IEEE 802.3 以太网协议标准,通信速率为 10Mb/s,采用半双工通信。

1. 总线结构的共享式以太网

共享式以太局域网最早采用总线型拓扑结构,使用同轴电缆(细缆或粗缆)作为公用总线来连接其他节点,其中一个节点是网络服务器,提供资源共享服务,其余节点是网络的工作站,总线的两端安装一对 50Ω 的终端电阻以消除回波干扰。

共享式以太网采用广播方式通信,总线长度和工作站数目都是有限制的,一般为30 台左右。总线型结构网络连接的可靠性较差,只要有一台工作站连接处的 T 形头出现连接故障,则会造成整个网络瘫痪。

2. 星形结构的共享式以太网

总线结构的网络连接可靠性差,之后逐渐被使用集线器(HUB)和双绞线的星形结构组网所取代。利用多台集线器级联或堆叠组网,曾是局域网很流行的组网方式。

集线器是一种多端口的中继器,共享带宽,工作在物理层,属于物理层设备,是星形拓扑结构的接线点,安装连接好网线,通上电源之后即可工作,不需要特殊的配置。

集线器的基本功能是使用广播技术进行信息分发,将一个端口上接收到的信号,以广播方式发送到集线器的其他所有端口,各端口接收到广播信息后,就会对信息进行检查,如果发现该信息是发给自己的,则接收,否则丢弃,其工作原理如图 1.16 所示。

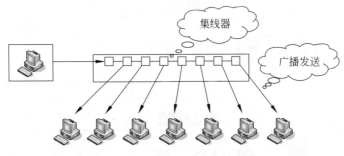

图 1.16　集线器的工作原理

带宽共享式以太网遵循载波侦听多路访问/冲突检测协议,工作在半双工通信方式,所有主机均在同一个冲突域中,集线器连接的主机数目越多,集线器的信息碰撞(冲突)概率就会越高,从而导致集线器的工作效率变差、速率降低。

一般而言,对于 10Mb/s 集线器,其工作站点不宜超过 25 个,采用 100Mb/s 集线器时,也不宜超过 35 个。

3. 冲突域与广播域的概念

使用同轴电缆以总线结构或用集线器以星形结构组建的局域网,其上的所有节点同处于一个共同的冲突域中,一个冲突域内不同设备同时发出数据帧就会产生冲突,导致发送失败。冲突域内的一台主机发送数据时,处于同一个冲突域内的其他主机都可以接收到,而且也只能接收数据,不能发送数据。当主机太多时,冲突将成倍增加,带宽和速度将显著下降。

广播域是指广播帧所能到达的范围。连接在多个级联在一起的集线器上的所有主机,构成了同一个冲突域,同时也构成了一个广播域,此时冲突域和广播域的范围是相同的。而连接在一个没有划分 VLAN 的交换机上的主机,分别属于不同的冲突域,交换机的每一个端口,构成一个冲突域,连接在不同端口上的主机分属于不同的冲突域,但都属于同一个广播域,即交换机的所有端口构成了同一个广播域。

1.6.2　网桥

1. 利用网桥隔离冲突域

用集线器构建的局域网属于同一个冲突域,随着用户数量的增多,冲突会成倍增加,带宽利用率也将显著降低,为了隔离冲突域,出现了桥接技术。

利用网桥(bridge)可以将两个或多个共享式以太网段连接起来,位于网桥两边的以太网段分属于不同的冲突域,但仍处于同一个广播域中。这个时代的局域网通常是多个网桥将许多的集线器互联起来而构成的网络,利用网桥连接两个以太网段如图 1.17 所示。

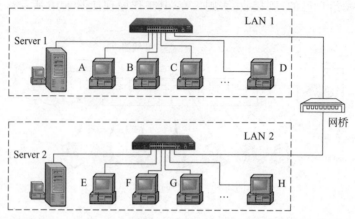

图 1.17　利用网桥连接两个以太网段

网桥是一个局域网与另一个局域网之间建立连接的桥梁,又称桥接器,是工作于数据链路层的网络设备,可以将两个或两个以上的局域网互联为一个逻辑局域网,使一个局域网上的用户可以通过网桥去访问另一个局域网中的资源,以实现局域网的互联。

2. 网桥的分类

IEEE 802 委员会制定了两种互不兼容的网桥方案用于互联局域网,分别是透明网桥 (transparent bridge)和源路由选择网桥。以太网和令牌总线网采用透明网桥,令牌环网通常使用源路由选择网桥。

透明网桥使用比较方便,即连即用,不需要改变现有局域网的硬软件配置,也不需要添加或设置路由选择表和参数,可以透明地在局域网之间转发帧。所谓透明,是指局域网间可自由通信,就与没有网桥而直接相联一样,网桥对用户是不可见的,就好像没有这个设备一样。

3. 透明网桥的工作原理

透明网桥以混杂方式工作,它接收与网桥相联的所有局域网传送的每一帧,当一帧到达时,网桥必须决定是丢弃还是转发,如果要转发,则必须进一步决定转发到哪一个局域网中。这需要通过查询网桥中保存的一张路径表来做出决定,该表保存着目的地址和对应的输出路径。查询到后,网桥就直接将帧转发到相应的局域网中;如果未找到,则以广播方式广播该帧到与网桥相连接的其他所有局域网中,当目标主机回应后,就可得知相应的路径,网桥便会将该路径添加到路径表中,以后就可直接转发了。

网桥具有逆向学习功能,当网桥刚开始工作时,路径表是空的,但可通过逆向学习法来获知路径并逐步建立起路径表。逆向学习是指网桥通过检查收到帧的源地址及输入路径(从中可获得地址与路径的对应关系),从而找到目的站及其输出路径的方法。

从中可见,帧到达网桥后,下一步的路径选择过程取决于发送的源局域网和目的地所在的局域网,有以下两种情况。

- 如果源 LAN 和目的 LAN 相同,则丢弃该帧,使本地通信限制在本网段内;
- 如果源 LAN 和目的 LAN 不同,则进一步查看地址表中是否有目的 LAN:如果有则转发该帧;如果没有,则进行广播。

在图 1.17 中,当 A 向 C 发送数据时,由于 A 与 C 处于同一网络,该数据包将被网桥过滤,而不会送至网络 2,从而实现网络间的隔离,使本地通信限制在本网络内;当从 A 向 H 发送数据时,由于目的和源所处的网络不同,因此网桥将转发数据帧至网络 2,从而实现网络间的通信。

1.6.3　交换式以太网络

交换式以太网是指采用交换机设备,并以星形结构组建的以太网络。

1. 交换机简介

网桥的一个端口所连接的网络属于一个冲突域,因此利用网桥来连接和组建局域网,可缩小冲突域的范围,减少碰撞冲突的概率,提高网络通信的速度和效率。

网桥端口较少,于是诞生了交换机设备。最早的以太网交换机出现在 1995 年,交换机的前身是网桥,相当于一个多端口的网桥。交换机的任意两个端口就相当于一个 2 端口的网桥。

交换机的每一个端口属于一个冲突域,不同端口属于不同的冲突域。如果交换机的一个端口连接的是一台主机,则该主机获得收发权的概率就是 100%,不会发生碰撞冲突,因此交换机可以工作在全双工模式。

交换机拥有一条高带宽的背板总线和内部交换矩阵,并为每个端口设立了独立的通道和带宽,交换机的所有端口都挂接在这条背板总线上,通过内部交换矩阵可实现高速的数据转发,因此交换机的每一个端口的带宽是独享的,比如对于 100Mb/s 的交换机,则每一个端口的通信速率均可同时达到 100Mb/s。集线器的端口带宽是共享的,比如一台 100Mb/s 的集线器,是所有端口共享这 100Mb/s 的带宽。

交换机的背板带宽越宽(背板带宽指的是交换机在无阻塞情况下的最大交换能力),交换机的处理和交换速度就越快。交换机的数据转发算法较简单(相对于路由算法),可基于硬件(ASIC 芯片)来实现,因此交换机可基于硬件实现线速交换。

从中可见,交换机各端口是独享带宽,并可实现全双工通信,线速转发数据帧。

交换机工作于数据链路层,能识别数据帧中的 MAC 地址,根据目标 MAC 地址进行数据帧的转发。三层交换机是指可以工作在第三层(网络层)的交换机,三层交换机增加了路由功能,能识别 IP 地址,可对 IP 数据包进行路由转发。三层交换机也可工作在第二层,作为一个二层交换机来使用。

以太网交换机具备强大的数据交换处理能力和丰富的功能,交换机和路由器已成为局域网组网的核心关键设备,交换式以太网成为目前最流行也是最佳的组网方式。

2. 交换机的工作原理

交换机的工作原理是存储转发,它将某个端口发送来的数据帧先存储下来,通过解析数据帧,获得目的 MAC 地址,然后在交换机的 MAC 地址与端口对应表中,检索该目的主机所连接到的交换机端口,找到后就立即将数据帧从源端口直接转发到目的端口。

如果目的 MAC 在地址表中找不到,交换机便采用广播方式,将数据帧广播到所有的端口,接收到端口的回应后,便知道目的主机所连接的端口,然后将数据帧直接转发给该端口。之后交换机还会将该 MAC 地址和所对应的端口记忆学习下来,并将其添加到内部的地址表中,以后如果要向该目的地址发送信息,就可直接转发了。由此可见,交换机对目的地址具有记忆学习功能,是一种智能化的设备。当将主机联入交换机后,交换机即开始了对该地址的学习,并将学习到的 MAC 地址与端口对应关系,保存在交换机的MAC 地址表中。MAC 地址表具有衰老期,以便及时更新 MAC 地址表。

1.6.4 虚拟局域网技术

1. 虚拟局域网的诞生

利用交换机构建交换式局域网,解决了冲突域的问题,提高了网络数据的交换处理速度和网络性能。但所有交换机互联所构成的局域网,属于同一个广播域。一台主机所发出的广播帧,将广播到整个局域网络中的每一台主机。

在局域网技术中,广播帧是被大量使用的,这些大量的广播帧将占用大量的网络带宽,并给主机为处理广播帧而造成额外的负荷。网络越大,用户数越多,就越容易形成广播风暴,特别是目前病毒、木马泛滥成灾的时代,如果不对广播域进行隔离缩小,不抑制广播风暴的产生,将严重影响网络的正常运行,甚至会导致网络的阻塞瘫痪。

要隔离广播域,可使用路由器来实现,可有效实现分割广播域,并实现网间的通信。但由于路由器的端口数量较少,路由转发速度较慢(路由算法复杂,采用软件方式实现),且成本较贵,因此在局域网中,要全部采用路由器来实现广播域的隔离,造价昂贵,难以普及,为了实现廉价的解决方案,于是诞生了虚拟局域网(virtual local area network,VLAN)技术。

2. 虚拟局域网技术简介

虚拟局域网(VLAN)是将局域网从逻辑上划分为若干个子网的交换技术,即利用交换机来实现对广播域的隔离。

利用虚拟局域网技术所划分出的每个子网,形成一个独立的网段,称为一个 VLAN。每个 VLAN 内的所有主机间的通信和广播仅限于该 VLAN 内,广播帧不会被转发到其他 VLAN(网段),即一个 VLAN 就是一个广播域,从而实现了对广播域的分割和隔离。

利用 VLAN 技术,在局域网的规划与组网时,就可将一个大的局域网,规划设计成由若干个网段(VLAN)来构成。

由于是在同一个局域网,各网段(子网)间肯定存在相互通信的需求。要实现网段间的相互通信,可通过为每一个 VLAN 配置指定 VLAN 接口地址来实现,该 VLAN 接口地址就成为该网段的网关地址,通过网关地址,就可实现网段间的相互通信。

二层交换机可以划分 VLAN,但无法实现 VLAN 间的通信;三层交换机支持路由功能,可以通过配置 VLAN 接口地址,来实现 VLAN 间通信,因此,VLAN 接口地址常配置在三层交换机中。

如果没有三层交换机,二层交换机也可借助外部的路由器来实现 VLAN 间的相互通信。在目前的交换式以太网络中,广泛采用了 VLAN 技术来隔离和缩小广播域。

1.7　网络传输介质

1.7.1　有线传输介质

有线传输介质有同轴电缆、双绞线和光纤三种。

1. 同轴电缆

同轴电缆用于总线型组网,分细缆和粗缆两种,常用的主要是细缆,如图 1.18 所示。

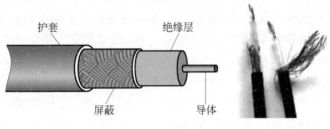

图 1.18　细缆

同轴电缆接头使用 BNC 头(见图 1.19)和 T 形头,BNC 头用于连接主机,T 形头用于串接总线并与连接主机的 BNC 头相连,实现对总线的分接。

图 1.19　BNC 头

细缆遵循 10Base-2 标准,总线长度最大为 180m,最高传输率为 10Mb/s;粗缆遵循 10Base-5 标准,总线长度可达 500m。总线与工作站之间的连接距离不应超过 0.2m,总线上工作站与工作站之间的距离不应小于 0.46m。

2. 双绞线

双绞线由 4 对电缆组成,每对相互绝缘的铜导线缠绕成螺旋状,以减少邻近线对引起的电磁干扰,其外观如图 1.20 所示。双绞线的网络接头使用 RJ-45 接头(又称水晶头),外观如图 1.21 所示。

图 1.20 双绞线

图 1.21 RJ-45 水晶头

双绞线分为屏蔽双绞线(STP)和非屏蔽双绞线(UTP)两大类。非屏蔽双绞线又分为三类(UTP CAT3)、五类(UTP CAT5)、超五类(UTP CAT5E)和六类(UTP CAT6)等型号。UTP CAT3 是语音级的双绞线缆,数据速率可达 16Mb/s,主要用于电话线路。五类、超五类和六类用于网络数据传输布线。五类和超五类的主要区别在于双绞线的缠绕绞距不相同,超五类缠绕绞距要小,缠绕更密一些,性能更好。五类和超五类主要用于 100Mb/s 传输网络的布线,单段最大传输距离为 100m,即从交换机端口出来到用户 PC 之间的线路最大距离为 100m。六类网线主要用于 1000Mb/s 网络的布线使用,六类网线与五类和超五类相比,要粗一些,其铜芯线径要大一些,传输性能更好,以适应于 1000Mb/s 网络的传输要求。布线时,单段的信道长度也要控制在 100m 之内。

在综合布线时,接入交换机和配线架放置在管理间或设备间,配线架至用户接线盒间的最大距离要控制在 90m 之内,接线盒至用户 PC 间的网线跳线长度控制在 5m 之内,配线架至交换机端口间的跳线控制在 5m 之内,从而保证整个信道长度控制在 100m 之内。配线方式如图 1.22 所示。

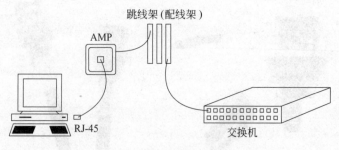

图 1.22 配线方式

屏蔽双绞线增加了铝箔包裹以减小辐射,价格比非屏蔽双绞线贵,国内使用较少。欧洲标准使用较多。一个网络如果要使用屏蔽双绞线,则双绞线、水晶头、信息模块、配线架等,都要使用屏蔽类型的。

双绞线与水晶头连接的线序有 EIA/TIA 568A 和 EIA/TIA 568B 两种标准。这两种标准的线序如图 1.23 所示。

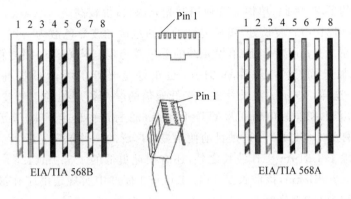

图 1.23　EIA/TIA 568A 与 EIA/TIA 568B 标准线序

EIA/TIA 568B 标准线序,从左至右线序如下:

1 脚	2 脚	3 脚	4 脚	5 脚	6 脚	7 脚	8 脚
白橙	橙	白绿	蓝	白蓝	绿	白棕	棕

EIA/TIA 568A 标准线序,从左至右线序如下:

1 脚	2 脚	3 脚	4 脚	5 脚	6 脚	7 脚	8 脚
白绿	绿	白橙	蓝	白蓝	橙	白棕	棕

从中可见,EIA/TIA 568A 和 EIA/TIA 568B 标准的线序差异就是 1 与 3、2 与 6 相互交换了位置。

在制作网线的水晶头时,如果网线两端的水晶头采用相同的标准,比如 EIA/TIA 568A 或 EIA/TIA 568B 标准的线序,这样制作出来的网线就是直通线。如果一端采用 EIA/TIA 568A 标准的线序,另一端采用 EIA/TIA 568B 标准的线序,这样制作出来的网线就是交叉线。

同类设备(DTE 或 DCE 设备)间相连使用交叉线,异类设备间相连使用直通线。比如 PC 与 PC 之间的直连,PC 与路由器端口的相连,路由器与路由器端口之间的相连要使用交叉线。路由器与交换机之间的连接,交换机普通端口与 PC 之间的连接要使用直通线。不过,现在的网络设备端口一般都具有自动翻转(auto MDI/MDI-X)功能,对交叉线和直通线的需求,能按需在端口内部自动进行转换。

3. 光纤

1) 光纤简介

光纤是光导纤维的简称,采用玻璃纤维或塑料制成的透明纤维,由纤芯、包层和保护层组成。光纤的纤芯只有头发丝粗细,一根光缆可封装多对至成百上千对光纤。

光纤具有带宽高、数据传输率高、无电磁辐射、抗干扰能力强、传输距离远等优点。光纤分单模光纤(single mode fiber,SMF)和多模光纤(multi mode fiber,MMF)两种。

单模光纤的纤芯直径为 $8\sim10\mu m$(一般为 $9\mu m$ 或 $10\mu m$),包层外直径为 $125\mu m$,只能传输一种模式的光,光线以直线形状沿纤芯中心轴线方向传播,模间色散很小,信号畸变很小,能进行远距离传输,适用于远程通信。单模光纤由于纤芯很小,对光源的谱宽和稳定性有较高的要求,因此,单模光纤使用激光光源,造价较高。

在 $1.31\mu m$(1310nm)波长处,单模光纤的材料色散和波导色散为一正一负,大小也刚好相等,因此,在 $1.31\mu m$ 波长处,单模光纤的总色散为零。从光纤的损耗特性(光纤损耗一般是随波长加长而减小)来看,$1.31\mu m$ 也正好是光纤的一个低损耗窗口(损耗为 $0.35dB/km$)。这样,$1.31\mu m$ 波长就成了光纤通信的一个很理想的工作波长。单模光纤的 $1.31\mu m$ 工作波长被国际电信联盟 ITU-T 在 G.652 标准中确定下来,满足 ITU-T.G.652 标准的光纤就称为 G652 光纤,这是目前使用最为广泛的一种单模光纤。

单模光纤除了 $1.31\mu m$ 工作波长之外,还有损耗更低的 $1.55\mu m$(1550nm)工作波长,光链路损耗为 $0.20dB/km$,该波长是 ITU-T.G.653 标准中所规定的工作波长,遵循该标准规范的光纤称为 G653 光纤。

多模光纤可传多种模式的光。纤芯直径为 $50\sim62.5\mu m$,包层外直径为 $125\mu m$。多模光纤最常用的纤芯直径为 $50\mu m$ 和 $62.5\mu m$。多模光纤的光源使用发光二极管(LED)或激光光源,模间色散较大,随着距离的增加色散会更加严重,故适用于短距离的传输。多模光纤的工作波长为 $0.85\mu m$(850nm)。

光纤的传输距离与单模光纤/多模光纤的类型、光纤的质量等级、传输速率和光纤收发器光功率有关。多模光纤传输距离一般为几百米,单模光纤一般为几千米至几十千米。在 1Gb/s 速率下,多模光纤传输距离为 550m。在 10Gb/s 速率下,一般选择使用单模光纤,其传输距离与所使用的光纤收发器的类型和光功率大小有关。

对于光纤跳线,可从跳线的颜色来识别光纤的类型,黄色的光纤跳线一般是单模光纤,橘红色或者灰色的光纤跳线一般是多模光纤。另外,光纤跳线还有千兆和万兆的区分。

2) 光纤收发器与光模块

光纤收发器,也称光电转换器,用于光信号和电信号的相互转换,一般应用在以太网电缆(双绞线)无法覆盖、必须使用光纤来延长传输距离的网络环境中。

光纤可成对使用,也可单纤使用。成对使用时,一根光纤用于接收数据,另一根光纤用于发送数据。单纤使用时,该根光纤可以同时收发数据,但要配合单纤收发器使用,单纤收发器采用了波分复用的技术,因此,光纤收发器从使用的光纤数量来分,有单纤收发器和双纤收发器两种;根据传输光模式的多少,分为单模光纤收发器和多模光纤收发器;根据传输速率,分为100Mb/s、1000Mb/s 和 10Gb/s 速率的光纤收发器;根据结构划分,光纤收发器分为桌面式(独立式、台式)光纤收发器和机架式(模块化)光纤收发器。

桌面式光纤收发器是独立的终端设备,成对使用,外观如图 1.24 所示。机架式光纤收发器一般为 16 槽机箱,安装于标准机柜中,采用集中供电方式,有 16 个业务插槽,可以插 16 块双纤芯或单纤芯的卡式收发器,其外观如图 1.25 所示。

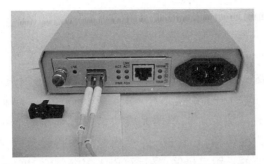

图 1.24　桌面式光纤收发器

图 1.25　机架式光纤收发器

除了光纤收发器能实现光电信号的转换外,还有一种光纤模块(简称光模块)也能实现相同的功能。光纤模块是功能性模块,支持热插拔,属于配件,不能单独使用,光纤收发器属于设备,可单独使用。光模块要插入交换机或路由器的光模块插槽中才能使用。

GBIC(giga bitrate interface converter)是千兆位电信号转换为光信号的接口器件,支持热插拔使用,是早期网络设备使用的光模块封装类型,其光纤接口类型为 SC 型。

SFP(small form-factor pluggable,小型可插拔)是 GBIC 的升级版,体积减小了一半,有利于提高网络设备的端口密度。有些交换机厂商称之为小型化 GBIC(mini-GBIC)。目前 SFP 封装形式已取代 GBIC。

万兆光模块最终也采用了 SFP 封装的尺寸大小,称为 SFP＋封装,SFP(千兆)和 SFP＋(万兆)封装形式的光模块的光纤接口为 LC 型。SFP 光纤模块外观如图 1.26 所示。

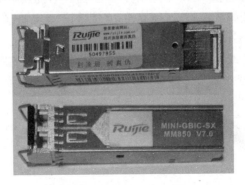

图 1.26　SFP 光纤模块

光模块有单模和多模之分,根据传输速率的不同,有 100Mb/s、1000Mb/s 和 10Gb/s 之分。根据传输距离,光模块可分为短距(2km 以内)、中距(10~20km)和长距(30km 及以上)三种。

多模光模块工作波长为 850nm,造价低但传输距离短,一般只能传输 550m 以内,使用激光光源和 1310nm 波长的多模光纤,最大可传输 2km;单模光模块工作波长有 1310nm 和 1550nm 两种,1310nm 的单模光模块传输过程中的光损耗相对较大,但色散小,一般用于 40km 以内的传输;1550nm 的单模光模块传输过程中的光损耗小,但色散大,一般用于 40km 以上的长距离传输,最远可以无中继传输 120km。单模模块的传输距离规格常见的主要有 10km、15km、40km、50km、80km、100km 和 120km 等。

Cisco 厂商的光模块种类很多,常见的主要有:

- GLC-SX-MM SFP 多模光模块(850nm-1.25Gb/s-550m-LC)。
- GLC-LH-SM SFP 单模光模块(1310nm-1.25Gb/s-10km-LC)。
- GLC-ZX-SM SFP 单模光模块(1550nm-1.25Gb/s-80km-LC)。
- GLC-T SFP 电口模块(1.25Gb/s-100m-RJ-45)。

光模块是将电信号与光信号进行相互转换,对外的表现接口为光纤接口。目前还有一种称为 SFP-T 的光模块(SFP 千兆电口模块),封装形式是 SFP,对外的接口为 RJ-45 口,用于连接五类、超五类或六类双绞线,传输距离为 100m,该种模块相当于实现光口转电口的功能。Cisco GLC-T 光模块就是千兆电口光模块,外观如图 1.27 所示。

图 1.27   Cisco GLC-T 千兆
电口光模块

3) 光纤接头类型与光纤跳线

光纤接头类型主要有 ST 型、FC 型、SC 型和 LC 型四种,接口形状总体上分为圆口和方口两类,这些光纤接头是早期不同企业开发形成的标准。

ST 头为金属圆形卡口式结构,插入后旋转半周有一卡口固定,常用于光纤配线架,缺点是容易折断。

FC 头紧固方式为螺丝扣,将一个螺帽拧到适配器上,优点是牢靠、防灰尘。

SC 头为矩形塑料插拔式结构,不须旋转,直接插拔,容易拆装,使用很方便,缺点是容易掉出来。常用于连接 GBIC 光纤模块。

LC 头用于连接 SFP 或 SFP+光纤模块,目前交换机和路由器的光纤模块一般采用 SFP 或 SFP+。光纤接头类型如图 1.28 所示,图 1.28 中的 SC 接头为双联装的 SC 头。

ST   FC   SC   LC

图 1.28   光纤接头类型

　　光纤跳线是两端制作好光纤接头的一根光纤。光纤跳线两端的接头类型根据需要，可以任意搭配。常见的有 SC-SC、ST-ST、FC-FC、LC-LC、ST-LC、ST-FC、FC-SC、SC-LC 等类型的光纤跳线，LC-FC 光纤跳线外观如图 1.29 所示。

图 1.29　LC-FC 光纤跳线

　　4）光纤适配器

　　光纤适配器（optical fiber adapter）又称光纤耦合器或光纤法兰盘，是实现光纤活动连接的重要器件，它通过尺寸精密的开口套管，在适配器内部实现光纤的精密对准连接。利用光纤适配器可延长光纤跳线的长度，或进行光纤接头的活动连接，比如尾纤与光纤跳线的连接。

　　根据要连接的光纤接头类型的不同，光纤适配器也有多种，如图 1.30 所示。

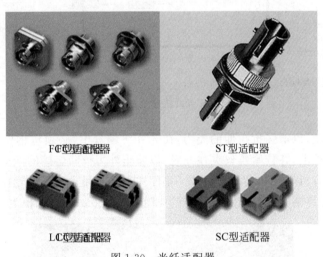

FC型适配器　　　　　　　　　　ST型适配器

LC型适配器　　　　　　　　　　SC型适配器

图 1.30　光纤适配器

　　5）光纤熔接

　　光缆通常封装有多对光纤，这些光纤还没有光纤接头，无法使用，必须将每根光纤熔接上一根尾纤，以提供光纤连接所需的接头。

　　尾纤是一端已制作好光纤接头，另一端没有接头的光纤。可利用成品光纤跳线，从中间剪断来获得尾纤。

　　光纤熔接使用光纤熔接机，外观如图 1.31 所示。光缆的每一根光纤和熔接好的尾纤盘整在光纤终端盒(光纤分线箱、光纤配线架)中,然后将尾纤的光纤接头,从盒子内部插接在光纤终端盒面板上的光纤适配器(法兰盘)上,光纤适配器的另一端,就可供用户插接光纤跳线,连接到网络设备的光模块上。连接示意图如图 1.32 所示。

图 1.31　光纤熔接机

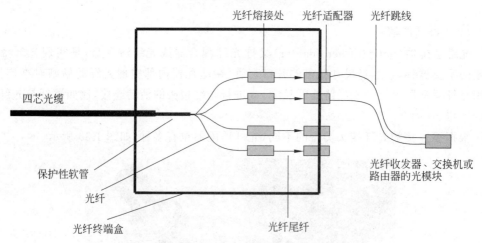

图 1.32　光纤终端盒连接示意图

光缆中有钢丝,以增强抗拉伸的能力,在光纤终端盒中,必须将钢丝固定连接到光纤终端盒中的固定柱上,并拧紧螺丝夹住光缆,以防止外力拉断熔接的光纤。

光纤终端盒有机架式和桌面式两种。桌面式光纤终端盒一般放置在桌面或挂在墙上使用,机架式光纤终端盒安装固定在标准的 19 英寸(约 0.438m)机柜上,如图 1.33 所示。

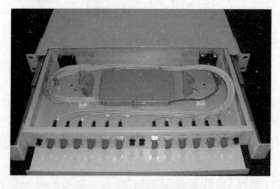

图 1.33　机架式光纤终端盒

1.7.2　无线传输介质

无线局域网(wireless LAN,WLAN)采用无线传输介质(电磁波)。在不便于进行有线网络铺设的应用环境中,或者要快速搭建临时性网络时,可采用无线网络。随着移动设备应用的普及和使用率的大大提高,在组建企事业局域网时,一般都要组建无线网络,实现整个园区无线信号的全覆盖。

无线传输介质主要有红外线和微波(300MHz~300GHz),主要使用微波,工作频率有 2.4GHz 和 5GHz。现在生产的 AP(access point,无线接入点)设备,一般都支持2.4GHz 和 5GHz 双频工作,以增加用户接入量。

无线局域网使用的协议是 IEEE 802.11 协议簇,不同种类、不同用途的协议较多,用于无线网络连接的协议主要有 IEEE 802.11a、IEEE 802.11b、IEEE 802.11g(IEEE 802.11g+)、IEEE 802.11n(Wi-Fi 4)、IEEE 802.11ac(Wi-Fi 5)、IEEE 802.11ad(WiGig)和 IEEE 802.11ax(Wi-Fi 6),通信速率分别可达 54Mb/s、11Mb/s、54Mb/s(108Mb/s)、300Mb/s、>1Gb/s、7Gb/s、9.6Gb/s。

IEEE 802.11n 协议标准也称 Wi-Fi 4,工作频段为 2.4GHz 和 5GHz,最大频宽 40MHz。

IEEE 802.11ac 协议标准也称 Wi-Fi 5,工作在 5GHz 频段,最大频宽支持 80MHz 或 160MHz。IEEE 802.11ac 是 IEEE 802.11n 标准的继任者,核心技术主要基于 IEEE 802.11a。IEEE 802.11ac 支持更多的 MIMO(multiple-input multiple-output)空间流(增加到 8 个)和用户,支持更宽的 RF 带宽和更高阶的调制,传输速率可超过 1Gb/s,主要用于千兆无线网络的组网。

MIMO 技术是指在发射端和接收端分别使用多个发射天线和接收天线,使信号通过发射端与接收端的多个天线传送和接收,从而改善通信质量。它能充分利用空间资源,通过多个天线实现多发多收,在不增加频谱资源和天线发射功率的情况下,可成倍地提高系统信道容量,具有明显的优势,被视为下一代移动通信的核心技术。

IEEE 802.11ad 主要用于实现高清视频和无损音频的高码率(超过 1Gb/s)传输要求,用于实现家庭内部无线高清音视频信号的传输,为家庭多媒体应用带来更完备的高清视频解决方案。IEEE 802.11ad 标准的无线信号工作在 60GHz 的高频段,通过对 MIMO 技术的支持,通过多路传输,支持高达 7Gb/s 的数据传输速率。

IEEE 802.11ax 协议标准也称 Wi-Fi 6,可工作在 2.4GHz 和 5GHz 频段,最高支持 160MHz 频宽,最高通信速率可达 9.6Gb/s。

对于大中型无线网络的组建,由于 AP 数量众多,为便于对这些 AP 进行统一控制和管理,一般都采用瘦 AP＋无线 AC 控制器(wireless access point controller)的组网模式。

1.8 局域网设备简介

1.8.1 网络互联设备

在局域网的组建过程中,用于实现网络互联互通的设备是交换机和路由器。用量最多的是交换机,路由器仅用在局域网络的边界,用于实现局域网与因特网的互联互通,实现局域网用户能访问因特网,因特网中的用户能访问局域网中的服务器。

1. 交换机

1) 交换机的分类

(1) 根据可工作的协议层次,交换机分为二层交换机和三层交换机两类。在网络的最底层,用于实现将 PC 接入网络的交换机,通常称为接入交换机,这类交换机数量众多,从建设成本角度考虑,一般都采用二层交换机。在一幢楼宇中,用于汇聚级联所有接入交换机的交换机,称为汇聚交换机。汇聚交换机一般都采用高性能的三层交换机,以提供高性能的数据交换能力和 VLAN 间的相互通信(路由功能)。

(2) 根据交换机的性能,交换机可分为接入交换机、汇聚交换机(数据中心交换机)和核心交换机。在组建局域网时,接入交换机的数量由网络信息点总数除以单台接入交换机端口数量,取最大值来确定。一幢楼宇至少需要一台汇聚交换机。接入交换机和汇聚交换机放置在楼宇配线间的机柜中。

各幢楼宇的汇聚交换机再向上,通过光缆汇聚到中心机房的核心交换机,因此,一个局域网络至少需要一台核心交换机,用于实现整个局域网络的互联互通,属于核心交换点。楼宇内部的数据交换,通过汇聚交换机来完成,楼宇间的数据交换,通过核心交换机来实现。核心交换机一般选用具有更高性能的、大型的、模块化的三层交换机。

(3) 根据交换机端口的速率,交换机可分为百兆交换机、千兆交换机、万兆交换机和十万兆交换机等类型。交换机的工作速率可向下兼容,自适应。目前主流的组网方式是百兆交换到桌面、千兆骨干、万兆核心。如果经费预算足够,对网络性能要求较高,可采用千兆交换到桌面、万兆骨干、十万兆核心的组网方式。如果对网络的可靠性要求极高,还可采取双汇聚交换机、双核心交换机和路由器,以及冗余链路的设计方案(即设备冗余和链路冗余相结合),来实现高可靠性的局域网络。有关这方面的规划设计和实现方法,将在后续章节详细介绍。

(4) 根据交换机的可扩展性,交换机可分为固定配置交换机和模块化交换机两类。低端的接入交换机一般都是固定配置交换机。核心交换机一般都选用模块化交换机,用户可根据性能、功能和端口需求,选择具有一定插槽数量的主机箱,然后选配冗余电源、引擎板、电口交换板和光口交换板等来进行组装,从而获得所需要的核心交换机。

RG-S8600 系列是锐捷网络推出的面向十万兆平台设计的下一代高密度多业务 IPv6 核心路由交换机,满足未来以太网络的应用需求,支持下一代的以太网 100Gb/s 速率接口,提供 14 横插槽设计、10 竖插槽设计和 6 横插槽设计三种主机,对应型号分别为 RG-S8614、RG-S8610 和 RG-S8606-B。RG-S8610E 核心交换机外观如图 1.34 所示。该核心交换机配置了一块 48 端口的千兆电口板、一块 8 端口的 SFP＋万兆光口板、一块 24 端口的 SFP 千兆光口板。

图 1.34　RG-S8610E 核心交换机

(5) 根据所应用的网络类型的不同,交换机可分为以太网交换机、ATM 交换机、FDDI 交换机和令牌环交换机等。

2) 交换机的性能指示

影响交换机性能的指标主要是包转发速率和背板带宽。

(1) 包转发速率。包转发速率的单位为 Mpps (million packet per second),即每秒可转发多少个百万数据包。其值越大,交换机的交换处理速度也就越快。这是交换机最主要的性能指标之一。

(2) 背板带宽。背板带宽也是衡量交换机性能的重要指标,它直接影响交换机包转发和数据处理能力。对于由几百台计算机构成的中小型局域网,每秒几十吉比特的背板带宽一般可满足应用需求;对于由几千甚至上万台计算机而构成的大型局域网,比如高校校园网或城域教育网,则需要支持每秒几百吉比特的核心交换机来担任。锐捷 RG-S8610 背板带宽高达 100Tbps,RG-S8614 的背板带宽更是高达 150Tbps,足以满足任何需求。

3) 交换机的功能指标

交换机通常应具备以下方面的功能,以增强交换机的应用能力。

(1) 支持 VLAN 和 Trunk 封装协议。支持 VLAN,是交换机的基本功能,一般都应支持 4K 个 VLAN。

IEEE 802.1q 协议和 ISL 协议是中继链路封装协议,以实现跨交换机的 VLAN 通信。交换机均支持 IEEE 802.1q 协议。ISL 协议是 Cisco 交换机特有的类似于 IEEE 802.1q 的协议。

(2) 支持 QoS。QoS(quality of service,服务质量)机制能够识别通过交换机的数据包的特征,并根据这些特征采取不同的传输策略,对于多媒体传输意义很大。利用 QoS 可以给不同的应用程序分配不同的带宽。

(3) 广播抑制功能。在某些情况下,三层交换机需要转发广播包,但是又不能任由广播包任意广播,而是在广播包超过一定数量的时候能加以限制,因此,交换机应具备广播抑制功能。

(4) 端口聚合与端口镜像。端口聚合(链路聚合)是指将若干个端口聚合捆绑在一起,形成一个逻辑端口或者称为 EtherChannel。通过端口聚合,可成倍提高端口的通信速度。比如将 2 个 1Gb/s 端口聚合成一个逻辑端口后,该逻辑端口的通信速率就是 2Gb/s;如果将 4 个这样的端口聚合,则通信速率为 4Gb/s。利用这种技术,可大大提高链路的带宽。

端口镜像是指将一个或多个源端口的数据流量转发到指定的另一个端口,以便对源端口流量进行捕包分析,实现对网络的监控分析。

(5) 支持 IEEE 802.1d 协议。IEEE 802.1d 协议也即生成树协议。在大型网络中,为提高网络的可靠性,往往采用冗余链路来提升网络的可靠性,但这样一来,在二层网络就会出现环路,此时就必须启用生成树协议,交换机必须支持该协议。

(6) 支持流量控制。能够控制交换机的数据流量,HDX、FDX 是通用的流量控制标准,目前的交换机一般均支持。

(7) 支持组播。组播不同于单播(点对点通信)和广播,它可以跨网段将数据发给网络中的一组节点,在视频点播、视频会议、多媒体通信中应用较多。

(8) 支持 SNMP 网管协议。支持 SNMP 网管协议的交换机,支持利用网管软件对其进行远程管理和控制。

(9) 可扩展性。对于核心交换机,应注意其扩展性,通常选用模块化交换机,能在未来根据应用的需要,通过添加功能模块来增强交换机的功能或增加接口。

4) 交换机端口

交换机的端口根据用途来划分,分为 Console 配置口、接入端口和级联端口三类。根据信号的种类,分为电口和光口两类,如图 1.35 所示,最左端的端口就是 Console 口,端口处标注有 Console 字样。中间的 24 个端口,就是接入端口,最右侧的 4 个端口是级联端口。

图 1.35 所示的是一台锐捷 RG-S2628G-I 型号的百兆二层交换机,属于 RG-S2600G-I 系列。该交换机有 24 个 10/100Mb/s 自适应电口,固化有 2 个 10/100/1000Mb/s 电口(级联用)和 2 个 SFP 千兆光口(级联用,只是一个空的插口,没有配光模块,需要增配),总共有 28 个可用的端口,故具体型号为 RG-S2628G-I,型号中的 28 代表端口数量。

图 1.35 锐捷 RG-S2628G-I 型号的百兆二层交换机

Console 端口又称配置口或控制端口,为串行端口,用于与计算机的串口相连,实现对交换机的配置管理。接入端口主要用于连接 PC,实现将 PC 接入网络,这是交换机最主要的端口。级联端口专门用于交换机与交换机彼此间的级联,端口速率比接入端口要高一个等级。4 个级联端口提供了 2 个电口和 2 个光口,以供用户灵活选择使用。

交换机的接入端口数量一般有 8 端口、16 端口、24 端口和 48 端口之分,不同厂家不同型号的产品级联端口数量不同。有的提供 2 组光电复用的级联端口。光电复用就是一个电口和一个光口为一组,从外表上看是两个物理端口,但实际上是同一个端口,这两个端口在使用时只能二选一,不能同时使用。在交换机配置时,也要明确配置使用电口还是光口。光电复用的 2 个端口,在面板标注为同一个端口号。

图 1.36 为锐捷的 RG-S5750-48GT/4SFP-E 型号的交换机,属于 RG-S5750-E 系列,这是一台有 48 个 10/100/1000Mb/s 自适应电口的三层交换机,有 4 个复用的 SFP 接口,2 个扩展槽,可用作汇聚交换机使用。型号中带 E 标志的属于功能增强型。

图 1.36　锐捷 RG-S5750-48GT/4SFP-E 型号交换机

RG-S5750-E 系列交换机的级联端口仍是千兆,如果要求级联端口是万兆 SFP＋端口,则可选择 RG-S5750-H 高性能以太网交换机系列。

5) 生产厂商

交换机和路由器的主流生产厂商,国外的主要是 Cisco 公司,国内的主要有华为、新华三和锐捷。Cisco 和锐捷的基础配置指令基本相同,华为和新华三公司的基础配置指令也基本相同。

2. 路由器

1) 路由器简介

路由器主要用于网络的互联,可实现不同类型网络的互联互通。在局域网的组建中,通常是在局域网的边界部署路由器,实现与因特网的互联互通。在这种应用环境中,主要是利用路由器的网络地址转换(NAT)和路由功能,实现使用私网地址的内网用户,能访问因特网。

对于中小型局域网络,可使用中低端路由器,对于用户数众多的大型局域网络,应采用中高端的路由器,或采用防火墙或出口网关设备,以提供高性能的 NAT 操作。

2) 路由器的接口类型

路由器的接口中,应用最多的主要是以太网接口和高速同步串口(serial)。

高速同步串口主要用于 DDN、帧中继(frame relay)、X.25 等网络连接。在企业网之间,也可通过高速同步串口,利用广域网连接技术来实现局域网间的互联。最大带宽可达 2Mb/s,高速同步串口外观如图 1.37 所示。

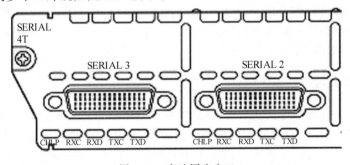

图 1.37　高速同步串口

3. 出口网关

出口网关是专门针对中大规模网络出口的应用需求而设计的多业务网络设备,集成了高性能的 NAT、智能选路、无线 AC 控制器、广域网流量优化、网络流量控制、上网行为管理、内容审计、IPSec VPN、SSL VPN、防火墙、Web/实名/微信认证等多种功能,功能丰富而且强大,成为目前局域网络出口设备的更好选择。

为了实现局域网用户访问因特网,需要在局域网的边界部署 NAT 设备,局域网的规模越大,用户数越多,要求设备的 NAT 性能就越强劲,否则将影响上网速度。

能提供 NAT 功能的网络设备通常有路由器、防火墙和出口网关设备。在这三类设备中,出口网关是专为网络出口而设计的,其 NAT 性能很高,并且具有智能选路功能,这对有多条因特网出口链路的局域网络,可简化网络配置的难度,因此,对于大中型局域网络,建议首选出口网关设备,当然,也可选择下一代防火墙产品来作为网络出口设备。

图 1.38 为锐捷的 RG-EG2000XE 型号的出口网关设备,集成了路由器、流量控制、负载均衡、防火墙、行为管理和 VPN 设备的功能,提供 8 个千兆电口、8 个千兆 SFP 光口、4 个万兆SFP＋光口和 2 个扩展槽,并标配 500GB 硬盘,用于存储上网行为管理的日志。该设备能满足具有万兆出口带宽,具有上万人的高校局域网络的出口设备对性能的需求。

图 1.38 锐捷 RG-EG2000XE 型号的出口网关设备

1.8.2 网络安全设备

网络安全设备主要有传统防火墙(firewall)、入侵检测系统(Intrusion detection system,IDS)、入侵防御系统(intrusion prevension system,IPS)、下一代防火墙(next generation firewall,NG firewall)、Web 应用防火墙(Web application firewall,WAF)和上网行为管理系统等设备。

1. 传统防火墙

传统防火墙(标准的第一代防火墙)是指基于网络层进行安全防护的防火墙,其原理是利用 IP 包过滤,过滤阻隔掉有危害的攻击数据包,从而保护网络或服务器免受攻击。传统防火墙具有 IP 数据包过滤、网络地址转换(NAT)、协议状态检查以及 VPN 功能。

在局域网中,防火墙主要用于保护局域网不受来自因特网的攻击,或者保护 DMZ 中的服务器群不受来自因特网或内网用户的攻击;另外,也可利用防火墙的 NAT 功能和路由功能,解决局域网访问因特网的问题。

防火墙的端口通常有 3 个或 4 个(多一个 IDS 口),这些接口分别是 WAN、LAN、DMZ 和 IDS。WAN 口用于连接因特网,LAN 用于连接局域网内网,DMZ 用于连接 DMZ 的服务器群的接入交换机,IDS 用于连接入侵检测系统。

对防火墙的配置通常基于 Web 页面。不同的防火墙产品,Web 服务的端口号不同,出于安全考虑,Web 的协议通常采用 HTTPS 协议。

除了购买防火墙专门产品外,也可采用三层交换机中的某 3 个端口,通过配置 ACL 规则来实现防火墙的包过滤功能。

2. 入侵检测系统

入侵检测系统是依照一定的安全策略,对网络流量进行实时监控,实时收集和分析网络事件,尽可能地发现各种攻击企图、攻击行为或者攻击结果,并发出警报的网络安全设备,相当于网络系统的实时安全监视系统。

入侵检测系统注重的是网络安全状况的监管,只有监视和报警功能,并不能实时阻断网络攻击行为。入侵检测系统通常采用旁路部署,作为一个旁路监听设备使用。为了达到可以全面检测网络安全状况的目的,入侵检测系统可以旁路方式部署在网络的核心交换机上。

入侵检测系统的核心价值在于通过对全网流量的监控和分析,及时了解网络的安全状况,进而指导安全策略的确立和调整。

入侵检测系统是一种智能化的设备,能深入应用层,对网络流量进行监控和分析,属于主动安全检测设备。普通防火墙一般是基于网络层,针对源 IP 地址、目标 IP 地址、源端口和目标端口,根据过滤规则安全策略,进行 IP 数据包的过滤,属于被动防御。传统防火墙由于无法识别应用层数据,对于 SQL 注入攻击、拒绝服务攻击等高级攻击行为无能为力。虽然入侵检测系统可与防火墙配合工作,通过防火墙来阻断有害的连接,但在实际应用中,效果并不显著,于是入侵防御技术也就应运而生了。

3. 入侵防御系统

入侵防御系统能够实时检测和阻断包括溢出攻击、RPC 攻击、WebCGI 攻击、拒绝服务攻击、木马、蠕虫、系统漏洞等各种网络攻击行为,并具有应用协议智能识别、流量控制、网络病毒防御等功能,可为用户提供完整的立体式网络安全防护功能。

入侵防御系统重点关注对入侵行为的控制,实现深层次防御,即从应用层检测出攻击并予以阻断,能精确阻断各种网络攻击行为,这是传统防火墙和 IDS 所无法实现的。

入侵防御系统通常采用桥接模式,以在线部署方式串接在网络主干链路中,保证所有流量都要流经 IPS,从而保证能对网络攻击进行及时检测发现和阻断。

4. 下一代防火墙

随着网络攻击技术的不断提高和网络安全所面临的威胁,防火墙技术和防火墙产品也在不断更新和升级换代,新一代的防火墙产品已经产生,行业称为下一代防火墙。

下一代防火墙是可以全面应对应用层威胁的高性能防火墙。通过深入洞察网络流量中的用户、应用和内容,并借助全新的高性能单路径异构并行处理引擎,能够为用户提供有效的应用层一体化安全防护。

下一代防火墙产品与标准的第一代防火墙相比,在功能上已有质的飞跃,除了具有第一代防火墙的功能之外,已融合了入侵防御系统和上网行为管理系统等功能,功能十分强大。

5. Web 应用防火墙

Web 应用作为当前因特网应用最为广泛的业务,面临的安全威胁和受到的攻击也是最多的,而且很多的攻击行为是隐藏在正常访问业务的行为中的,比如 SQL 注入攻击,这就导致传统防火墙和入侵防御系统无法发现和阻止这些攻击,为了专门应对和保护 Web 应用服务,诞生了 Web 应用防火墙。

下一代防火墙产品功能很全面,功能上包括 Web 应用防火墙的功能,只是 Web 应用防火墙更专注于对 Web 应用服务的安全保护,更专业一些。

6. 上网行为管理系统

上网行为管理设备是用于防止非法信息或不良言论恶意传播,可对全网用户上网内容和上网行为进行实时监控,对网络应用进行管控,并可管理网络资源使用情况的系统。

上网行为管理系统最主要的功能是内容审计和行为监控,用户的所有上网内容和上网行为(比如用户访问的网站、搜索的关键字、发送的邮件、访问的论坛、发布的微博等)都会被系统监控、追踪和记录,而且每一次对访问行为的监控都是具体到每一个人的,在部署了上网行为管理系统的网络中,都会要求采用实名制上网。

上网行为管理系统在功能上还包括网页访问过滤(URL 过滤)、网络应用控制、带宽流量管理、信息收发审计(可进行关键字过滤)、用户行为分析等。

上网行为管理系统由于要对不良信息进行拦截,并对网络应用进行访问控制,因此,设备要以桥接模式串接在主干链路中,比如部署在出口路由器或者出口网关设备与核心交换机之间的链路中。图 1.39 是深信服 AC-10000 型号的万兆上网行为管理设备。

图 1.39　深信服 AC-10000 型号的万兆上网行为管理设备

1.8.3　网络计费系统与设备

如果要对局域网用户的上网进行收费,则需要在局域网中部署 RADIUS 认证计费系统(软件)和宽带远程接入服务器(broadband remote access server,BRAS)硬件设备。安朗的 AM-BRAS-3210U 型号的万兆 BRAS 设备如图 1.40 所示。

图 1.40　安朗 AM-BRAS-3210U 型号的万兆 BRAS 设备

　　BRAS 设备根据 RADIUS 认证结果,控制用户上网以及上网带宽,并根据计费策略进行计费。BRAS 设备还具有防代理上网和流控功能。

　　安朗计费系统支持时长、流量、包月、包天、包年、内外网分层等各种计费方式,同时支持 PPPoE、VPN、Web Portal(网页登录认证)、IEEE 802.1x、LDAP 等认证方式。

　　RADIUS 是一种 C/S 结构的协议,在部署了安朗的 RADIUS 认证计费系统后,局域网用户要访问因特网,必须先安装并启动安朗的客户端软件,然后输入自己的上网账号和密码,RADIUS 认证成功后,BRAS 硬件设备才会允许该用户访问因特网,并对上网进行计费。如果要支持网页登录认证方式,则还必须安装部署 Web Portal 认证系统。

　　BRAS 设备由于要控制用户上网,因此,BRAS 设备必须以桥接模式串接在主干链路中。通常串接在出口网关设备和核心交换机之间。

　　以上介绍了局域网络常用的网络设备的功能及用途。在规划设计网络时,可根据组网的功能需求和项目预算进行灵活选择和取舍。

第 2 章　网络模拟仿真软件

为便于进行网络实训,本章介绍 Cisco Packet Tracer 网络模拟仿真软件的功能与用法,以及网络拓扑结构的设计和进行网络实训的方法。

2.1　思科网络学院简介

思科网络学院是思科企业社会责任项目,创建于 1997 年,是一项面向全球教育机构和个人的 IT 技能和职业发展项目。提供的自定进度课程可供学员在职业生涯中随时按自己的进度学习。1997 年至今,有超过 700 万人加入了思科网络学院,成为一支引领全球经济变革的生力军。

Cisco Packet Tracer 是思科公司为思科网络学院的学生实现最佳学习体验并获得实际网络技术技能,而开发的一款功能强大的网络模拟平台(学习工具),以支持学生进行网络实验,在实践中运用和提高网络技能。Cisco Packet Tracer 可以创建包含几乎无限量设备的虚拟网络,其不足之处在于其网络设备的功能是利用软件模拟出来的,对于没有模拟实现的功能,在本模拟器环境中无法进行相应的实训操作。

Cisco Packet Tracer 是免费的软件,获得该软件的最佳方式是注册一个思科网络学院的账户,然后用账户登录成功后就可找到 Cisco Packet Tracer 的下载资源。

Cisco Packet Tracer 软件分为 Windows 桌面版(32bit 和 64bit 版)、Linux(Ubuntu 64bit)桌面版和移动版(iOS 版和 Android 版)。桌面版目前的最新版本号为 8.0.0.0212。

2.2　安装及使用 Cisco Packet Tracer

2.2.1　安装 Cisco Packet Tracer

以 Windows 64bit 桌面版为例,双击下载的 PacketTracer800_Build212_64bit_setup-signed 安装文件,启动安装向导,然后根据安装向导的指引,完成整个软件的安装。

安装完成后,首次启动 Cisco Packet Tracer 时,会要求使用思科网络学院的用户名和密码进行身份验证。验证成功后,就可进入软件的主界面,如图 2.1 所示。首次登录成功后,以后启动软件,不会再进行身份验证。

如果没有思科网络学院的账户,可以用来宾身份登录(guest login),但只有三次存盘机会。

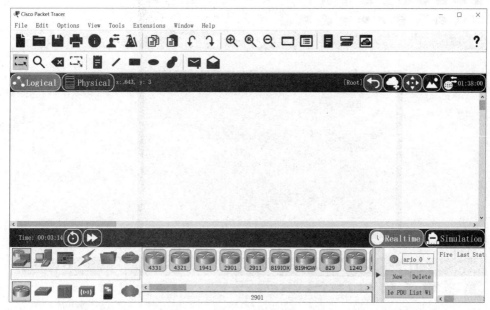

图 2.1　Cisco Packet Tracer 主界面

2.2.2　使用 Cisco Packet Tracer

Cisco Packet Tracer 是一款非常简单易用、功能强大且操作直观的网络仿真软件,使用拖放设备方式设计构建网络拓扑,然后使用与物理设备相同的 CLI 命令行界面,对网络设备进行配置,并可以模拟追踪网络中数据的交互活动,实时直观地显示网络内部的数据流,如在物理设备中的动态数据传输过程和数据包内容的解码等。这些辅助功能,有助于深入理解网络内部的运作过程,便于发现问题、进行故障诊断分析和排除故障。

1. 界面元素简介

1) 网络拓扑结构与网络地理分布图

如图 2.1 所示,Cisco Packet Tracer 的主界面中间的空白区域为设计区,默认显示的是网络拓扑结构的设计区,即显示网络的逻辑结构(logical)。

单击 Physical 按钮,可切换到网络的地理分布图设计,切换后的主界面如图 2.2 所示;单击 Logical 按钮,可切换回网络拓扑结构的设计界面。

2) 网络设备和组件库

在主界面的底部工具栏,提供了网络设备、终端设备、物联网设备和传输介质的选择,如图 2.3 所示。

底部工具栏分为左右两部分,左侧区域又分为上、中、下三部分。左上区域显示可供

51

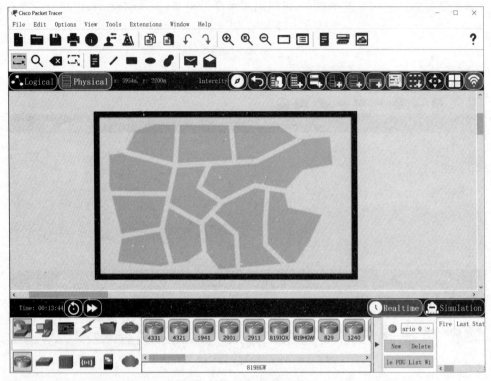

图 2.2　网络地理分布图设计

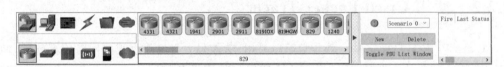

图 2.3　底部工具栏

选择的设备大类,分别是网络设备(network device)、终端设备(end devices)、组件(component)、网络连接用的传输介质(connection)、杂类(miscellaneous)和多用户连接(multiuser connection)。左侧中间的矩形方框用于显示设备类型或设备名称的提示。当鼠标指标移动到设备库的图标上时,会在该区域实时显示提示文字。左侧的底部区域用于显示某一大类设备的子类。在图 2.3 中,设备大类选择的是网络设备,在子类显示区域就显示了网络设备的子类设备,分别是路由器(router)、交换机(switch)、集线器(hub)、无线网设备(wireless device)、安全设备(security)和广域网仿真(WAN emulation)。单击选择子类设备后,在右侧的区域就会显示该子类可供选择的具体设备型号,图 2.3 右侧显示的是可供选择的路由器型号。

(1) 路由器。可选择使用的路由器型号较多,如图 2.4 所示。

(2) 交换机。在子类列表中单击交换机,显示可使用的交换机型号,如图 2.5 所示。

2960 和 2950T 固化有 24 个百兆电口和 2 个千兆电口,2950-24 只有 24 个百兆电口,这 3 种型号都是二层交换机。

图 2.4　可选择使用的路由器

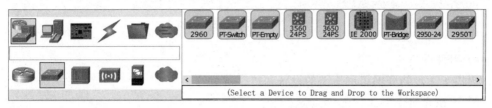

图 2.5　可选择使用的交换机

3560-24PS 和 3650-24PS 为三层交换机,3560-24PS 为固定配置,固化了 24 个百兆电口和 2 个千兆电口。3650-24PS 为模块化交换机,可根据需要通过添加模块来定制端口。

IE 2000 是 Cisco 工业级的以太网交换机(industrial ethernet switch),属于 2000 系列。工业级交换机与商用交换机相比,更坚固耐用。这是一台三层交换机,具有 8 个百兆口和 2 个千兆口。

(3) 集线器。集线器子类下面提供了集线器(hub)、中继器(repeater)和同轴电缆分接器(coaxial splitter)设备。

(4) 无线网络设备。无线网络设备用于无线网络的组网实验,如图 2.6 所示。

图 2.6　无线网络设备

(5) 网络安全设备。网络安全设备提供了两款 Cisco ASA 5500 系列的 ASA 防火墙,型号为 5505 和 5506。ASA 防火墙能够提供主动威胁防御,在网络受到威胁之前就能及时阻挡攻击,控制网络行为和应用流量,并提供灵活的 VPN 连接。

(6) 广域网仿真。广域网仿真提供的仿真设备如图 2.7 所示。

DSL(digital subscriber line,数字用户线路)是以电话线为传输介质的传输技术组合,支持对称和非对称传输模式。此处的对称是指上行和下行传输

图 2.7　广域网仿真设备

速率相同,如果不相同,则称为非对称。ADSL(asymmetric digital subscriber line,非对称数字用户线)是 DSL 非对称技术中的一种,ADSL 充分利用现有的 PSTN,只需在线路两端加装 ADSL Modem 即可为用户提供高速宽带服务,无须重新布线,因而可极大地降低服务成本。早期小区宽带上网采用的就是 ADSL 技术。Cable Modem 是电缆调制解调器,是利用有线电视网络上网所需的调制解调设备。

3) 终端设备

终端设备是指最终用户端的设备,可供选择的终端设备如图 2.8 所示。除了个人计

算机和服务器之外,还提供了很多与物联网相关的物联网设备和组件,可用于物联网的组网实验。

图 2.8　可供选择的终端设备

4)组件设备

提供了大量物联网组网所需的设备和传感器组件。

5)连接介质

在设备类型列表中单击 ⚡ 图标,在子类列表中继续单击 ⚡ 图标,即可显示出可选择使用的网络连接介质,如图 2.9 所示。

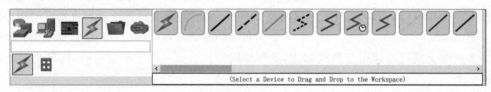

图 2.9　可选择使用的网络连接介质

各连接介质图标的含义如表 2.1 所示(部分形状相同图标颜色不同)。

表 2.1　各连接介质图标的含义

图标	含　义	图标	含　义
	自动选择连接类型(automatically choose connection type)		同轴电缆(coaxial)
	配置线缆(console)		串行数据控制设备(serial DCE)
	直通双绞线(copper straight-through)		串行数据终端设备(serial DTE)
	交叉双绞线(copper cross-over)		八爪鱼线缆(octal cable)
	光纤(fiber)		物联网定制线缆(IoT custom cable)
	电话线(phone)		USB 连接线

6)顶部工具栏

在顶部提供了主工具栏和第二工具栏,主工具栏如图 2.10 所示。

图 2.10　主工具栏

第二工具栏提供了拓扑图构建常用到的一些工具,如图 2.11 所示,这些按钮的功能如表 2.2 所示。

图 2.11　第二工具栏

表 2.2　第二工具栏按钮的功能

按钮图标	功　能	按钮图标	功　能
	选择对象(select)或释放鼠标指针		绘制矩形(draw rectangle)
	查看(inspect)设备的 MAC Table、ARP Table、NAT Table、Routing Table、IPv6 Routing Table、QoS Queues、Port Status Summary Table		绘制椭圆(draw ellipse)
	删除对象(delete)		绘制自由曲线(draw freeform)
	调整几何图形的大小(resize shape)		添加简单的 PDU(add simple protocol data unit)
	添加注释说明文字(place note)		添加复杂的 PDU(add complex PDU)
	绘制直线(draw line)		

7) Realtime 与 Simulation 工作模式

Cisco Packet Tracer 提供了 Realtime(实时)和 Simulation(模拟)两种工作模式,默认为 Realtime 模式,即网络真实运行的模式。在 Simulation 模式下,可以模拟网络数据包的流动过程,提供数据包在网络中的流动过程的模拟展示,以便于观察网络的实时运行情况和运作过程,便于理解网络和进行网络故障诊断分析。

Realtime 与 Simulation 工作模式的切换按钮如图 2.12 所示。单击 Simulation 按钮,即可切换到模拟工作模式,此时的主界面如图 2.13 所示。

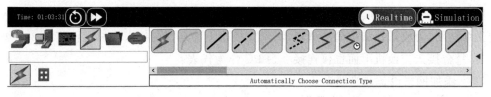

图 2.12　Realtime 与 Simulation 工作模式切换

2. 规划设计网络拓扑

在 Cisco Packet Tracer 系统中,应先根据网络组网需求,规划设计好网络拓扑结构,然后在网络拓扑中分别对网络设备和终端设备进行配置和调试,以实现网络间的互联互通。

网络拓扑结构在 Realtime 工作模式下的 Logical 工作区进行规划设计。Cisco Packet Tracer 支持以拖放的方式添加网络设备和终端设备,然后选用正确的连接介质,通过分别单击网络设备,在弹出的端口菜单中选择互联用的端口,将 2 个设备通过互联端

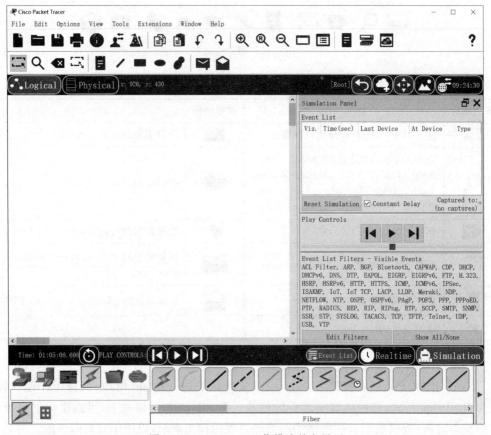

图 2.13 Simulation 工作模式的主界面

口实现连接。

假设有一个园区局域网络,由 2 幢独立的楼宇组成,要求按三层(接入层、汇聚层和核心层)交换式结构,规划设计园区局域网络的拓扑结构。汇聚层与核心层间的互联链路采用光纤链路,为使拓扑结构简洁清晰,汇聚交换机下面连接的接入交换机仅连接 2 台作为代表,每台接入交换机下面也仅连接 2 台 PC 作为代表。

1) 添加网络设备和终端设备

单击顶部工具栏的 ![按钮] 按钮,切换到对象选择状态,用拖动的方法从网络设备列表中将所选的设备添加到工作区,并调整各设备的位置和间距。

接入层交换机使用二层交换机,可选择 2960 或 2950T 型号,2 个千兆电口用于与汇聚层交换机进行级联使用,百兆电口用于连接 PC,使 PC 接入网络。

汇聚层交换机使用三层交换机,为了能提供光纤端口,选择模块化的千兆三层交换机 3650-24PS。由于没有更高端的交换机,因此,整个园区网络的核心交换机也采用该款交换机。网络出口路由器可选择一款千兆路由器,比如 2911 路由器,以保证整个骨干链路均为千兆。添加完网络设备和 PC 的界面如图 2.14 所示。

图 2.14　添加完网络设备和 PC 的界面

2）定制交换机和路由器端口

Cisco WS-C3650-24PS 是模块化的企业级智能三层千兆交换机，支持 PoE＋（power over ethernet）供电，支持双冗余模块化电源和 3 个模块化风扇，固化有 24 个千兆端口和 4 个 SFP 插槽。

Cisco Packet Tracer 中的 WS-C3650-24PS 交换机未配置电源，使用前应添加 AC 交流电源，并根据需要添加光模块，最多可添加 4 个 GLC-LH-SMD 千兆单模光模块（1310nm），该模块支持 10km 传输距离，可用于楼宇汇聚交换机与位于中心机房的核心交换机之间的级联。在拓扑结构中单击 3650-24PS 交换机，弹出交换机配置对话框，如图 2.15 所示。

如图 2.15 所示，该对话框有 4 个选项卡，分别是 Physical、Config、CLI 和 Attributes，下面分别介绍其功能。

（1）Physical。该选项卡用于对交换机硬件进行配置，在左侧的 MODULES（模块）列表框中，显示了该交换机可使用的功能模块，选中某一个功能模块后，在对话框底部会显示说明描述文字和模块展示。在右侧的 Physical Device View 显示栏，显示了该物理

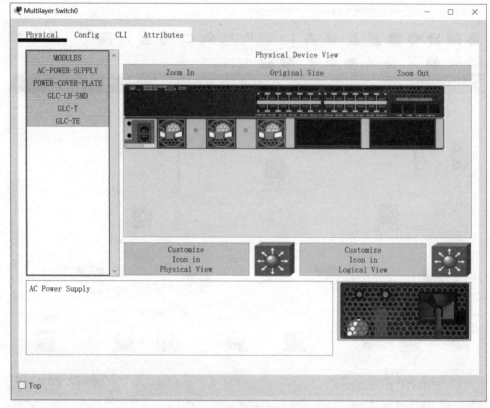

图 2.15　交换机配置对话框

设备的外观,单击 Zoom In 按钮,可放大查看其外观;单击 Zoom Out 按钮则缩小外观图;单击 Original Size 按钮则重置显示设备的原始大小。

　　单击 Zoom In 按钮,放大交换机外观显示,其外观如图 2.16 所示,整个图形分为上下两部分,上部分显示的是交换机的前面板,下部分显示的是交换机的后部外观。

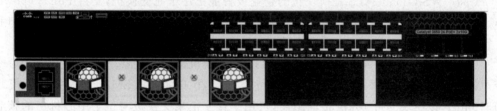

图 2.16　3650-24PS 交换机外观

　　在交换机的后面有 2 个空的插槽,这是用于插交换机电源。在前面板最右侧有 4 个空的 SFP 插口,可根据需要插入 1～4 个 SFP 光模块。

　　在 MODULES 列表框中选择 AC-POWER-SUPPLY 模块,将对话框右下角展示的电源模块,采用拖放操作,放置添加到电源插槽。最多可添加 2 个电源,配置成冗余电源。

　　接下来在 MODULES 列表框中选择 GLC-LH-SMD 模块,将对话框右下角展示的

SFP 光模块拖放到光模块插口中,最多可添加 4 个,添加完成后的设备外观如图 2.17所示。

图 2.17　添加电源和 SFP 光模块后的交换机外观

用同样的操作方法,完成另 2 台 3650-24PS 交换机的电源模块和 SFP 光模块的添加。如果要移除所添加的模块,可将模块拖到左侧的模块列表框中释放,以删除该模块。

对路由器端口定制的操作方法类似。接下来再完成 2 台 2911 路由器单模光模块的添加。这两台路由器,一台是局域网的出口设备,另一台用于模拟因特网中 ISP 运营商的路由设备,这两台设备间的链路因距离较远,必须使用单模光纤链路。

Cisco 2911 路由器固化了 3 个千兆电口,但没有光模块插口,Cisco 2911 路由器的外观如图 2.18 所示。

图 2.18　Cisco 2911 路由器的外观

可通过添加功能扩展板卡来提供 SFP 插口,板卡不支持热插拔,光模块支持热插拔,因此,应先关闭设备电源。单击电源插头左侧的开关,关闭电源,此时绿色的指示灯熄灭。在左侧的模块列表中,单击选择 HWIC-1GE-SFP 模块,在右下角的模块展示中,将该模块拖放到路由器的扩展槽上释放,完成功能板卡的添加,总共可添加 4 块。

接下来在模块列表中选择 GLC-LH-SMD 单模模块,将右下角展示区中的光模块拖到刚添加的功能板卡上的光模块插口上释放,完成 SFP 光模块的添加。最后单击电源按钮,打开设备的电源,完成模块添加的面板如图 2.19 所示。用同样的操作方法,完成另一台 2911 路由器 SFP 光模块的添加。

(2) Config。单击选中 Config 选项卡,切换到交换机的图形配置界面,如图 2.20 所

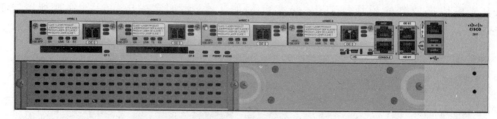

图 2.19　添加 SFP 光模块后的面板外观

示。该配置界面是 Cisco Packet Tracer 所提供的,真实的物理交换机并没有这个配置途径,建议不使用该配置方式,而使用 CLI 命令行配置模式来配置交换机,以与实际配置方法相符。

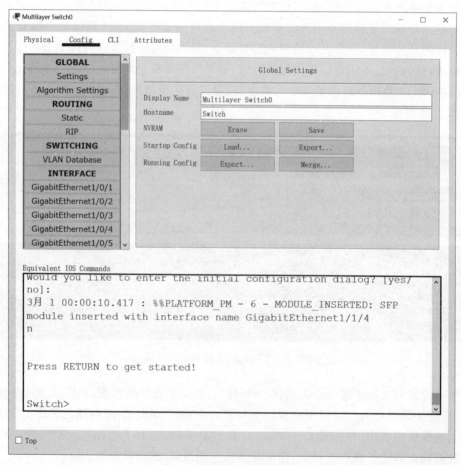

图 2.20　交换机的图形配置界面

　　在底部的 Equivalent IOS Commands 列表框中,将实时显示等价的交换机 IOS 配置指令,这些配置指令才是学习掌握的重点,因为在现实应用中,对交换机的配置,就是使用这些配置指令来实现的。

　　交换机的端口默认处于激活(up)状态,而路由器的端口默认处于 shutdown 状态的,为不可用状态,必须切换到 up 状态才可使用。为此,单击 2911 路由器,打开配置对话框,然后单击选中 Config 选项卡,如图 2.21 所示,依次选中各端口,勾选端口状态 Port Status 后面的 On 复选框,以激活端口。

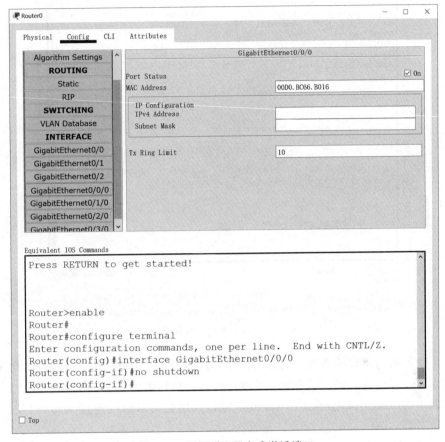

图 2.21　用图形配置方式激活端口

(3) CLI。单击中 CLI 选项卡,切换到命令行配置界面,如图 2.22 所示。CLI 命令行配置模式与交换机的真实配置模式完全相同,通过相应的配置指令来实现对交换机的配置操作。

(4) Attributes。该选项卡用于查看交换机的一些属性,比如 MTBF(平均故障间隔时间)、rack unit(设备高度的单位,简称为 RU 或 U)、wattage(瓦数)、power source(电源)等。

3) 设备连线

(1) 用双绞线连接电口。单击选中直通双绞线,再单击 PC,在弹出的上弹菜单中选择 FastEthernet0 端口,接下来单击要连接的另一端设备,即接入交换机,在弹出的上弹菜单中选择一个用于连接的以太网端口,这样就实现了两个设备间的连接。绿色的链路状态指示灯表示链路连接正常。用同样的操作方法完成所有 PC 与接入交换机的连接,以及接入交换机与汇聚交换机的千兆连接(用千兆端口级联)。

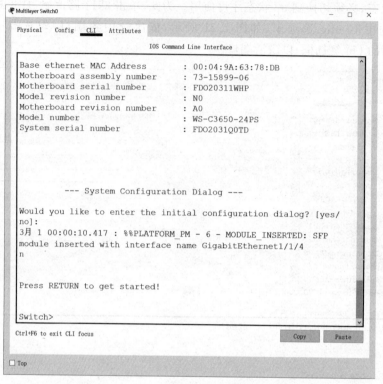

图 2.22　CLI 命令行配置界面

核心交换机与出口路由器一般放置在中心机房的同一个机柜中,距离较近,可采用千兆电口用双绞线实现互联。用直通双绞线连接核心交换机的 GigabitEthernet1/0/1 端口和出口路由器 2911 的 GigabitEthernet0/0 端口。用交叉双绞线连接 Router1(2911) 路由器和服务器。

(2)用光纤连接光口。汇聚交换机与核心交换机采用单模光纤连接。在连接介质列表中,单击选中光纤,接下来单击任意一台汇聚交换机,在弹出的菜单中选择 GigabitEthernet1/1/1 光口,然后在核心交换机上单击,在弹出的菜单中选择用于连接的光口,比如 GigabitEthernet1/1/1。用同样的操作方法完成另一台汇聚交换机与核心交换机的互联,以及 2 台 2911 路由器的光纤互联。

完成所有设备连线后的网络拓扑如图 2.23 所示,红色的链路为千兆单模光纤链路。

3. 设置系统参数

在拓扑图中,默认显示了设备的型号和设备名称标签。为使拓扑显示简洁,这些不太重要的信息可不显示,重点显示互联的端口号,便于网络配置时查看端口号。为此,可选择 Options→Preferences 命令,打开系统参数设置对话框,如图 2.24 所示。

Show Device Model Labels 用于设置是否显示设备的型号,Show Device Name Labels 用于设置是否显示设备的名称,Always Show Port Labels in Logical Workspace 用于设置是否显示设备互联的端口号。

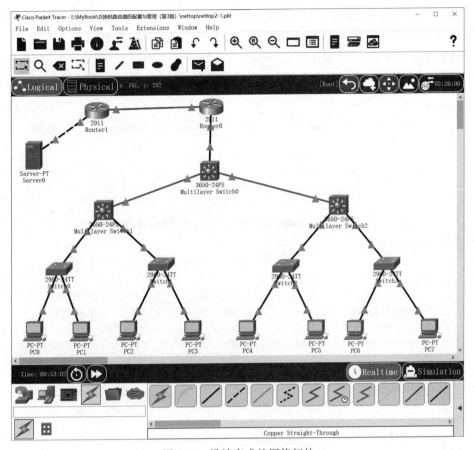

图 2.23　设计完成的网络拓扑

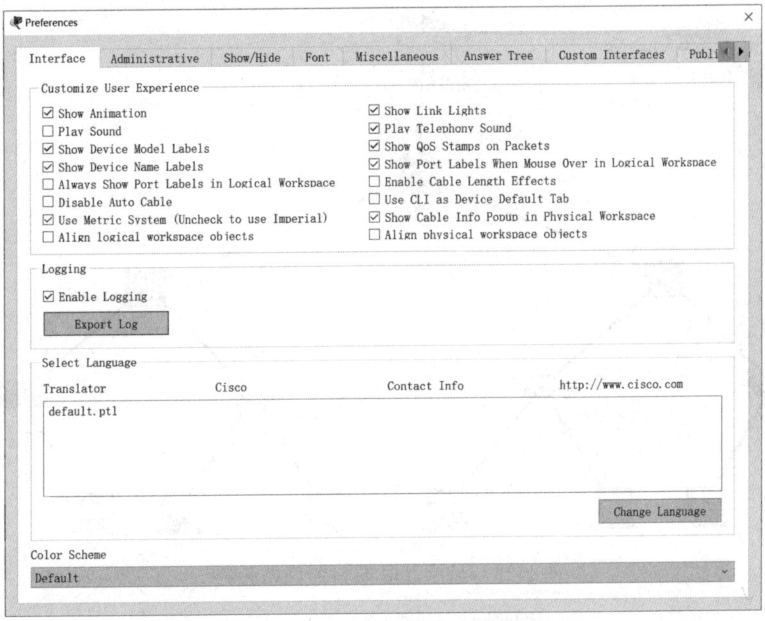

图 2.24　系统参数设置对话框

单击取消对 Show Device Model Labels 和 Show Device Name Labels 设置项的勾选,勾选 Always Show Port Labels in Logical Workspace 设置项,然后单击选中 Font 选项卡,设置显示字体的大小,如图 2.25 所示,设置好字体大小后,单击 Apply 按钮应用设置,最后关闭设置对话框。经过以上设置后,网络拓扑显示如图 2.26 所示。

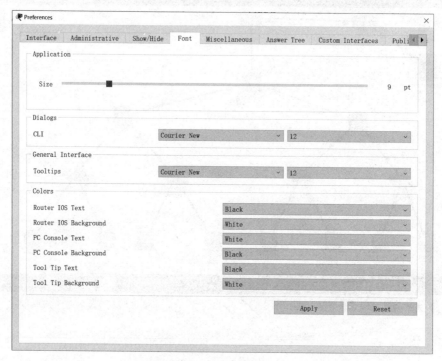

图 2.25　设置显示字体大小

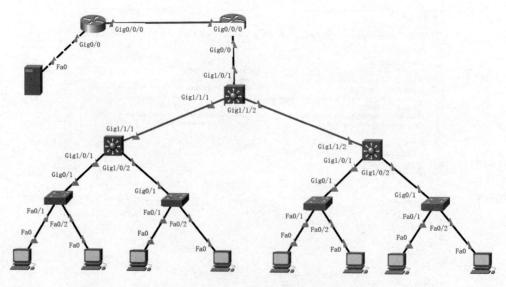

图 2.26　显示互联端口的网络拓扑

4. 配置网络设备和终端设备

网络拓扑规划设计好后,接下来就应该对各网络设备和终端设备进行配置,以实现相应的功能。要学习后续章节的内容之后,才能进行本网络功能的配置,实现网络的互联互通。

本案例的终端设备主要是用户端的 PC 和网络服务器。下面介绍其配置方法。

1) 配置 PC

对 PC 的配置,主要是配置其 IP 地址信息。单击 PC0,弹出配置对话框,然后单击选中 Desktop 选项卡,切换到桌面应用窗口,如图 2.27 所示。

图 2.27 PC 的桌面应用程序

单击 IP Configuration 选项,打开 IP 地址配置对话框,如图 2.28 所示,即可实现对 IP 地址的配置。为便于网络测试,配置 PC0 的 IP 地址为 10.8.0.10,子网掩码为 255.255.255.0,默认网关为 10.8.0.1。目前这个网关还不存在,网关还未配置。

用同样的方法,配置 PC1 的 IP 地址为 10.8.0.11,子网掩码为 255.255.255.0,默认网关为 10.8.0.1。

PC0 和 PC1 主机根据 IP 地址的设置,都属于 10.8.0.0/24 网段,下面检测 PC0 与

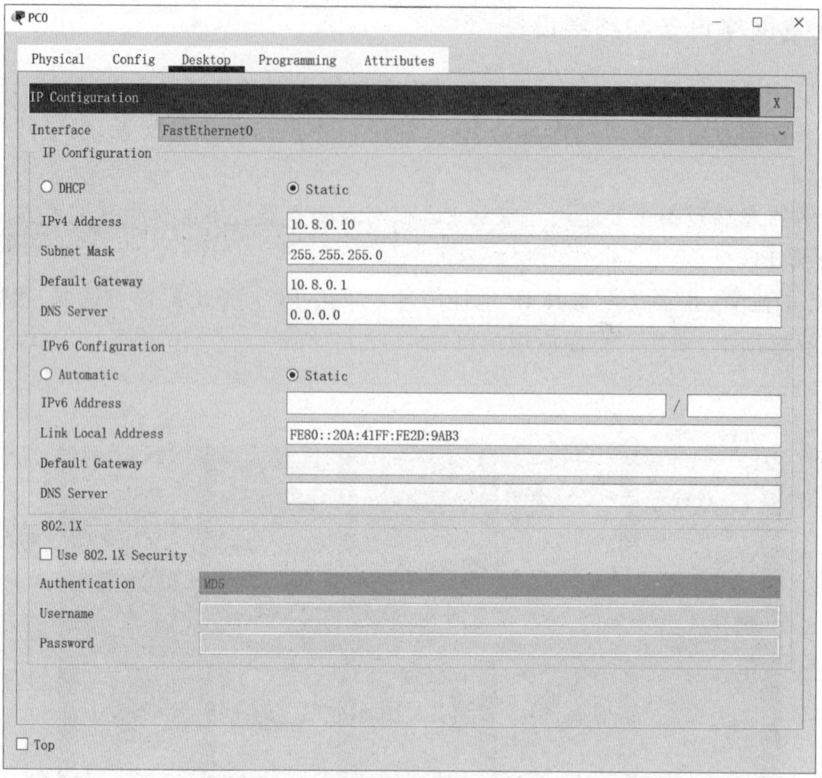

图 2.28   配置主机 IP 地址和网关地址

PC1 主机之间的网络是否通畅。

　　单击 PC0 打开配置对话框，切换到 Desktop 界面，然后单击 Command Prompt 选项，进入 PC0 主机的命令行界面，在命令行中用 ping 命令去 ping PC1 主机的 IP 地址，看能否 ping 通，ping 测试的结果如图 2.29 所示，从中可见，网络通畅。对于同一个网段内的通信，不需要网关，交换机不用任何配置，可直接通信。

　　2）配置服务器

　　对服务器的配置，主要有 IP 地址配置和相应服务配置。单击拓扑图中的服务器图标，打开服务器的配置对话框，然后单击选中 Services 选项卡，即可切换到对服务的配置，如图 2.30 所示，在左侧的服务列表框中，选择要配置的服务，然后根据需要打开或关闭相应的服务。

　　图 2.30 显示的是 HTTP 服务(Web 服务)的配置界面，在 File Manager 列表中显示了网站根目录下的网页文件和图形文件，单击网站首页文件 index.html 后面的"(edit)"，可打开对该网页文件的编辑修改界面，如图 2.31 所示。通过单击方式，将光标定位在 </html> 标记符之前，按 Enter 键在该标记符之前插入一个空行，然后输入以下代码，在网页中增加显示该网站的 IP 地址信息，单击 Save 按钮保存对文件的修改，最后单击 File Manager 按钮返回。

```
<br><font size=36 color=red>113.204.176.10</font>
```

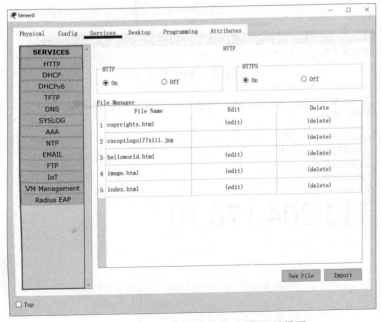

图 2.29　PC0 主机 ping PC1 主机测试结果

图 2.30　HTTP 服务(Web 服务)的配置界面

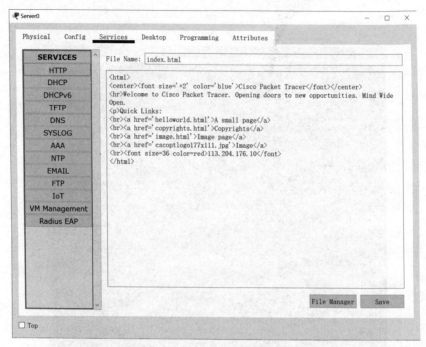

图 2.31　修改网站首页文件源代码

配置服务器 Server0 的 IP 地址为 113.204.176.10,子网掩码为 255.255.255.240,网关地址为 113.204.176.1,在 Desktop 界面单击 Web Browser,打开 Web 浏览器,然后在地址栏中输入 http://113.204.176.10,即可访问到 Web 服务,如图 2.32 所示。

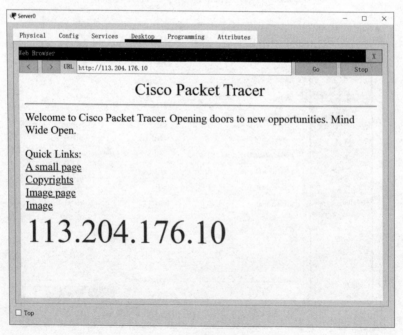

图 2.32　访问 Web 服务

5. 网络测试与数据包追踪

网络配置完毕,就可进行 ping 测试,检测网络是否通畅,如果全部通畅,则网络配置成功。如果网路不通,则需要检查配置是否正确,是否有设备忘了配置路由或回程路由。为了便于发现故障点,此时可切换到 Simulation 工作模式,对 ping 包进行逐步追踪,通过追踪数据包的走向,很容易发现故障点。通过对数据包的解码分析,有助于发现故障原因。

为便于演示数据包追踪的操作方法,下面在 Simulation 工作模式下,在 PC0 主机中 ping PC1 主机,追踪 ICMP 数据包的走向。

切换到 Simulation 工作模式,首先单击 Show All/None 按钮,全部取消要捕包的协议选择,然后单击 Edit Filters 按钮,设置需要捕获哪种协议的数据包。由于协议种类很多,会产生很多种类的协议数据包,为避免干扰,将无关的其他协议的数据包过滤掉,只捕获要追踪协议的数据包。对于 ping,只勾选 ICMP 即可。

接下来打开 PC0 的命令行窗口,输入 ping 10.8.0.11 命令并按 Enter 键执行,此时 PC0 主机就产生了一个即将外发的 ICMP 数据包。在 PC0 主机上将显示一个信封图标,代表该数据包,同时在 Event List 中也会产生一条事件记录,如图 2.33 所示。

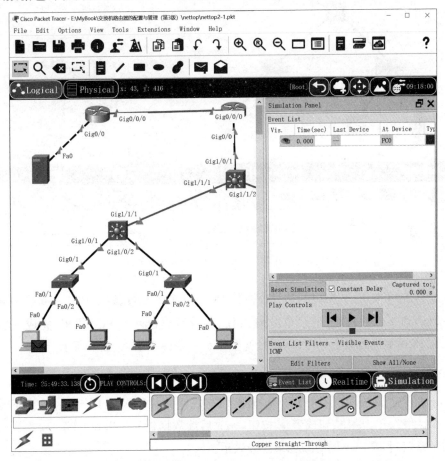

图 2.33　PC0 主机产生外发的 ICMP 数据包

单击▶▌按钮,可追踪捕获下一个数据包,并伴有动画演示数据包的运动轨迹,非常形象直观。单击▌◀按钮,则返回到上一个捕获事件的数据包,这两个按钮用于手动分步捕获数据包。单击 ▶ 按钮,则自动连续捕获数据包。

单击▶▌按钮,捕获下一个数据包,此时数据包到达接入层交换机,如图 2.34 所示。

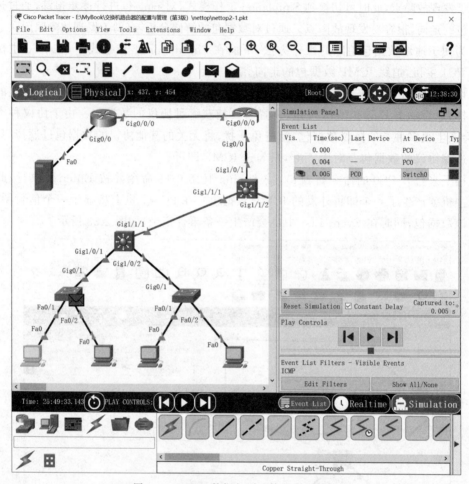

图 2.34　ICMP 数据包到达接入层交换机

继续单击▶▌按钮,数据包到达目标主机 PC1;再次单击▶▌按钮,PC1 主机产生响应数据包并回送到接入交换机;继续单击▶▌按钮,响应数据包回到 PC0 主机,完成一次 ping测试。在 PC0 主机的命令行窗口,此时就会显示一条检测结果,如下所示。

```
Reply from 10.8.0.11: bytes=32 time=4ms TTL=128
```

ping 命令会依次发送 4 个 ICMP 检测数据包,刚才仅发送了 1 个,因此,接下来还会发送 3 个。继续单击▶▌按钮或者 ▶ 按钮,完成后续数据包的发送和追踪。每次发送的数据包的示意信封,会用不同的颜色来区分表示。

在 Event List 列表中,将依次记录和显示在传输过程中每一个数据包的详细信息,包括持续时间（Time）、上一次所处的设备（Last Device）、该数据包当前所在的设备（At Device）、协议类型（Type）和协议详细信息（Info）。每一个事件占一行，要对哪一个数据包进行解码查看，可单击数据包所在的行，此时可从 OSI 七层模型角度查看到数据包的解码内容。对 PC1 主机收到的 ICMP 数据包进行解码，其解码内容如图 2.35 所示。

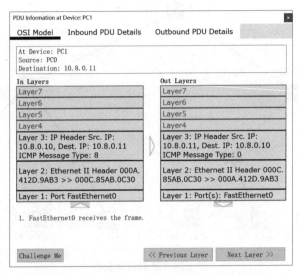

图 2.35　对 PC1 主机收到的 ICMP 数据包解码

单击 Next Layer 按钮，可查看到下一层对该数据包的处理过程和处理方式的描述，这个信息很重要，在发生网络故障时，通过查看该信息，可得知该设备是如何处理数据包的，有助于了解故障产生的原因。单击 Previous Layer 按钮则回退一层，显示该层是如何处理数据包的。

实训　使用 Cisco Packet Tracer 进行网络实训

【实训目的】　熟悉和掌握 Cisco Packet Tracer 网络模拟仿真软件的功能与用法，能熟练绘制网络拓扑，并能对网络设备的端口按需添配。

【实训环境】　Cisco Packet Tracer V8.0.0.x。

【实训内容与要求】

（1）下载并安装 Cisco Packet Tracer V8.0.0.0212 Windows 版软件。

（2）熟悉 Cisco Packet Tracer 界面环境，了解各界面元素的功能与用途。

（3）按图 2.36 所示，设计网络拓扑。整个网络采用百兆交换到桌面，千兆主干进行连接。

（4）按图 2.36 所示，配置各 PC 主机的 IP 地址和子网掩码，然后进行 ping 测试。任选一台 PC 主机，在命令行利用 ping 命令，ping 其他主机的 IP 地址，检查能否 ping 通。首先检测同一个网段的主机能否 ping 通，然后检测不同网段的主机能否 ping 通。

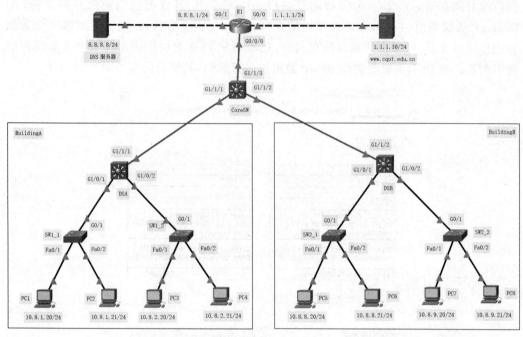

图 2.36   案例网络拓扑

(5) 切换到 Simulation 工作模式,然后在一台 PC 的命令行,利用 ping 命令去 ping 本网段的另一台 PC 的 IP 地址,通过单击 Capture/Forward 按钮,观察 ICMP 数据包的走向。最后在 Event List 列表中选择某一个数据包,对其进行解码,阅读和理解其解码内容。

第 3 章　交换机配置基础

交换机是交换式局域网络的主要网络设备,在网络组建时,必须对交换机按功能需求进行相应配置,网络才能正常运行。本章主要学习交换机的配置途径与配置方法,以及交换机最基本、最常用的配置指令。

3.1　交换机 IOS 简介

1. IOS 简介

Cisco 交换机和路由器所使用的网络操作系统是 IOS(internetwork operating system,互联网际操作系统),目前 IOS 已更新升级为 IOS XE 系统,版本号为 16.X。

IOS 以镜像文件的形式存储在交换机或路由器的 Flash 存储器中,开机加电时,由加载程序加载并解压到内存(DRAM)中运行。IOS 镜像文件扩展名为.bin 或.tar,是经过压缩的二进制文件。

IOS 镜像文件名有一定的命名规则,便于用户根据文件名识别该镜像文件适用的硬件平台、支持的功能特性集、IOS 运行的位置、IOS 的压缩格式、IOS 版本号等信息,其命名格式为 AAAAA-BBBB-CC-DDDD.EEE,比如 Cisco 2621 路由器的 IOS 镜像文件为 c2600-is4-mz.123-18.bin。

AAAAA 部分代表 IOS 镜像文件适用的硬件平台,比如,c2600 代表 2600 系列路由器,c2800 代表 2800 系列路由器,c3600 代表 3600 系列路由器,c7200 代表 7200 系列路由器,rsp 代表 7500 系列路由器,asa 代表 ASA 防火墙,cat3k 代表 Cisco Catalyst 3000 系列交换机等。

BBBB 部分代表镜像文件支持的功能特性集,Cisco 定义了几十种特性集代码,IOS 镜像文件的这部分代码可以是不同功能特性集的组合,即该镜像文件同时支持多个功能特性集。比如 is4 中的 i 代表 IP 特性集,s4 代表 C2600/C3600 的 plus 特性集。除此之外,常见的功能特性集代码还有:a 代表 APPN(advanced peer-to-peer networking)特性集,c 代表远程访问服务子集,d 代表桌面子集,j 代表企业特性集,o 代表 IOS 防火墙,o3 代表带 IDS 和 SSH 的防火墙,k9 代表支持 IPSec 3DES、AES 强加密。

ISR 路由器是思科多业务集成路由器,其 IOS 命名中的功能特性部分表示方式比传统的功能特性表示方式更直观、更易理解,比如 Cisco 多业务集成路由器 2800 系列的镜像文件名为 c2800nm-advipservicesk9-mz.124-15.T1.bin,其中的 advipservicesk9 代表该镜像文件支持高级 IP 服务特性,并支持 IPSec 3DES、AES 加密方式。

CC 部分的第一个字符代表镜像在哪种类型的存储器中运行：m 代表 RAM(random access memory),r 代表 ROM(read only memory),f 代表 flash memory。CC 部分的第二个字符代表镜像文件的压缩格式：z 代表 zip 压缩,x 代表 mzip 压缩,w 代表 stac 压缩。

DDDD 部分代表 IOS 软件的版本号,比如 123-18 代表 12.3.18 版本号,12.3 为主版本号,18 为维护版本号。EEE 部分代表 IOS 镜像文件的扩展名。

2. 交换机/路由器的硬件结构

交换机和路由器相当于一种特殊的计算机,同样由 CPU、存储器、接口和操作系统等部分组成。

交换机和路由器的存储器有 ROM(read only memory,只读存储器)、Flash(闪存)存储器、DRAM(dynamic random access memory,动态随机访问存储器)和 NVRAM(non-volatile random access memory,非易失性随机访问存储器)。

ROM 用于存储引导(启动)程序,它是交换机或路由器开机加电后运行的第一个程序,负责引导、加载和解压缩 IOS 镜像文件到内存中运行。

Flash 用于存储 IOS 镜像文件,相当于计算机的 SSD 硬盘,Flash 存储器容量通常有 8MB、16MB、32MB、64MB 或更高。

DRAM 用作交换机或路由器的内存,通常为 32MB、64MB 或更高。DRAM 存储器保存的信息是靠电维持的,一旦断电,保存的数据信息立即消失。

NVRAM 用于存储交换机或路由器的启动配置文件。交换机或路由器在启动过程中,从该存储器中读入启动配置文件,并按配置文件中的指令对设备进行初始化和配置。

保存在 NVRAM 中的配置文件通常称为启动配置文件(startup configuration),当前生效的正在内存中运行的配置文件称为正在使用的配置文件(running configuration)。对交换机或路由器进行配置修改后,其配置修改结果是保存在正在使用的配置文件中的,即在内存中,断电后将丢失,因此,在确定配置正确无误后,应保存配置内容,即将内存中的配置内容复制到启动配置文件中永久保存。

3. Cisco IOS 操作系统的特点

Cisco IOS 操作系统具有以下特点。

- 支持通过命令行接口(command-line interface,CLI)或 Web 界面,对交换机或路由器进行配置和管理。通常采用命令行方式进行配置。
- 支持通过配置口(Console)进行本地配置,或通过 Telnet 或 SSH 进行远程配置。
- 通过工作模式来区分配置权限。Cisco IOS 提供了 6 种配置模式。比如,在用户执行模式下,仅能运行少数的命令,允许查看当前配置信息,但不能对交换机进行配置修改。在特权执行模式下能运行较多的命令,但对交换机或路由器的配置修改则需进入全局配置模式。
- IOS 命令不区分大小写。
- IOS 支持命令简写,简写的程度以能区分出不同的命令为准。比如 enable 命令可简写为 en,FastEthernet0/1 可简写为 fa0/1。

- 支持命令补全。当命令记忆不全或为了提高输入速度,可在输入命令的前几个字母后,按 Tab 键让系统自动补全命令。
- 可随时使用"?"来获得命令帮助。在命令的输入过程中,如果要查询命令的下一选项,可输入"?"获得帮助,系统会自动显示下一个可能的选项。

3.2　交换机配置途径与配置方法

对交换机或路由器的配置,分为本地配置和远程配置两种方式。首次配置,必须采用本地配置方式,只有配置好远程登录所需的 IP 地址和登录密码之后,才支持远程配置。

3.2.1　交换机的本地配置

1. 配置端口与配置线缆

可通过网络管理的交换机或路由器都提供配置端口,用于对设备进行配置。通过配置端口登录连接交换机,并实现对交换机的配置,这种配置方式就称为本地配置。

交换机或路由器的配置端口采用 RJ-45 接口形式,是一个符合 EIA/TIA 232 异步串行规范的串口。交换机或路由器随设备配送有配置线缆,该配置线缆一端为 RJ-45 头,另一端为 9 针串口母头,外观如图 3.1 所示。RJ-45 头用于插接到交换机或路由器的配置端口,9 针串口母头用于连接到计算机的串行端口(COM)。现在的台式计算机或笔记本电脑已很少配置串口,为了能提供串口,诞生了 USB 转串口线缆,外观如图 3.2 所示,该线缆一端为 USB 接口,另一端为 9 针串口公头,用于与配置线缆的母头相连接。通过这两种线缆的结合使用,就可形成一端为 RJ-45 头,另一端为 USB 接口的串行配置线缆。

图 3.1　配置线缆　　　　　　　　　图 3.2　USB 转串口线缆

USB 转串口线缆内部集成有接口转换电路,在计算机上首次使用时,要安装设备驱动程序,Windows 系统一般能自动识别和安装设备驱动程序。每次插上 USB 转串口线缆,所模拟出的串口号是不相同的,具体的串口号可通过 Windows 的设备管理器查看。在设备管理器的端口(COM 和 LPT)下面,将显示所模拟出的串口号。

2. 超级终端程序

除了准备好配置线缆外,还必须在计算机上安装超级终端程序。超级终端程序可使用 SecureCRT、XShell 或 MobaXterm。

3. 配置超级终端实现本地登录连接交换机

1) 利用配置线缆连接计算机与网络设备

将配置线缆的串口凹头与 USB 转串口线缆的串口凸头相连接,然后将 USB 接头插入计算机的 USB 接口上,将配置线缆的 RJ-45 头插入交换机或路由器的 Console 端口。

2) 查看 USB 转串口线缆本次所模拟出的串口号

打开 Windows 的设备管理器,展开"端口(COM 和 LPT)",查看并记下所模拟出的串口号。

3) 在超级终端程序中创建串口连接

启动 SecureCRT 软件,主界面如图 3.3 所示。

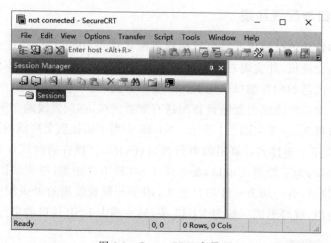

图 3.3　SecureCRT 主界面

在 Session Manager(会话管理)窗口的工具栏中单击 按钮,开启一个 New Session (新会话),此时将打开新会话创建向导,在协议下拉列表中,选择 Serial(串行通信协议),如图 3.4 所示。

选择协议类型后单击"下一步"按钮,此时将打开如图 3.5 所示的设置对话框。在 Port 下拉列表框中,选择 USB 转串口线缆所模拟出的串口号,如 COM3。Baud rate 为串口通信的波特速率,交换机的 Console 端口默认通信速率为 9600b/s,必须设置修改为 9600。Data bits 为数据位,保持默认的 8 不变。Parity 为奇偶检验,保持默认的 None 不变。Stop bits 为停止位,保持默认的 1 不变。Flow Control 为数据流控制,全部保持默认设置,不勾选。然后单击"下一步"按钮,新对话框如图 3.6 所示,可为即将创建的会话取一个名字,也可使用默认的名称,单击"完成"按钮完成会话的创建工作,此时的主界面如图 3.7 所示。

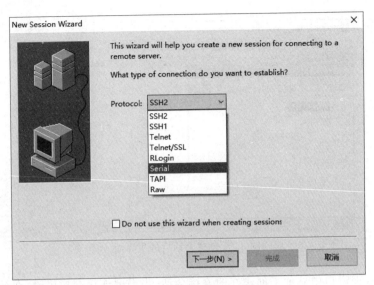

图 3.4　选择串行通信协议类型

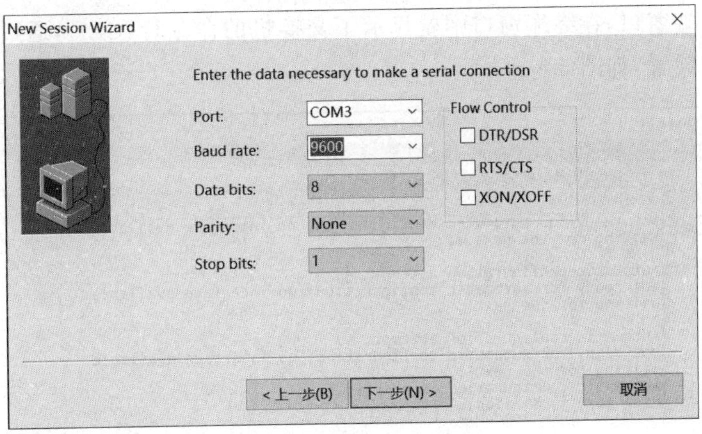

New Session Wizard

Enter the data necessary to make a serial connection

Port:　　　COM3

Baud rate:　9600

Data bits:　8

Parity:　　None

Stop bits:　1

Flow Control
☐ DTR/DSR
☐ RTS/CTS
☐ XON/XOFF

< 上一步(B)　　下一步(N) >　　　取消

图 3.5　设置串口通信参数

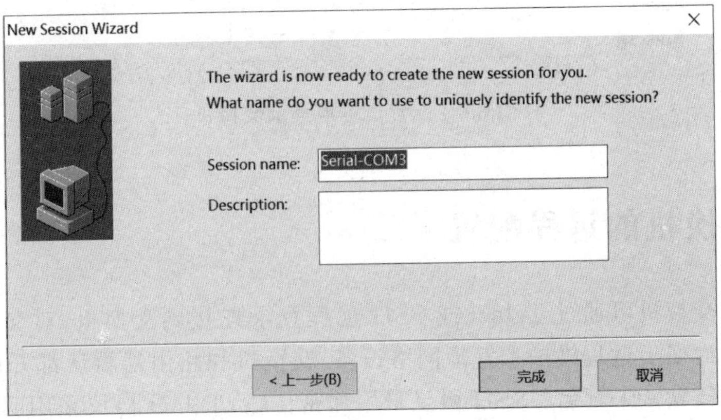

New Session Wizard

The wizard is now ready to create the new session for you.
What name do you want to use to uniquely identify the new session?

Session name:　Serial-COM3

Description:

< 上一步(B)　　　　完成　　取消

图 3.6　为会话命名

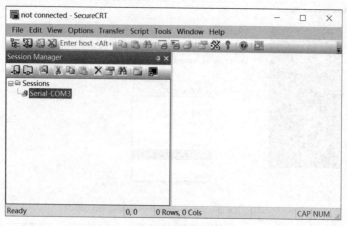

图 3.7　创建会话后的主界面

在会话管理窗口中显示了创建好的连接会话,当需要连接交换机时,在会话管理窗口中单击选中该会话,然后单击 按钮,发起该会话的连接。连接成功后,在主界面右侧就会增加显示终端窗口,在终端窗口中就显示了交换机的命令行(CLI),通过命令行就可实现对交换机的配置,如图 3.8 所示。

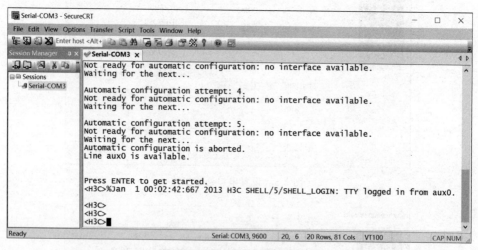

图 3.8　配置口本地登录交换机

3.2.2　交换机的远程配置

远程配置交换机可通过 Telnet 或 SSH 远程登录连接到交换机,对交换机实施远程配置和管理。为便于远程维护和管理网络设备,交换机和路由器默认都开启了 Telnet 服务,但 SSH 服务默认未开启。SSH 协议采用加密传输,Telnet 协议采用明文传输,因此,SSH 登录的安全性比 Telnet 好,可根据应用需要,选择采用 Telnet 远程登录,还是采用 SSH 远程登录。

交换机要支持 Telnet 或 SSH 远程登录,必须先用本地配置方式,登录连接上交换机,对交换机进行相应的远程登录配置,配置好后交换机才支持远程登录连接。

下面以 Telnet 远程登录为例,介绍在 SecureCRT 软件中如何创建远程登录连接。

在 Session Manager(会话管理)窗口的工具栏中单击 按钮,开启一个 New Session(新会话)。打开新会话创建向导,在协议下拉列表中选择 Telnet,然后单击"下一步"按钮,此时将打开图 3.9 所示的对话框。在 Hostname(主机名)输入框中输入要远程登录连接的网络设备的 IP 地址,如 192.168.1.2,Port 和 Firewall 保持默认设置不修改。然后单击"下一步"按钮,在会话名称命名对话框中,保持默认的会话名称,直接单击"完成"按钮,完成新会话的创建。

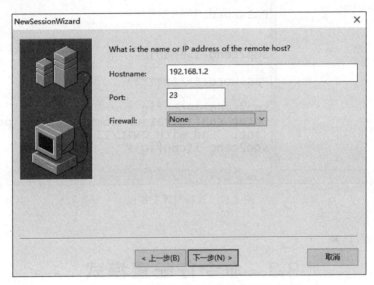

图 3.9　设置远程登录的网络设备的 IP 地址

在 Session Manager 窗口中选择刚才新建的会话,单击 按钮,发起该会话的连接。连接成功后,将提示输入 Telnet 登录密码,如图 3.10 所示。密码校验成功后,即可登录连接上交换机,并进入交换机的命令行。

图 3.10　远程登录连接交换机

命令行提示符"＞"代表交换机处于用户模式。在该模式下,输入 enable 命令并按 Enter 键执行,然后输入进入特权执行模式的密码,校验成功后,就可进入权限更高的特权执行模式,此时命令行提示符变为"♯"。再进一步执行 config t 命令,就可进入配置模式,此时就可对交换机进行远程配置修改了,如图 3.11 所示。

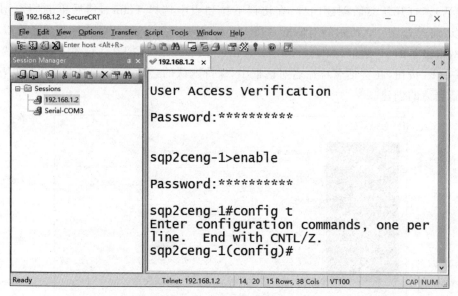

图 3.11 远程配置交换机

3.3 命令行配置模式

Cisco 网络设备的命令行提供多种不同的配置模式,不同的配置模式允许执行的配置命令不相同。

1. 配置模式简介

Cisco 网络设备的命令行提供了 6 种基本的配置模式,分别是用户执行模式、特权执行模式、全局配置模式、接口配置模式、线路配置模式和 VLAN 配置模式。各配置模式下的命令行提示符,以及各模式间的切换方法如图 3.12 所示。

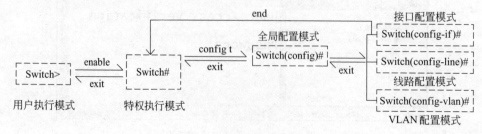

图 3.12 配置模式与切换方法

可通过输入"?"来查询当前模式下允许执行的命令。

2. 配置模式间的切换

1) 用户执行模式

用户执行模式的权限最低,只能执行一些有限的命令,这些命令主要是查看系统信息的命令(show)、网络诊断调试命令(如 ping、traceroute 等)、终端登录(telnet)以及进入特权执行模式的命令(enable)等。

用户执行模式的命令行提示符为">",在提示符的左侧显示的是网络设备的主机名,交换机默认的主机名是 Switch,路由器默认的主机名为 Router,例如,Switch>。

2) 特权执行模式

在用户执行模式下,执行 enable 命令,即可进入特权执行模式,其命令行提示符为"#"。

出于安全考虑,由用户执行模式进入特权执行模式,通常设置有密码,只有正确输入密码后,才能进入特权执行模式。密码输入时不回显,例如:

```
Switch>enable
Password:
Switch#
```

离开特权执行模式,返回用户执行模式,可执行 exit 或 disable 命令。

3) 全局配置模式

在特权执行模式下,执行 configure terminal 命令,即可进入全局配置模式,其命令行提示符为"(config)#",例如:

```
Switch#config terminal
Enter configuration commands,one per line. End with CNTL/Z
Switch(config)#
```

在全局配置模式下,只要输入一条有效的配置命令并按 Enter 键,内存中正在运行的配置就会立即被改变并生效。该模式下的配置命令的作用域是全局性的,是对整个交换机或路由器起作用。

从全局配置模式可进一步进入其他子配置模式,比如接口配置模式、线路配置模式和VLAN 配置模式等子配置模式。从子配置模式返回全局配置模式,执行 exit 命令;从全局配置模式返回特权执行模式,执行 exit 命令;如果要退出任何配置模式,直接返回特权执行模式,则执行 end 命令或按 Ctrl+Z 组合键。

4) 接口配置模式

网络设备的端口也称接口(interface),所有对端口的配置,均在接口配置模式下进行。在全局配置模式下,使用 interface 命令选中要配置的端口,即可进入接口配置模式,该模式的命令行提示符为"(config-if)#",操作示例如下:

```
Switch#config t
Switch(config)#interface FastEthernet 0/1
Switch(config-if)#
```

5) 线路配置模式

在全局配置模式下,执行 line vty 或 line console 命令,将进入线路配置模式,线路配置模式的命令行提示符为"(config-line)♯",该模式用于对虚拟终端和配置口(console)进行配置,主要用于设置通过 Telnet 登录,或者通过配置口登录时的登录密码。

交换机和路由器都支持多个虚拟终端,一般为 16 个(0~15),以允许多个用户同时登录连接到网络设备上进行远程配置或管理操作。出于安全考虑,只有设置了虚拟终端的登录密码之后,虚拟终端才允许登录连接网络设备。网络设备一般有一个配置口,其编号为 0,通过配置口登录连接网络设备属于本地连接,比较安全,一般不设置登录密码。

如果要对 0~4 号虚拟终端进行配置,则操作命令如下:

```
Switch(config)#line vty 0 4
Switch(config-line)#
```

此时就进入了线路配置模式,在该模式下,就可执行相应的命令,对虚拟终端登录进行相应的配置,具体配置方法将在下一节进行介绍。

6) VLAN 配置模式

在全局配置模式下,执行创建 VLAN 的命令,就会进入 VLAN 配置模式,该配置模式的命令行提示符为"(config-vlan)♯"。

例如,如果要在交换机中创建 VLAN 10 和 VLAN 20,则创建方法如下:

```
Switch#config t
Switch(config)#vlan 10
Switch(config-vlan)#vlan 20
Switch(config-vlan)#end
Switch#show vlan
```

show vlan 用于显示查看 VLAN 信息。

3.4 配置交换机远程登录

3.4.1 案例网络拓扑与任务目标

1. 网络拓扑与 IP 规划

案例网络的拓扑与 IP 地址规划如图 3.13 所示,本网络使用 10.8.1.0/24 网段的地址,网关地址规划为 10.8.1.1/24,暂保留。SwitchA 交换机的管理 IP 地址为 10.8.1.2/24,SwitchB 交换机的管理 IP 地址为 10.8.1.3/24。PC0 和 PC1 主机使用网线与交换机的 Fa0/1 端口相连,实现将计算机接入网络,同时计算机的串口通过配置线缆与交换机的 Console 端口相连接。

2. 任务目标

对 SwitchA 交换机进行配置,使其支持 Telnet 远程登录。Telnet 登录密码为 cisco,

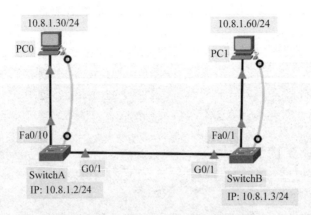

图 3.13　案例网络拓扑与 IP 地址规划

进入特权执行模式的密码为 router,并将交换机默认网关地址配置为 10.8.1.1,以使交换机支持跨网段远程登录。

对 SwitchB 交换机进行配置,使其支持 SSH 远程登录。SSH 登录的用户名为 admin,密码为 Lockme1314,进入特权执行模式的密码为 router♯59,并将交换机默认网关地址配置为 10.8.1.1,以使交换机支持跨网段远程登录。

3. 知识与技能目标

(1) 理解和掌握交换机配置模式的切换方法。

(2) 掌握交换机主机名的设置修改方法、虚拟终端登录密码的设置方法以及进入特权执行模式密码的设置方法。

(3) 掌握二层交换机管理 IP 地址的设置方法以及默认网关地址的设置方法。

(4) 掌握交换机配置的保存方法。

3.4.2　配置 Telnet 登录

1. 本地登录连接 SwitchA 交换机

在 Cisco Packet Tracer 模拟环境中,打开图 3.13 所示的网络拓扑。单击 PC0 主机,在打开的对话框中单击 Desktop 选项卡,然后单击 Terminal 选项,打开超级终端程序,在超级终端参数配置页面保持默认值不变,直接单击 OK 按钮继续,此时将成功登录连接到交换机,如图 3.14 所示。

2. 配置交换机主机名

每一个网络设备均有一个主机名,用于标识不同的网络设备。在对网络设备进行配置时,应配置一个合适的主机名,以便根据主机名,就能判断出是哪一台设备,提高可读性。

配置交换机的主机名在全局配置模式下,使用 hostname 命令来实现,用法格式为

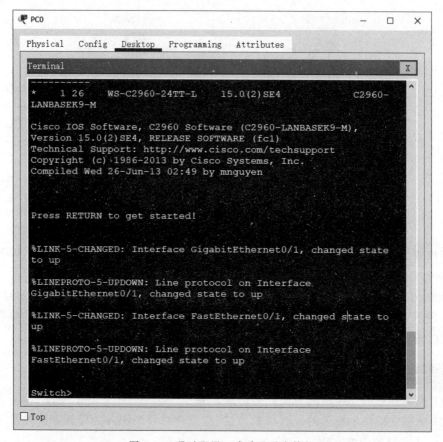

图 3.14　通过配置口成功登录交换机

hostname 主机名

下面配置交换机的主机名为 SwitchA,则配置命令如下:

```
Switch>enable
Switch#config t
Switch(config)#hostname SwitchA
SwitchA(config)#
```

3. 配置交换机通过虚拟终端登录的密码

交换机和路由器最多支持 16 条虚拟终端线路,编号为 0～15,即允许最多 16 个用户同时远程登录连接到交换机上进行远程配置和管理。

本案例只配置 0～4 这 5 条虚拟终端线路的登录密码,即允许最多 5 个用户同时登录连接。

1) 配置虚拟终端的登录密码

在线路配置模式下,使用 password 命令设置,设置好之后,再执行 login 命令启用密码校验检查。

```
SwitchA(config)#line vty 0 4
SwitchA(config-line)#password cisco
SwitchA(config-line)#login
```

2）配置空闲超时的时间

为防止空闲的连接长时间存在，通常还应配置空闲超时的时间，超时后就自动断开连接。默认空闲超时时间为 10 分钟。

设置空闲超时时间的配置命令如下：

```
exec-timeout 分钟数 秒数
```

本案例将空闲超时时间设置为 3 分钟，则配置命令如下：

```
SwitchA(config-line)#exec-timeout 3 0
```

4. 配置进入特权执行模式的密码

配置命令如下：

```
enable secret |password 密码
```

该命令在全局配置模式下执行，命令中的 secret 和 password 二选一。采用 secret 时，密码采用加密方式存储在配置文件中；采用 password 时，密码采用明文存储在配置文件中。

下面配置进入特权执行模式的密码为 router，密码采用加密方式存储，则配置命令如下：

```
SwitchA(config-line)#exit
SwitchA(config)#enable secret router
```

5. 配置二层交换机的管理 IP 地址

二层交换机允许配置一个管理用的 IP 地址，该 IP 地址可配置在默认的 VLAN 1 接口上。交换机默认都有一个 VLAN 1，而且所有的端口默认均属于 VLAN 1。

1）选择接口

配置命令如下：

```
interface 接口类型 接口编号
```

每个 VLAN 都有一个对应的 VLAN 接口，VLAN 接口是一个虚拟的接口，并不是一个真实的物理端口。如果要在 VLAN 1 对应的接口上配置 IP 地址，则要先选择 VLAN 1 接口，然后配置 IP 地址，选择 VLAN 1 接口的配置命令如下：

```
SwitchA(config)#int vlan 1
SwitchA(config-if)#
```

2）配置 IP 地址

配置命令如下：

```
ip address ip_address netmask
```

85

ip_address 代表 IP 地址;*netmask* 代表子网掩码。要配置交换机的管理 IP 地址为 10.8.1.2/24,则配置命令如下:

```
SwitchA(config-if)#ip address 10.8.1.2 255.255.255.0
```

如果要删除 IP 地址,则在接口配置模式下执行 no ip address 命令。

3) 激活启用该接口

默认情况下,二层交换机的 VLAN 1 接口处于 shutdown 状态。要激活启用该接口,可在接口配置模式下执行 no shutdown 命令。执行该命令后,会输出显示 VLAN 1 接口状态改变到 up 状态的提示信息。

```
SwitchA(config-if)#no shutdown
%LINK-5-CHANGED: Interface Vlan1, changed state to up
%LINEPROTO-5-UPDOWN: Line protocol on Interface Vlan1, changed state to up
```

在 Cisco IOS 命令中,如果要实现某条命令的相反功能,只需在该条命令前面加 no,然后执行即可。

4) 检查 IP 地址是否生效

在特权执行模式下,可执行 ping 命令检查 IP 地址是否生效,如果能 ping 通该 IP 地址,则说明 IP 地址已生效。

```
SwitchA(config-if)#end
SwitchA#ping 10.8.1.2
Type escape sequence to abort.
Sending 5, 100-byte ICMP Echos to 10.8.1.2, timeout is 2 seconds:
!!!!!
Success rate is 100 percent (5/5), round-tripmin/avg/max=0/9/16 ms
```

ping 命令会发出 5 个 ICMP 数据包,显示! 表示收到响应数据包,成功率为 100%,说明能 ping 通 10.8.1.2 这个地址,没有丢包现象,线路通畅且可靠性好。

6. 配置默认网关地址

对于二层交换机,可以配置指定默认网关地址,以便支持跨网段远程登录该台交换机。如果没有配置默认网关地址,则只有与交换机管理地址在同一个网段的主机,才能登录连接到该台交换机,其他网段的主机无法远程登录连接到该台交换机。

配置命令如下:

```
ip default-gateway ip_address
```

下面配置交换机的默认网关地址为 10.8.1.1,则配置命令如下:

```
SwitchA#config t
SwitchA(config)#ip default-gateway 10.8.1.1
```

7. 保存交换机配置内容

要永久保存交换机的配置内容,可在特权执行模式下执行 write 命令或者 copy running-config startup-config 命令来实现。

```
SwitchA(config)#exit
SwitchA#write
SwitchA#exit
SwitchA>
```

到此为止,对 SwitchA 交换机的配置工作全部完成,下面进行 Telnet 的远程登录测试。

8. 测试 Telnet 远程登录

(1) 配置 PC0 主机的 IP 地址、子网掩码。单击 PC0 主机,在打开的对话框中单击 Desktop 选项卡,然后单击 IP Configuration 选项,打开 IP 地址配置对话框,然后配置 IP 地址为 10.8.1.30,子网掩码为 255.255.255.0,默认网关不用设置,目前这个网络是单一的网段,还没有网关。

(2) 在 PC0 主机的 Desktop 选项卡中,单击 Command Prompt 选项,进入命令行界面,再在命令行中输入 telnet 10.8.1.2 命令进行 telnet 远程登录,输入 Telnet 密码后登录连接成功,在用户执行模式下执行 enable 命令,然后输入进入特权执行模式的密码,成功进入特权执行模式,如图 3.15 所示。

图 3.15　Telnet 远程登录

在特权执行模式下,执行 show running-config 命令,可查看正在运行的配置文件的内容。如果要查看启动配置文件的内容,则执行 show startup-config 命令。

配置好 PC1 主机的 IP 地址后,在 PC1 主机的命令行执行 telnet 10.8.1.2 命令,也可以成功登录连接到 SwitchA 交换机。

3.4.3　配置 SSH 登录

SSH 协议通信时采用加密方式传输数据,安全性高。网络拓扑如图 3.13 所示,本节对 SwitchB 交换机配置以实现 SSH 远程登录。

1. 查询 SSH 服务状态

命令如下:

```
show ip ssh
Switch#show ip ssh
SSH Disabled -version 1.99
%Please create RSA keys (of atleast 768 bits size) to enable SSH v2.
Authentication timeout: 120 secs; Authentication retries: 3
```

从输出信息可见,交换机支持 SSH 协议,默认情况下 SSH 服务未开启,要激活使用 SSH v2 协议,RSA 密钥长度至少要 768 位,认证超时时间为 120s,可重试次数为 3 次。

2. 配置主机名和域名

SSH 协议采用 RSA 非对称加密算法,要激活启用 SSH 协议,必须先生成加密用的密钥对。而要生成密钥对,则要求网络设备必须先配置好主机名(不能使用默认的主机名)和域名。

配置主机名：hostname 主机名。

配置域名：ip domain-name 域名。

下面配置主机名为 SwitchB,配置域名为 cqu.edu.cn,配置命令如下：

```
Switch>enable
Switch#config t
Switch(config)#hostname SwitchB
SwitchB(config)#ip domain-name cqu.edu.cn
```

3. 生成 RSA 密钥对

成功生成 RSA 密钥对后,将自动开启激活 SSH 协议。

配置命令如下：

```
crypto key generate rsa
SwitchB(config)#crypto key generate rsa
The name for the keys will be: SwitchB.cqu.edu.cn
Choose the size of the key modulus in the range of 360 to 2048 for your General
Purpose Keys. Choosing a key modulus greater than 512 may take a few minutes.
How many bits in the modulus [512]:1024
%Generating 1024 bit RSA keys, keys will be non-exportable...[OK]
SwitchB(config)#show ip ssh
SwitchB(config)#exit
SwitchB#show ip ssh
SSH Enabled -version 1.99
Authentication timeout: 120 secs; Authentication retries: 3
```

从输出信息可见,SSH 协议开启激活成功。

如果要删除生成的 RSA 密钥对,可在全局配置模式下执行 crypto key zeroize rsa 命令。删除密钥对之后,SSH 服务将被禁用。

4. 配置 SSH 登录的账户和密码

SSH 登录身份验证可以采用本地身份认证方式,也可以采用 AAA 身份验证方式。

采用 AAA 身份验证方式时,网络中需要部署 AAA 认证服务器,登录账户名和密码都存储在 AAA 认证服务器数据库中。采用本地身份认证方式时,配置简单易用,不需要部署 AAA 认证服务器。不足之处在于每一台网络设备上都要配置和存储用户账户和密码,当需要修改登录密码时,每一台网络设备都要修改,工作量很大,密码的一致性不好管理。而采用 AAA 身份验证方式时,登录账户和密码存储在 AAA 认证服务器上,密码维护和管理很方便。

本案例采用本地身份认证方式,在网络设备本地创建登录的账户和密码的配置命令如下:

```
username 用户名 password|secret 密码
```

从 password 和 secret 关键字中选择一个;如果使用 password 关键字,密码以明文方式保存在设备配置文件中;如果使用 secret 关键字,则账户密码以加密方式保存在配置文件中,安全性高。

下面创建 SSH 远程登录的账户名为 admin,密码为 Letmein#59,密码采用加密方式存储,则配置命令如下:

```
SwitchB#config t
SwitchB(config)#username admin secret Letmein#59
```

5. 配置虚拟终端登录

1) 配置虚拟终端登录所使用的协议

配置命令如下:

```
transport input all|none|ssh|telnet
```

参数说明:all 代表允许所有的协议;none 代表所有的协议都不允许;ssh 代表只允许使用 SSH 协议;telnet 代表只允许 Telnet 协议。

本案例配置只允许 SSH 远程登录,则配置命令如下:

```
SwitchB(config)#line vty 0 4
SwitchB(config-line)#transport input ssh
```

2) 配置身份认证方式

如果采用本地身份认证方式,则配置命令为 login local。

```
SwitchB(config-line)#login local
SwitchB(config-line)#exit
```

3) 配置进入特权执行模式的密码

配置好虚拟终端登录后,就可以远程登录了,但无法进入特权执行模式,为此还必须配置进入特权执行模式的密码,下面配置密码为 router。

```
SwitchB(config)#enable secret router
```

6. 配置交换机的管理 IP 地址和默认网关地址

管理 IP 地址配置为 10.8.1.3/24,默认网关地址为 10.8.1.1,配置命令如下:

```
SwitchB(config)#int vlan 1
SwitchB(config-if)#ip address 10.8.1.3 255.255.255.0
SwitchB(config-if)#no shutdown
SwitchB(config-if)#exit
SwitchB(config)#ip default-gateway 10.8.1.1
SwitchB(config)#exit
SwitchB#write
SwitchB#exit
```

7. 可选配置命令

ip ssh time-out *seconds*:配置超时时间。

ip ssh authentication-retries *n*:配置重认证次数。

ip ssh version <1-2>:配置 SSH 协议所使用的版本。

8. SSH 远程登录测试

配置 PC1 的 IP 地址为 10.8.1.60,子网掩码为 255.255.255.0,然后在主机的命令行执行 ssh -l admin 10.8.1.3 命令进行 SSH 远程登录,登录成功的界面如图 3.16 所示。

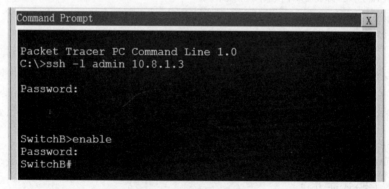

图 3.16　SSH 远程登录

登录成功进入特权执行模式后,执行 show run 命令,可以查看交换机的配置内容;执行 config t 命令,可以进入全局配置模式,就可对交换机进行配置修改或维护管理了。

3.5　常用的基础配置指令

本节主要介绍在交换机或路由器配置过程中,经常用到的一些基础配置指令及用法。

3.5.1　端口配置

对网络设备端口的配置主要有配置端口的工作模式、端口 IP 地址、端口通信速率、端口协商模式等内容,在对端口进行配置之前,必须首先选中要配置的端口,进入端口(接口)配置模式,在该模式下,才能对端口进行配置。

1. 选择端口

对端口的选择分为一次选择一个端口和一次选择多个端口两种用法。

1) 一次选择一个端口

配置命令如下:

```
interface interface-type interface-number
```

interface-type 代表端口的类型,对于以太网端口,10Mb/s 速率的端口类型为 Ethernet,100Mb/s 速率的端口类型为 FastEthernet,1Gb/s 速率的端口类型为 GigabitEthernet,万兆(10Gb/s)速率的端口类型为 TenGigabitEthernet。

interface-number 代表端口的编号。根据是否可扩展,交换机可分为固定配置交换机和模块化交换机。固定配置交换机的端口配置和数量是固定的,端口编号格式为"插槽号/端口序号",例如 0/1、0/2 等。

模块化交换机可根据需要选配不同端口类型和不同端口密度的接口板,然后插入扩展插槽中,以扩展交换机的端口和功能。模块化交换机的端口编号格式为"单板序号/插槽号/端口序号",例如 0/0/0、0/1/0、0/2/0 和 0/3/0。

比如 Cisco 2911 路由器有 4 个扩展插槽(slot),一个扩展插槽可插入一块 HWIC-1GE-SFP 接口板,可提供一个千兆的光口,HWIC(high-speed wan interface card)代表高速广域网接口卡,HWIC-1GE-SFP 板卡提供一个 SFP 类型的光模块插口,插上光模块之后,就可支持光纤链路通信。Cisco 2911 路由器固定提供 3 个千兆电口,端口编号分别为 0/0、0/1 和 0/2,4 个扩展插槽的端口编号分别为 0/0/0、0/1/0、0/2/0 和 0/3/0。

Cisco 3650-24PS 交换机有 24 个固定的千兆电口,集成了这 24 个电口的接口板插在编号为 0 的插槽上,因此这 24 个电口编号为 1/0/1~1/0/24。除此之外,Cisco 3650-24PS 还提供 4 个千兆 SFP 光模块插口,这 4 个 SFP 光模块插口集成在一张接口板上,该接口板插入编号为 1 的插槽,因此,这 4 个光口的编号为 1/1/1~1/1/4。

交换机端口根据端口处理的信号的不同,分为电口(电信号)和光口(光信号)。

例如,如果要选择交换机的 GigabitEthernet1/0/1 端口,则配置命令如下:

```
Switch(config)#interface GigabitEthernet1/0/1
Switch(config-if)#
```

端口选择后,就进入接口配置模式,在该模式下,就可以对所选中的端口进行配置了。由于配置命令支持简写,因此以上命令通常表达为 int g1/0/1 或 int G1/0/1。

2) 一次选择多个端口

（1）选择连续的多个端口，用法如下：

```
interface range interface-type slot/startport-endport
```

例如，如果要选择 GigabitEthernet1/0/1~GigabitEthernet1/0/10 这 10 个连续的端口，则配置命令如下：

```
Switch(config)#int range g1/0/1-10
Switch(config-if-range)#
```

（2）选择多个不连续的端口，各端口之间使用逗号分隔，用法如下：

```
interface range interface-type interface-number1[,interface-type interface-
number2,...]
```

例如，如果要一次性选择 Cisco 2911 路由器的 GigabitEthernet0/0/0、GigabitEthernet0/1/0、GigabitEthernet0/2/0 和 GigabitEthernet0/3/0 这 4 个端口，并启用激活这 4 个端口。路由器的端口状态默认为 shutdown 状态，需要手工配置启用激活端口，配置命令如下：

```
Router(config)#int range g0/0/0,g0/1/0,g0/2/0,g0/3/0
Router(config-if-range)#no shutdown
```

2. 配置端口工作模式

交换机根据其工作协议所属的层次（OSI 七层模型），分为二层交换机和三层交换机两类。二层交换机只能工作在数据链路层（第二层），其端口工作模式分为 Access 和 Trunk 两种，默认为 Access 模式。有关 Trunk 的概念和相关知识将在第 4 章进行介绍。

对于三层交换机，除可工作在数据链路层外，还可以工作在网络层（第三层），因此，三层交换机的端口工作模式有三层端口、Access 和 Trunk 三种，默认情况下，工作在二层的 Access 模式。

对于三层交换机，如果要将某一个端口的工作模式由二层端口切换为三层端口，则在接口配置模式执行 no switchport 命令来实现，切换为三层端口之后，就可以给端口配置指定 IP 地址。如果要由三层端口切换回二层端口，则执行 switchport 命令。

对于二层端口的两种工作模式间的相互切换，配置命令如下。

- 配置端口为 Access 工作模式，命令：switchport mode access。
- 配置端口为 Trunk 工作模式，命令：switchport mode trunk。

例如，如果要将 Cisco 3650 的 G1/0/1 端口切换为三层端口，并配置端口的 IP 地址为 172.16.1.1/30，则配置命令如下：

```
Switch(config)#int G1/0/1
Switch(config-if)#no switchport
Switch(config-if)#ip address 172.16.1.1 255.255.255.252
```

3. 启用与禁用端口

- 启用端口,配置命令: no shutdwon。
- 禁用端口,配置命令: shutdwon。

4. 配置端口通信速率

配置命令如下:

```
speed 10|100|1000|auto
```

交换机端口通信速率默认为自动协商(auto),没有特殊要求的情况下,一般不用配置指定端口的通信速率。在自动协商模式下,链路两端的设备将相互交流各自的通信能力,从而选择一个双方都支持的最大速率进行通信。

如果要将 Cisco Catalyst 3650 交换机的 GigabitEthernet1/0/2 口降速为 100Mb/s,则配置命令如下:

```
Switch(config)#int G1/0/2
Switch(config-if)#speed 100
```

5. 为端口配置描述说明文字

对端口配置指定一个描述性的说明文字,说明端口的用途,可起到备忘的作用。
配置命令如下:

```
description port-description
```

如果描述文字中包含有空格,则要用引号将描述文字引起来。

例如,如果 Cisco 3650 交换机的 G1/0/1 端口连接到 1 号学生宿舍,则可以给该端口添加说明文字,配置命令如下:

```
Switch(config)#interface G1/0/1
Switch(config-if)#description "Link to Dormitory 1"
```

3.5.2　路由配置

能工作在网络层的设备称为三层设备,三层交换机、路由器、防火墙是局域网中常见的三层设备,三层设备支持 IP 路由。

1. 路由的概念

路由作为名词用时,是指从源到目的地的路径;做动词用时,是指从源到目的地进行路径选择并进行转发的动作或行为。

路由器或三层交换机的三层端口收到 IP 数据包后,将根据 IP 数据包要到达的目的网络地址,在路由表中进行路由的匹配查找,找到匹配的路由条目后,根据该匹配路由的

93

指示,将 IP 数据包转发到下一跳地址所对应的接口,从而实现对 IP 数据包的路由转发。如果没有找到匹配的路由条目,则看是否有默认路由:如果有,则按默认路由的指示进行路由转发;如果没有,则直接丢弃该数据包。

路由器或三层交换机等三层设备中,维护和管理着一张路由表,在路由表中记录着该设备能到达的网络地址,以及通过哪一个接口和下一跳地址能到达该目标网络等信息。

2. 路由分类

根据路由来源的不同,路由可分为直连路由、静态路由和动态路由三种。

1) 直连路由

直连路由无须人工配置,在路由器的接口设置好 IP 地址后,路由进程会自动生成直连路由,但只能发现本接口所属网段的路由。

2) 静态路由

由网络管理人员通过路由配置命令,手工配置添加的路由称为静态路由。静态路由无开销,配置简单,适合于网络拓扑结构变化不频繁的网络。

3) 动态路由

动态路由是指由动态路由协议自动发现和维护的路由,路由信息由路由协议根据路由算法,自动发现和计算生成,并自动维护管理。

3. 默认路由与路由的优先级

在进行路由匹配查找时,默认路由的优先级是最低的,只有在没有找到路由匹配项时,才按默认路由的指示进行路由转发。

对于采用静态路由的网络,如果三层设备只有一个出口,则只需配置一条默认路由即可。如果有多个出口,则要手工配置静态路由和默认路由,通常采取将网络数目最多的一个出口,配置成默认路由。对能到达的网络数目较少的出口,根据该出口能到达的目的网络地址,手工添加配置静态路由,这样可减少手工添加配置静态路由的工作量。

另外,在网络地址规划设计时,用户主机所使用的网络地址尽量连续规划使用,以便在配置路由时能对网络地址聚合表达,以减少路由条目的数量。

在计算机上设置默认网关,实际上就是给计算机添加配置了一条默认路由。设置了默认网关后,计算机才能与其他网段的主机进行跨网段相互通信,否则只能与本网段内的其他主机进行相互通信。跨网段间的通信,就是利用网关设备的路由功能来实现的。

4. 配置静态路由

1) 开启 IP 路由功能

Cisco 三层交换机的 IP 路由功能默认未激活启用,要开启 IP 路由功能,在全局配置模式执行 ip routing 命令。如果要禁用 IP 路由功能,则执行 no ip routing 命令。

2) 配置静态路由

配置命令如下:

ip route *network netmask nexthop*

命令功能：定义一条到指定网络的静态路由,并将该路由添加到路由表中。

参数说明：*network* 为目的网络的网络地址;*netmask* 代表该网络对应的子网掩码,二者共同确定了目的网络;*nexthop* 为到达该目的网络的下一跳地址,通常是与该三层设备互联的对端设备的互联接口地址。

例如,如果到达 10.8.0.0/13 网络的下一跳地址为 172.16.1.6,则添加该条静态路由的配置命令如下:

```
Switch(config)#ip route 10.8.0.0 255.248.0.0 172.16.1.6
```

3) 配置默认路由

配置命令如下:

```
ip route 0.0.0.0 0.0.0.0 nexthop
```

0.0.0.0 0.0.0.0 为网络地址的通配符表达形式,代表任意的网络,该命令用于添加默认路由。

例如,如果局域网的出口路由器与 ISP 的路由器互联,局域网出口路由器的接口地址为 218.201.62.2/30,ISP 地址为 218.201.62.1/30,则在局域网的出口路由器上要配置添加一条到因特网的默认路由,路由下一跳指向 218.201.62.1,则配置命令如下:

```
Router(config)#ip route 0.0.0.0 0.0.0.0 218.201.62.1
```

4) 删除路由

如果要删除默认路由或静态路由,可使用带 no 的命令重新执行一次即可。例如,如果要删除交换机上刚才添加的那一条静态路由,则实现命令如下:

```
Switch(config)#no ip route 10.8.0.0 255.248.0.0 172.16.1.6
```

5) 查看路由表

命令如下:

```
show ip route
```

该命令在特权执行模式下执行,可查看路由表信息。

5. 三层设备间互联互通的配置方法

三层设备间要实现互联互通,一般采用路由模式来实现,配置步骤与配置方法如下。

(1) 规划设备互联接口地址。三层设备互联的接口必须配置 IP 地址,以便配置路由,路由的下一跳地址为对端设备的互联接口地址。

一对互联接口需要两个 IP 地址,这两个 IP 地址必须属于同一个网段。不同的互联接口对,其 IP 地址必须属于不同的网段。因此,可采用 30 位的子网掩码,通过将某一个网段进行子网划分,利用 30 位掩码的子网来提供互联接口地址,以节省 IP 地址。另外,也可不进行子网划分,直接使用 24 位掩码的地址段来提供互联接口地址。

用于设备互联接口的地址与用户主机所使用的 IP 地址,尽量使用不同类型的 IP 地址,以示区别。比如,如果用户主机的 IP 地址采用 192.168.0.0/16 或 10.0.0.0/8 的地址段,则互联接口地址可采用 172.16.0.0/16～172.31.0.0/16 的地址。

(2) 配置设备互联接口 IP 地址。

(3) 分别在每一台三层设备上,配置静态路由或默认路由。

【例 3.1】 网络拓扑与 IP 规划如图 3.17 所示。BuildingA 幢楼规划使用的网络地址为 10.8.0.0/21,网络拓扑中暂时只使用了 10.8.1.0/24 和 10.8.2.0/24 两个网段,其余暂时没使用到的网段保留。BuildingB 幢楼宇规划使用的网络地址为 10.8.8.0/21,网络拓扑中暂时只使用了 10.8.8.0/24 和 10.8.9.0/24 两个网段,其余暂时没有使用到的网段保留。每台接入交换机所连接的用户主机属于同一个网段。对网络进行合理配置,实现整个网络的互联互通。

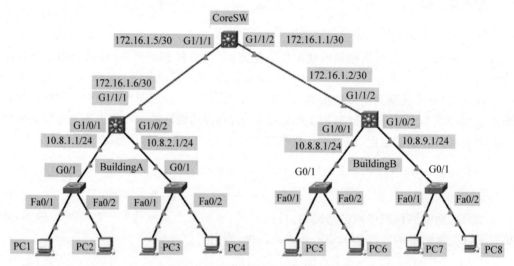

图 3.17 案例网络拓扑与 IP 规划

实现方案分析:楼宇汇聚交换机与核心交换机间采用路由模式实现互联互通。楼宇汇聚交换机与接入交换机互联的端口配置为三层端口,该端口下面带一个网段,该网段的网关地址就是该三层端口的 IP 地址。接入交换机只起网络分接的作用,可以不用配置。

配置步骤与配置方法如下。

1) 配置核心交换机 CoreSW

```
Switch(config)#hostname CoreSW
CoreSW(config)#ip routing
CoreSW(config)#int g1/1/1
CoreSW(config-if)#no switchport
CoreSW(config-if)#ip address 172.16.1.5 255.255.255.252
CoreSW(config-if)#int g1/1/2
CoreSW(config-if)#no switchport
CoreSW(config-if)#ip address 172.16.1.1 255.255.255.252
CoreSW(config-if)#exit
!根据网络能通达的网络地址配置静态路由
CoreSW(config)#ip route 10.8.0.0 255.255.248.0 172.16.1.6
CoreSW(config)#ip route 10.8.8.0 255.255.248.0 172.16.1.2
```

```
CoreSW(config)#exit
CoreSW#write
CoreSW#exit
```

2）配置 BuildingA 楼宇汇聚交换机

```
Switch>enable
Switch#config t
Switch(config)#hostname BuildingA
BuildingA(config)#ip routing
BuildingA(config)#int g1/1/1
BuildingA(config-if)#no switchport
BuildingA(config-if)#ip address 172.16.1.6 255.255.255.252
BuildingA(config-if)#int g1/0/1
BuildingA(config-if)#no switchport
BuildingA(config-if)#ip address 10.8.1.1 255.255.255.0
BuildingA(config-if)#int g1/0/2
BuildingA(config-if)#no switchport
BuildingA(config-if)#ip address 10.8.2.1 255.255.255.0
BuildingA(config-if)#exit
!配置默认路由
BuildingA(config)#ip route 0.0.0.0 0.0.0.0 172.16.1.5
BuildingA(config)#exit
BuildingA#write
BuildingA#exit
```

3）配置 BuildingB 楼宇汇聚交换机

```
Switch>enable
Switch#config t
Switch(config)#hostname BuildingB
BuildingB(config)#ip routing
BuildingB(config)#int g1/1/2
BuildingB(config-if)#no switchport
BuildingB(config-if)#ip address 172.16.1.2 255.255.255.252
BuildingB(config-if)#int g1/0/1
BuildingB(config-if)#no switchport
BuildingB(config-if)#ip address 10.8.8.1 255.255.255.0
BuildingB(config-if)#int g1/0/2
BuildingB(config-if)#no switchport
BuildingB(config-if)#ip address 10.8.9.1 255.255.255.0
BuildingB(config-if)#exit
BuildingB(config)#ip route 0.0.0.0 0.0.0.0 172.16.1.1
BuildingB(config)#exit
BuildingB#write
BuildingB#exit
```

4）配置各 PC 的 IP 地址

PC1 和 PC2 主机以及连接在该台接入交换机上的计算机均属于 10.8.1.0/24 网段，网关地址为 10.8.1.1。设置 PC1 主机的 IP 地址为 10.8.1.20，子网掩码为 255.255.255.0，网关地址为 10.8.1.1。设置 PC2 主机的 IP 地址为 10.8.1.21,子网掩码为 255.255.255.0,网关地址为 10.8.1.1。

PC3 和 PC4 主机以及连接在该台接入交换机上的计算机均属于 10.8.2.0/24 网段,网关地址为 10.8.2.1。设置 PC3 主机的 IP 地址为 10.8.2.20,子网掩码为 255.255.255.0,网关地址为 10.8.2.1。设置 PC4 主机的 IP 地址为 10.8.2.21,子网掩码为 255.255.255.0,网关地址为 10.8.2.1。

PC5 和 PC6 主机以及连接在该台接入交换机上的计算机均属于 10.8.8.0/24 网段,网关地址为 10.8.8.1。设置 PC3 主机的 IP 地址为 10.8.8.20,子网掩码为 255.255.255.0,网关地址为 10.8.8.1。设置 PC4 主机的 IP 地址为 10.8.8.21,子网掩码为 255.255.255.0,网关地址为 10.8.8.1。

PC7 和 PC8 主机以及连接在该台接入交换机上的计算机均属于 10.8.9.0/24 网段,网关地址为 10.8.9.1。设置 PC3 主机的 IP 地址为 10.8.9.20,子网掩码为 255.255.255.0,网关地址为 10.8.9.1。设置 PC4 主机的 IP 地址为 10.8.9.21,子网掩码为 255.255.255.0,网关地址为 10.8.9.1。

5)测试网络的通畅性

在 PC1 主机的命令行 ping PC8 主机的 IP 地址,检查跨楼宇和跨网段间的互访,测试结果如图 3.18 所示,网络通畅,配置成功。

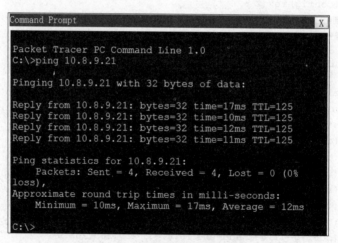

图 3.18　网络通畅性测试结果

从中可见,利用三层交换机的路由功能,可实现网段的划分和网段间的相互通信。

6)查看 CoreSW 交换机的路由表信息

在 CoreSW 交换机的特权执行模式下执行 show ip route 命令,查看路由表信息,如图 3.19 所示。路由条目最左侧带有符号"C"的路由为直连路由,带有"S"的路由为静态路由。

BuildingA 交换机的路由表信息如图 3.20 所示。路由条目最左侧带有"S＊"的路由为默认路由。

```
CoreSW#show ip route
Codes: C - connected, S - static, I - IGRP, R - RIP, M - mobile, B - BGP
       D - EIGRP, EX - EIGRP external, O - OSPF, IA - OSPF inter area
       N1 - OSPF NSSA external type 1, N2 - OSPF NSSA external type 2
       E1 - OSPF external type 1, E2 - OSPF external type 2, E - EGP
       i - IS-IS, L1 - IS-IS level-1, L2 - IS-IS level-2, ia - IS-IS inter area
       * - candidate default, U - per-user static route, o - ODR
       P - periodic downloaded static route

Gateway of last resort is not set

     10.0.0.0/21 is subnetted, 2 subnets
S       10.8.0.0 [1/0] via 172.16.1.6
S       10.8.8.0 [1/0] via 172.16.1.2
     172.16.0.0/30 is subnetted, 2 subnets
C       172.16.1.0 is directly connected, GigabitEthernet1/1/2
C       172.16.1.4 is directly connected, GigabitEthernet1/1/1

CoreSW#
```

图 3.19　CoreSW 交换机的路由表信息

```
BuildingA#show ip route
Codes: C - connected, S - static, I - IGRP, R - RIP, M - mobile, B - BGP
       D - EIGRP, EX - EIGRP external, O - OSPF, IA - OSPF inter area
       N1 - OSPF NSSA external type 1, N2 - OSPF NSSA external type 2
       E1 - OSPF external type 1, E2 - OSPF external type 2, E - EGP
       i - IS-IS, L1 - IS-IS level-1, L2 - IS-IS level-2, ia - IS-IS inter area
       * - candidate default, U - per-user static route, o - ODR
       P - periodic downloaded static route

Gateway of last resort is 172.16.1.5 to network 0.0.0.0

     10.0.0.0/24 is subnetted, 2 subnets
C       10.8.1.0 is directly connected, GigabitEthernet1/0/1
C       10.8.2.0 is directly connected, GigabitEthernet1/0/2
     172.16.0.0/30 is subnetted, 1 subnets
C       172.16.1.4 is directly connected, GigabitEthernet1/1/1
S*   0.0.0.0/0 [1/0] via 172.16.1.5

BuildingA#
```

图 3.20　BuildingA 交换机的路由表信息

3.5.3　配置域名解析

当交换机作为客户机角色访问其他主机时,可能会有域名解析需求,为了能进行域名解析,必须给交换机配置指定用于域名解析的 DNS 服务器。

1. 启用与禁用 DNS 域名解析

● 启用 DNS 域名解析,配置命令如下:

```
ip domain-lookup
```

● 禁用 DNS 域名解析,配置命令如下:

```
no ip domain-lookup
```

默认情况下,交换机启用了 DNS 域名解析,但没有指定解析所使用的 DNS 服务器的地址。启用 DNS 域名解析后,在对交换机进行配置时,如果命令输入错误,交换机会试着进行域名解析,这将花费较长的时间等待其超时,因此,在实际应用中,通常禁用 DNS 域名解析。

2. 指定 DNS 服务器地址

配置命令如下：

```
ip name-server serveraddress1[serveraddress2...serveraddress6]
```

交换机最多可指定 6 个 DNS 服务器的地址，各地址间用空格分隔，排在最前面的为首选 DNS 服务器。

例如，如果要配置指定交换机的域名解析服务器为 61.128.128.68 和 61.128.192.68，则配置命令如下：

```
Switch(config)#ip name-server 61.128.128.68 61.128.192.68
```

3.5.4 查询交换机信息

查询交换机信息的命令在特权执行模式下执行。

1. 查看交换机硬件和 IOS 版本信息

命令如下：

```
show version
```

该命令显示的信息很多、很全面，如图 3.21 所示。

```
cisco WS-C3650-24PS (MIPS) processor (revision N0) with 865815K/6147K bytes of memory.
Processor board ID FDO2031E1Q6
1 Virtual Ethernet interface
28 Gigabit Ethernet/IEEE 802.3 interface(s)
2048K bytes of non-volatile configuration memory.
4194304K bytes of physical memory.
250456K bytes of Crash Files at crashinfo : .
1609272K bytes of Flash at flash : .
0K bytes of  at webui : .

Base ethernet MAC Address       : 00:30:F2:E7:E0:84
Motherboard assembly number     : 73-15899-06
Motherboard serial number       : FDO20311WHP
Model revision number           : N0
Motherboard revision number     : A0
Model number                    : WS-C3650-24PS
System serial number            : FDO2031Q0TD


Switch  Ports  Model         SW Version      SW Image              Mode
------  -----  -----         ----------      ----------            ----
*  1    28     WS-C3650-24PS  16.3.2         CAT3K_CAA-UNIVERSALK9 BUNDLE

Configuration reqister is 0x102
```

图 3.21　查看交换机硬件和 IOS 版本信息

2. 查看配置信息

查看当前正在运行的配置信息，使用 show running-config，常简写为 show run。查看启动配置文件的内容,使用 show startup-config,常简写为 show start。

3. 查看交换机 MAC 地址表

命令如下:

```
show mac-address-table
```

MAC 地址表查询结果如图 3.22 所示。

```
Switch#show mac-address-table
          Mac Address Table
-------------------------------------------

Vlan    Mac Address        Type        Ports
----    -----------        --------    -----

  1     000d.bdcd.0410     DYNAMIC     Fa0/2
  1     00d0.d349.2865     DYNAMIC     Gig0/1
  1     00e0.f92b.a512     DYNAMIC     Fa0/1
Switch#
```

图 3.22 MAC 地址表查询结果

MAC 地址表记录了各主机的 MAC 地址与所连接的交换机端口,以及所属 VLAN 间的对应关系。

MAC 地址表具有老化期,在老化期的时间范围内,如果某台主机没有数据包的收发,老化期超时后,该条 MAC 记录将从 MAC 地址表中删除,以维护 MAC 地址表的有效性。

默认情况下,MAC 地址与端口的对应关系是自主学习到的,故类型为 DYNAMIC(动态)。如果是通过指令手工绑定,则类型显示为 STATIC(静态)。将 MAC 地址、主机所属的 VLAN 与交换机端口绑定后,则具有该 MAC 地址的主机,在接入绑定的 VLAN 工作时,必须接入绑定的端口才能通信,接入交换机的其他端口将无法通信。

MAC 地址绑定涉及三个要素,分别是 PC 的 MAC 地址、PC 所属的 VLAN 号和要绑定的交换机端口号,命令用法如下:

```
mac-address-table static MAC地址 vlan vlan-id interface 接口类型 接口编号
```

例如,如果 PC1 主机的 MAC 地址为 0003.e409.b710,PC1 主机属于 VLAN 10 网段,现要求将 PC1 主机绑定到交换机的 Fa0/2 号端口工作,则实现的配置命令如下:

```
Office_Building(config)#mac-address-table static 0003.e409.b710 vlan 10
interface fa0/2
```

进行以上绑定后,当 PC1 主机划归到 VLAN 10 工作时,则必须接入 fa0/2 端口才能正常通信,接入其他属于 VLAN 10 的端口时,无法通信。如果 PC1 主机接入其他非 VLAN 10 的端口,则可以正常通信。其他非绑定的 PC 接入到 fa0/2 可以正常通信。

show mac-address-table static 命令用于查看静态绑定的 MAC 地址,show mac-address-table dynamic 命令用于查看动态学习获得的 MAC 地址。如果要查询某一个端口下面所学习到的 MAC 地址,实现命令如下:

101

show mac-address-table interfaces *接口类型 接口编号*

例如,如果要查看 Fa0/3 端口下面所学习到的或绑定的 MAC 地址,则实现命令如下:

Office_Building#show mac-address-table int fa0/3

4. 查看 ARP 地址表

交换机维护有一张 ARP 地址表,表中记录了 IP 地址与 MAC 地址间的对应关系。在三层交换机上使用 show arp 命令可查看 ARP 地址表,如图 3.23 所示。

```
BuildingA#show arp
Protocol  Address              Age (min)  Hardware Addr   Type    Interface
Internet  10.8.1.1             -          00D0.D349.2865  ARPA    GigabitEthernet1/0/1
Internet  10.8.1.20            78         00E0.F92B.A512  ARPA    GigabitEthernet1/0/1
Internet  10.8.1.21            77         000D.BDCD.0410  ARPA    GigabitEthernet1/0/1
Internet  10.8.2.1             -          000C.CF3B.1A41  ARPA    GigabitEthernet1/0/2
Internet  10.8.2.20            0          0001.96CB.3A25  ARPA    GigabitEthernet1/0/2
Internet  10.8.2.21            0          0060.475B.EE82  ARPA    GigabitEthernet1/0/2
Internet  172.16.1.5           78         0050.0F34.AD01  ARPA    GigabitEthernet1/1/1
Internet  172.16.1.6           -          0001.6315.72E3  ARPA    GigabitEthernet1/1/1
BuildingA#
```

图 3.23　查看 ARP 地址表

在网络维护管理中,如果发现某个 IP 地址的主机因感染病毒,正在对网络发起攻击,此时可以将该主机所连接的交换机端口 shutdown,阻止该主机接入网络。那么如何根据 IP 地址,查询出该主机连接在接入交换机的哪一个端口上呢?

方法是:首先在楼宇汇聚交换机中使用 show arp 命令查找到某一个 IP 地址所对应的 MAC 地址,比如 10.8.1.20 主机,其 MAC 地址为 00E0.F92B.A512,然后到该网段所对应的接入交换机中执行 show mac-address-table 命令显示出 MAC 地址表,再根据 MAC 地址查询出所连接的端口,结合图 3.22 的 MAC 地址表,可知该主机连接在交换机的 Fa0/1 端口,此时只要远程登录到该交换机,对 Fa0/1 端口执行 shutdown 操作即可。

5. 查看进程与 CPU 负荷

查看进程与 CPU 负荷,命令如下:

show processes

通过查询交换机 CPU 负荷,可了解和掌握交换机的工作状态。如果交换机的 CPU 负荷突然持续变得很高,说明很可能受到网络攻击或出现网络环路,交换机的包转发流量很大,负荷较重。

6. 查看端口状态

查看某一端口的工作状态,使用 show interface 命令来实现,用法如下:

show interface *interface-type interface-number*

例如,如果要查看 Cisco Catalyst 2960-24 交换机的 G0/1 端口的状态信息,则查看命令为 show int g0/1，其输出内容如图 3.24 所示。

```
Switch#show int g0/1
GigabitEthernet0/1 is up, line protocol is up (connected)
  Hardware is Lance, address is 0001.4322.1419 (bia 0001.4322.1419)
  BW 1000000 Kbit, DLY 1000 usec,
      reliability 255/255, txload 1/255, rxload 1/255
  Encapsulation ARPA, loopback not set
  Keepalive set (10 sec)
  Full-duplex, 1000Mb/s
  input flow-control is off, output flow-control is off
  ARP type: ARPA, ARP Timeout 04:00:00
  Last input 00:00:08, output 00:00:05, output hang never
  Last clearing of "show interface" counters never
  Input queue: 0/75/0/0 (size/max/drops/flushes); Total output drops: 0
  Queueing strategy: fifo
  Output queue :0/40 (size/max)
  5 minute input rate 0 bits/sec, 0 packets/sec
  5 minute output rate 0 bits/sec, 0 packets/sec
     956 packets input, 193351 bytes, 0 no buffer
     Received 956 broadcasts, 0 runts, 0 giants, 0 throttles
     0 input errors, 0 CRC, 0 frame, 0 overrun, 0 ignored, 0 abort
     0 watchdog, 0 multicast, 0 pause input
     0 input packets with dribble condition detected
     2357 packets output, 263570 bytes, 0 underruns
     0 output errors, 0 collisions, 10 interface resets
     0 babbles, 0 late collision, 0 deferred
     0 lost carrier, 0 no carrier
     0 output buffer failures, 0 output buffers swapped out
```

图 3.24 端口的状态信息

第一行输出显示的"GigabitEthernet0/1 is up，line protocol is up（connected）"说明当前端口工作状态正常，端口和线路协议都处于正常的 up 状态。

如果端口未连接，显示的提示信息如下：

GigabitEthernet0/1 is down, line protocol is down (notconnect)

如果端口被 shutdown，则端口状态显示如下：

GigabitEthernet0/1 is down, line protocol is down (disabled)

实训 配置交换机/路由器

【实训目的】 熟悉和掌握交换机/路由器等网络设备的配置途径与配置方法，熟练掌握交换机/路由器等网络设备常用的基础配置指令与配置方法。

【实训环境】 Cisco Packet Tracer 8.0.0.x。

【实训内容与要求】

（1）假设有某局域网络，其网络拓扑和 IP 地址规划如图 3.25 所示。按图 3.25 所示，在模拟器中构建该网络拓扑，以搭建实训环境。

（2）利用 PC0 主机，通过超级终端对 DSA 交换机进行本地配置，配置内容如下。

① 配置交换机的主机名为 DSA，开启 IP 路由功能。

② 配置 G1/0/1 接口的 IP 地址为 10.8.1.1，子网掩码为 255.255.255.0；配置 G1/0/2 接口的 IP 地址为 10.8.2.1，子网掩码为 255.255.255.0；配置 G1/1/1 接口的 IP 地址为 172.16.1.6，子网掩码为 255.255.255.252。

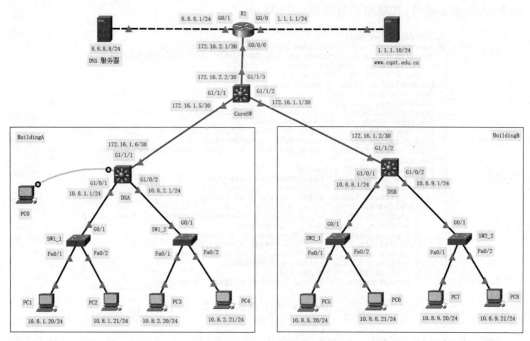

图 3.25　实训网络拓扑

③ 配置默认路由,路由下一跳地址为 172.16.1.5。

④ 配置允许交换机 Telnet 远程登录,登录密码为 cisco,进入特权执行模式的密码为 router。

⑤ 保存配置并退出本地登录。

(3) 设置 PC1 主机的 IP 地址为 10.8.1.20,子网掩码为 255.255.255.0,默认网关为 10.8.1.1,DNS 服务器地址为 8.8.8.8;设置 PC2 主机的 IP 地址为 10.8.1.21,子网掩码为 255.255.255.0,默认网关为 10.8.1.1,DNS 服务器地址为 8.8.8.8。然后在 PC1 主机的命令行执行 ping 10.8.1.21 命令,检查能否 ping 通 PC2 主机。如果能 ping 通,说明 PC1 与 PC2 主机之间的网络通畅。

(4) 在 PC1 或 PC2 主机的命令行,执行 telnet 10.8.1.1 命令,远程登录 DSA 交换机,检查能否成功登录 DSA 交换机。

(5) 在 PC1 主机上增加配置线缆连接,将 PC1 与 SW1_1 交换机通过配置线缆连接起来。在 PC1 主机上启动超级终端,使用本地配置的方法完成对 SW1_1 交换机的配置,配置内容如下。

① 配置主机名为 SW1_1,配置 Telnet 登录密码为 cisco,进入特权执行模式的密码为 router。

② 配置交换机的管理地址为 10.8.1.2,默认网关地址为 10.8.1.1,然后保存配置并退出本地登录。

(6) 在 PC2 主机的命令行,执行 telnet 10.8.1.2 命令,远程登录 SW1_1 交换机,检查能否成功登录。

104

（7）配置 SW1_2 的管理地址为 10.8.2.2，子网掩码为 255.255.255.0，默认网关地址为 10.8.2.1；配置 SW2_1 交换机的管理地址为 10.8.8.2/24，子网掩码为 255.255.255.0，默认网关地址为 10.8.8.1；配置 SW2_2 交换机的管理地址为 10.8.9.2/24，子网掩码为 255.255.255.0，默认网关地址为 10.8.9.1；然后分别配置交换机的主机名，并配置允许交换机 Telnet 远程登录。

（8）配置 DSB 交换机只允许 SSH 登录，登录用户名 admin，登录密码为 cisco#59，进入特权执行模式的密码为 router#59。

（9）配置 DSA、DSB、CoreSW 和 R1 三层设备之间的互联链路两端的接口 IP 地址，并配置静态路由，实现三层设备间的互联互通。

（10）配置 R1 路由器的主机名为 R1，配置 G0/0 接口的 IP 地址为 1.1.1.1，子网掩码为 255.255.255.0；配置 G0/1 接口的 IP 地址为 8.8.8.1，子网掩码为 255.255.255.0。

（11）配置 DNS Server 服务器的 IP 地址为 8.8.8.8，子网掩码为 255.255.255.0，网关地址为 8.8.8.1；配置 www.cqut.edu.cn 服务器的 IP 地址为 1.1.1.10，子网掩码为 255.255.255.0，网关地址为 1.1.1.1。

（12）在 DNS Server 服务器上开启 DNS 服务，并配置添加域名解析，将域名地址 www.cqut.edu.cn 解析为 1.1.1.10 的 IP 地址。在 www.cqut.edu.cn 服务器上配置修改网站首页文件 index.html 的源代码，在</html>标记符之前，增加显示网站的域名和 IP 地址信息的代码，增加的代码如下所示，输入代码后保存修改结果。

```
<br><font size=36 color=red>1.1.1.10<br>www.cqut.edu.cn</font>
```

（13）按图 3.25 所示，设置 PC5、PC6、PC7 和 PC8 主机的 IP 地址、子网掩码、默认网关地址和 DNS 服务器地址。

（14）网络通畅性测试。在局域网内任选一台 PC，在命令行用 ping 命令 ping 测试访问 DNS Server 和 www.cqut.edu.cn 服务器，检查能否 ping 通。然后打开浏览器，在浏览器地址栏中输入 http://www.cqut.edu.cn 并按 Enter 键，检查能否成功访问网站。

第 4 章 虚拟局域网技术

虚拟局域网技术是为了解决二层交换机无法隔离广播域和局域网多网段组网并实现网段间的相互通信而诞生的技术。本章将介绍虚拟局域网的配置实现方法,并利用该技术与路由技术相结合,规则设计并实现大中型局域网络的组建。

4.1 VLAN 技术

4.1.1 VLAN 简介

1. VLAN 技术的诞生

二层交换机工作在数据链路层,同一台交换机的不同端口属于不同的冲突域,利用交换机组建交换式局域网络,解决了冲突域隔离的问题,但由交换机互联所构建的局域网络,整体仍处于同一个广播域中,属于同一个网络,一台主机发出的广播帧,可以被网络内的所有主机接收到。

当局域网内有大量主机发送广播帧,或有主机因感染病毒大量发送广播帧时,局域网内就会产生大量的广播帧,出现广播风暴,这些广播帧会占用有限的网络带宽和设备CPU 处理资源,严重时会引起网络阻塞或网络设备因 CPU 负荷过重而瘫痪,使网络无法正常工作,因此,同一个网络的主机数量不能太多,太多了广播帧占比会过高,带宽利用率降低,影响局域网的通信性能。

大中型局域网络因主机数量众多,必须划分网段(子网络),隔离和缩小广播域范围。可使用路由器来隔离广播域并互联各个子网络,构建起多网段的局域网络,并借助路由器的路由功能实现网段间的相互通信,该种解决方案如图 4.1 所示。

从图 4.1 可见,局域网要划分 n 个网段,路由器就必须要有 $n+1$ 个以太网端口,多出的 1 个端口用于连接因特网,实现局域网与因特网的通信。

中低端路由器使用软件方式进行 IP 数据包的路由转发,转发性能不高,而且路由器的端口数量较少,且造价比较高。因此,这是一种高成本、低性能的解决方案,必须寻求更好的解决方案,于是诞生了虚拟局域网(virtual local area network,VLAN)技术。为此,电气与电子工程师协会(IEEE)专门设计制定了 IEEE 802.1Q 协议标准,这就是 VLAN技术标准,实现了在二层交换机利用 VLAN 来实现广播域的划分和隔离。

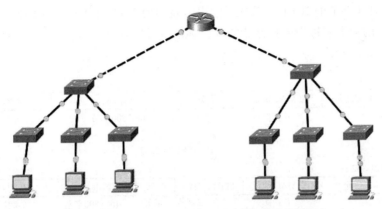

图 4.1 利用路由器与二层交换机构建多网段局域网络

2. VLAN 的应用

利用 VLAN 技术,可以将一个大的 LAN,根据应用需要,划分成多个逻辑的 VLAN,一个 VLAN 就是一个网段、一个广播域。不同 VLAN,属于不同的网段和不同的广播域。

VLAN 间在二层不能直接通信,只能通过三层的路由方式实现网段间的相互通信。路由器由于端口数量较少,一般不采用,网段间的相互通信一般采用三层交换机的路由功能来实现。因此,交换式局域网络目前都采用 VLAN 技术,将局域网络划分为若干个 VLAN,并借助三层交换机的路由功能实现 VLAN 间的相互通信。

利用 VLAN 技术来规划设计局域网络有以下方面的好处。

- 实现多网段组网,隔离和缩小广播域范围,减小病毒攻击或广播风暴的影响范围。
- 增加组网和管理的灵活性,便于对网络进行管理和控制。VLAN 是对端口的逻辑分组,不受任何物理位置和连接的限制。同一 VLAN 的用户,可以连接在不同的交换机上,并且可以位于不同的物理位置,比如分布在不同的楼宇或楼层,这样就方便了管理和控制,提高了组网和管理的灵活性。
- 增强了网络的安全性(业务隔离)。VLAN 间是相互隔离的,不能直接相互通信。对于保密性要求较高的部门,比如财务处,可将其单独划分到一个 VLAN 中,并且不设置该 VLAN 的接口地址。这样,其他 VLAN 中的用户,就不能访问到该 VLAN 中的主机,从而起到了隔离作用,提高了安全性。另外,也可通过访问控制列表(access control list,ACL)来控制 VLAN 间的相互访问。

4.1.2 VLAN 工作原理

1. VLAN 帧格式与封装协议

在引入 VLAN 技术后,为了标识以太网帧能在哪个 VLAN 中传播,对以太网帧附加了一个标签(tag)来标记,即通过标签来标识和区分不同 VLAN 的以太网帧。为了保证不同厂商生产的设备能互通,IEEE 802.1Q 标准严格规定了 VLAN 帧格式。在标准的以

太网帧中添加 4 字节的 IEEE 802.1Q 标签后,就成为带有 VLAN 标签的帧;不携带 IEEE
802.1Q 标签的数据帧称为未打标签的帧。标准以太网帧与带 VLAN 标签的帧格式对比
如图 4.2 所示。

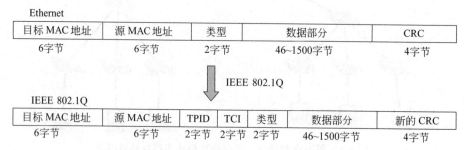

图 4.2　标准以太网帧与带 VLAN 标签的帧格式对比

从图 4.2 可见,打标的以太网帧是在标准以太网帧的源 MAC 地址与类型字段间插
入了 4 字节的 IEEE 802.1Q 标签信息,标签信息包含 2 字节的标签协议标识(tag
protocol identifier,TPID)和 2 字节的标签控制信息(tag control information,TCI)。

TPID 的值固定为 0x8100,交换机据此来确定数据帧内附加了基于 IEEE 802.1Q 协
议的 VLAN 信息。TCI 字段由 Priority(3 个二进制位)、CFI(1 个二进制位)和 VLAN ID
(12 个二进制位)三部分构成。Priority 代表数据帧的优先级,一共有 8 种优先级,用 0~7
表示。CFI 的值为 0 表示规范格式,为 1 表示非规范格式。VLAN ID 代表数据帧所属的
VLAN 号,VLAN ID 由 12 位的二进制数编码表示,最多可标记和识别 4096 个 VLAN。

在 Cisco Packet Tracer 的模拟工作模式,对属于 VLAN 20 的 PC 发送到交换机的数
据帧进行解码,PC 发出的数据帧属于标准格式的以太网帧,如图 4.3 所示。该数据帧进
入属于 VLAN 20 的交换机端口后,交换机会自动对该数据帧打上 VLAN 标签,生成打
标的以太网帧,对该帧进行解压可查看到打标信息中的 VLAN 号信息,如图 4.4 所示。

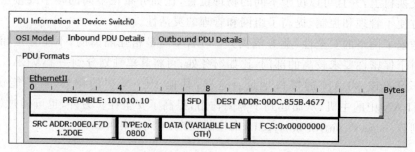

图 4.3　流入交换机端口的标准以太网帧

TCI 字段值的前导字符"0x"代表该值为十六进制值,后三位代表 VLAN ID。十六进
制数 014 转换为十进制就是 20,代表 20 号 VLAN。

IEEE 802.1Q 协议是国际标准协议,适用于各个厂商生产的交换机,该协议简称为
dot1q。对数据帧进行 VLAN 打标的协议除了 IEEE 802.1Q 之外,还有 Cisco 专属协议
ISL(inter switch link),这两种协议不兼容,ISL 仅支持 Cisco 交换机。

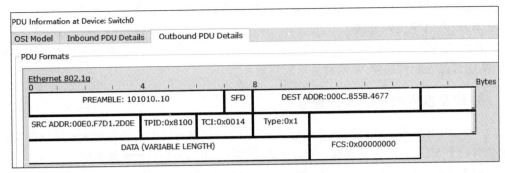

图 4.4　打标后的以太网帧

2. 交换机对数据帧的转发机制

以太网交换机维护着一张 MAC 地址表,在地址表中记录着 MAC 地址与端口的对应关系。当数据帧从交换机的某端口进入后,交换机根据帧头的目的 MAC 地址,在 MAC 地址表中查询目标 MAC 地址所连接的端口,找到后,将数据帧转发到该端口。

在引入 VLAN 技术后,MAC 地址表增加了 VLAN ID 的对应关系,如图 4.5 所示。

MAC Table for Switch0			x
VLAN	Mac Address	Port	
1	0003.E44A.E435	FastEthernet0/3	
1	0030.A3D2.B319	GigabitEthernet0/1	
10	0009.7C9A.11D5	FastEthernet0/1	
20	000C.855B.4677	GigabitEthernet0/1	
20	00E0.F7D1.2D0E	FastEthernet0/2	

图 4.5　引入 VLAN 技术后的 MAC 地址表

交换机对数据帧进行转发时,在 MAC 地址表中的查询除了要匹配比较目的 MAC 地址外,还增加了比较源主机的 VLAN ID 和目标主机的 VLAN ID 是否相同,只有目的 MAC 地址与 VLAN ID 同时匹配,交换机才会将数据帧转发到目的端口。

比如,VLAN 10 网段中的主机 A,向位于 VLAN 10 网段中的主机 B 发送了一个数据帧,交换机的转发处理过程如下。

当 PC 发出的标准以太网数据帧进入交换机端口时,交换机将给数据帧打上 IEEE 802.1Q 标签,TCI 部分的 VLAN ID 为数据帧流入的端口的 VLAN ID,也即源 PC 所属的 VLAN。数据帧打标后送入交换机内部进行转发处理。

交换机从数据帧中提取出目的 MAC 地址和源主机的 VLAN ID,然后在 MAC 地址表中对这两项进行匹配查找,如果找到匹配条目,则可获得目标主机所连接的交换机端口号,接下来就直接将数据帧转发到目的端口。如果 MAC 地址匹配,但 VLAN ID 不匹配,则丢弃数据帧,从而实现 VLAN 间的隔离。

目的端口收到转发来的数据帧后,会自动移除数据帧中的 IEEE 802.1Q 标签,恢复为标准的以太网帧格式,然后转发给目标主机。至此,完成了在单一交换机上,主机 A 与主机 B 在 VLAN 内的通信。

从以上通信过程可见,对数据帧打 VLAN 标签和移除标签都是在交换机上自动完成的,从端口流入时打标签,从端口流出时移除标签。

3. 跨交换机的 VLAN 内通信

一个 VLAN 的成员可以全部来自同一台交换机,也可以来自两台或多台不同的交换机。当一个 VLAN 的成员同时分布在两台交换机上时,又是如何通信的呢?

解决办法:在两台交换机上各拿出一个端口,并划分到相同的 VLAN,实现这两台交换机间的级联,用于提供该 VLAN 内的主机跨交换机实现相互通信,如图 4.6 所示。

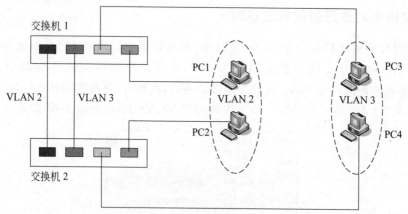

图 4.6　为每一个 VLAN 增加一条级联链路以实现跨交换机 VLAN 内通信

这种方法虽然解决了 VLAN 内主机跨交换机的相互通信,但每增加一个 VLAN,就需要在交换机间添加一条属于相同 VLAN 的级联链路,交换机端口占用量大。

为避免这种低效率的连接方式和对交换机端口的大量占用,可将这些用于级联的链路合并汇聚到一条链路上,让这条链路允许多个 VLAN 或者全部 VLAN 的数据帧通过,这样就可以很好地解决对端口的大量占用问题。这条允许多个或全部 VLAN 的数据帧通过的链路,称为中继链路(trunk link)。中继链路两端的交换机端口称为 Trunk 端口或中继端口,Trunk 端口默认会转发所有 VLAN 的数据帧,一般不对数据帧进行打标签和移除标签的操作。利用中继链路实现跨交换机的 VLAN 内通信的级联方式如图 4.7 所示。

携带 VLAN 标签的数据帧可以在中继链路透明地传输,为向下兼容传统 VLAN 方案中的无标签数据帧,中继链路也支持无标签的标准数据帧通过。

与中继端口相对应,只收发端口所属 VLAN 的数据帧的端口,称为访问(access)端口。访问端口只能属于某一个 VLAN,流入和流出的都是标准的以太网帧,通常用于连接用户主机或网络打印机等终端设备。

当一个 VLAN 所属的端口分布在两台交换机时,交换机间的级联要采用中继链路来级联,在跨交换机通信时,VLAN 标签才不会丢失(从访问端口流出时会移除 VLAN 标签,而中继端口不会移除标签),才能实现跨交换机的 VLAN 内通信。

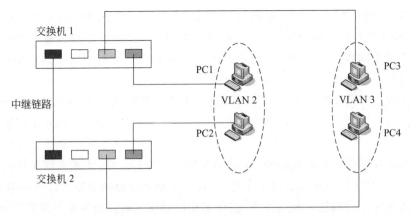

图 4.7　利用中继链路实现跨交换机的 VLAN 内通信

4. Native VLAN

对于中继端口,还有一个 Native VLAN 的概念。Native VLAN 隶属于中继端口,访问端口没有 Native VLAN 的概念。

中继端口可以配置指定将哪一个 VLAN 作为 Native VLAN 使用。中继链路两端的中继端口所配置指定的 Native VLAN 号必须相同,否则将提示 Native VLAN 不匹配,受影响的 VLAN 将不能正常通信。如果不配置指定,Native VLAN 默认为 VLAN 1。

中继端口在将数据帧转发到中继链路之前,即数据帧从中继端口转发出来之前,交换机会判断该数据帧的标签中的 VLAN 号是否与 Native VLAN 号相同,如果相同,将移除数据帧的标签,恢复为标准以太网帧(无标记的数据帧),然后转发到中继链路;如果不相同,则不移除标签直接转发。

对端交换机的中继端口收到数据帧后,如果是无标记的数据帧,则将该数据帧转发到与 Native VLAN 号相同的 VLAN;如果是有标记的数据帧,则根据标签中的 VLAN 号,将数据帧转发到对应的 VLAN 中。

根据以上转发处理过程,为中继端口配置指定 Native VLAN,相当于配置指定一个默认 VLAN,即告诉中继端口,在收到没有标记的数据帧时应将该数据帧转发到哪一个 VLAN 中。

4.2　规划设计大型局域网络

4.2.1　项目需求与目标

1. 项目需求

现有某高校,根据学校的发展历程,形成了三个校区的办学格局,相应地就要构建三个校园网络,这三个校园网络分别称为 CampusA、CampusB 和 CampusC,每个校区的校园网络有独立的因特网出口,各校区内网通过 IPSec VPN 实现内网的互联互通。CampusA 校区是最早建校的校区,部署有服务器群,CampusC 是最后建立的校区,校园网络采用高可靠网络构建,规模较大,也部署有服务器群。为便于网络远程维护管理,要求所有网络设备支持内网 Telnet 远程登录。

本书将以该网络工程的规划设计与构建作为总的案例,按知识体系结构的顺序,依次介绍这三个校区的规划设计方法和配置实现方法,学完本书内容,整个网络工程也就构建完成了。

本节首先规划设计并配置实现 CampusA 校区网络的组建,实现内网的互联互通。

CampusA 校区校园网络采用千兆骨干、百兆交换到桌面的交换式局域网络架构。整个局域网络按体系结构划分为接入层、汇聚层和核心层三层。服务器群部署在校区内网,整个服务器群必须有防火墙保护,服务器群主要部署有 DHCP 服务器和众多的 Web 应用服务器。由于公网 IP 地址的不足,有部分服务器使用公网地址,其余服务器使用私网地址,但这些使用私网地址的服务器,也需要将相关业务服务发布到因特网,让因特网用户能访问这些服务。

2. 知识目标与技能目标

1) 知识目标

理解和掌握 VLAN 的概念、VLAN 的创建与配置方法,掌握子网的划分方法,能根据应用需要,合理科学规划局域网的 IP 地址。

2) 技能目标

能灵活运用 VLAN 技术,规划设计多网段的大中型局域网络,并能对交换机进行合理配置,实现整个局域网络内网的互联互通。

4.2.2 网络拓扑与 IP 地址规划

1. 网络拓扑结构规划设计

根据应用需求,CampusA 校区采用三层式架构的交换式局域网络设计方案,每一幢楼的接入交换机放在该层楼管理间的机柜中。汇聚交换机放在该幢楼设备间的机柜中,各层楼的接入交换机采用千兆级联端口与汇聚交换机的千兆业务端口相连。

各幢楼的汇聚交换机采用 SFP 光口,利用单模光纤与位于中心机房的核心交换机相连。核心交换机采用光纤链路与出口路由器 Cisco 2811 相连。

出口路由器选用 Cisco 2811,而不选用 Cisco 2911、Cisco 4331、Cisco 4321 等其他路由器的原因是:Cisco 2811 支持 IPSec VPN 功能,CampusA 校区要与其他校区实现内网互联互通,要用到 IPSec VPN 功能。在 Cisco Packet Tracer 模拟器中,交换机和路由器等网络设备的功能是通过软件来模拟实现的,其他型号的路由器没有模拟实现 IPSec VPN 功能。Cisco 2811 路由器固定配置 2 个百兆电口,本案例要用到千兆链路,因此可通过扩展插槽扩展出 4 个千兆 SFP 光口。所有三层交换机均采用 Cisco 3650-24PS,二层交换机均采用 Cisco 2960。

　　服务器群由于有公网地址段和私网地址段,必须使用三层交换机来作为服务器的接入交换机使用,以实现网段间的相互通信,并提供高性能的包转发功能,防止出现带宽瓶颈。

　　对服务器群的保护采用一台防火墙来实现。为便于后期交换机 ACL 规则的配置实训,在本案例中,该台防火墙采用一台三层交换机来充当,并通过配置交换机的 ACL 规则来实现防火墙的功能。本节先配置实现防火墙与其他三层设备间的互联互通,防火墙的功能后期再配置实现。

　　为了实现用户 IP 地址的自动分配,在服务器群中部署一台 DHCP 服务器来提供DHCP 服务。

　　根据以上规划设计和分析,CampusA 校区的网络拓扑结构如图 4.8 所示,为使拓扑图简洁,各幢楼的楼宇网络只选取了两幢楼(BuildingA 和 BuildingB)作为代表。

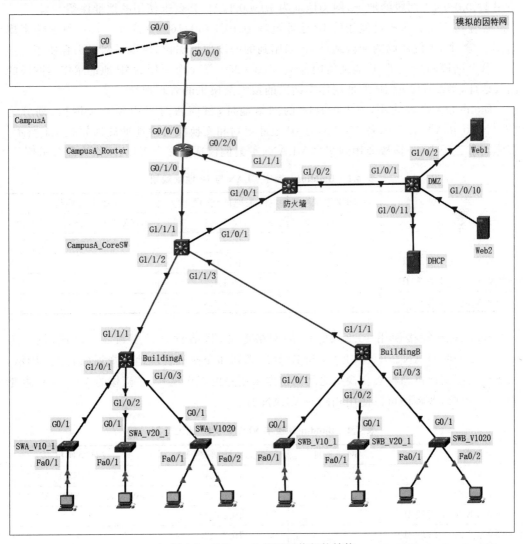

图 4.8　CampusA 校区网络拓扑结构

2. IP 地址规划

局域网的 IP 地址规划分为公网地址规划和私网地址规划两类，对于私网地址又分为用户主机所使用的私网地址规划和三层设备的互联接口地址规划两类。

1）私网地址规划

局域网可使用的私网地址有 10.0.0.0/8、172.16.0.0/12 和 192.168.0.0/16。可根据局域网络的规模大小选择使用私网地址。本案例三个校区的用户主机使用 10.0.0.0/8 网段的地址，三层设备互联接口使用 172.16.0.0/12 网段的地址。

（1）用户主机 IP 地址规划。CampusA 校区用户主机使用 10.0.0.0/13 网段的地址，三层设备互联接口使用 172.16.0.0/16 网段的地址。

CampusA 校区内网服务器规划使用 10.0.0.0/16 网段的地址。DMZ 的私网服务器使用 10.0.0.0/24 网段的地址，网关地址为 10.0.0.1/24，其余未使用的地址保留。

各幢楼宇用户主机可使用的 IP 地址范围为 10.1.0.0/16～10.7.0.0/16。每幢楼宇规划使用 64 个 24 位掩码的网段地址，暂未用到的网段地址保留，供以后网络扩容使用。

每个网段用户主机 IP 地址使用范围为 20～250，第 1 个可用的 IP 地址用作本网段的网关地址，第 2～19 的 IP 地址用作本网段的接入交换机的管理地址。

BuildingA 幢楼使用 10.1.0.0/18 的网络地址，目前暂时只用到 2 个网段，划分为 VLAN 10 和 VLAN 20，各 VLAN 与 IP 地址规划和交换机管理地址规划如表 4.1 所示。实际网络工程中，一幢楼会用到很多 VLAN，本案例仅选取 2 个 VLAN 作为配置示例。

表 4.1 BuildingA 楼宇 VLAN 与 IP 地址规划

类　　别	网络地址	网关地址/管理 IP	成员交换机
VLAN 10	10.1.0.0/24	10.1.0.1	SWA_V10_1、SWA_V1020
VLAN 20	10.1.1.0/24	10.1.1.1	SWA_V20_1、SWA_V1020
SWA_V10_1 管理 IP		10.1.0.2	
SWA_V20_1 管理 IP		10.1.1.2	
SWA_V1020 管理 IP		10.1.1.3	

BuildingB 幢楼使用 10.2.0.0/18 的网络地址，目前暂时只用到 2 个网段，划分为 VLAN 10 和 VLAN 20，各 VLAN 与 IP 地址规划和交换机管理地址规划如表 4.2 所示。由于汇聚层交换机与核心交换机之间的链路采用路由工作模式，各幢楼的 VLAN 信息是隔离的，因此，各幢楼可以使用相同的 VLAN 号。

表 4.2 BuildingB 楼宇 VLAN 与 IP 地址规划

类　　别	网络地址	网关地址/管理 IP	成员交换机
VLAN 10	10.2.0.0/24	10.2.0.1	SWB_V10_1、SWB_V1020
VLAN 20	10.2.1.0/24	10.2.1.1	SWB_V20_1、SWB_V1020
SWB_V10_1 管理 IP		10.2.0.2	
SWB_V20_1 管理 IP		10.2.1.2	
SWB_V1020 管理 IP		10.2.1.3	

（2）三层设备互联接口地址规划。CampusA 校区三层设备互联接口地址使用 172.16.0.0/16 网段的地址。每一对互联接口使用 30 位掩码的子网地址，可通过对 172.16.0.0/16 网段的地址进行子网划分来获得所需要的子网。三层设备的互联接口地址、服务器 IP 地址规划如图 4.9 所示。

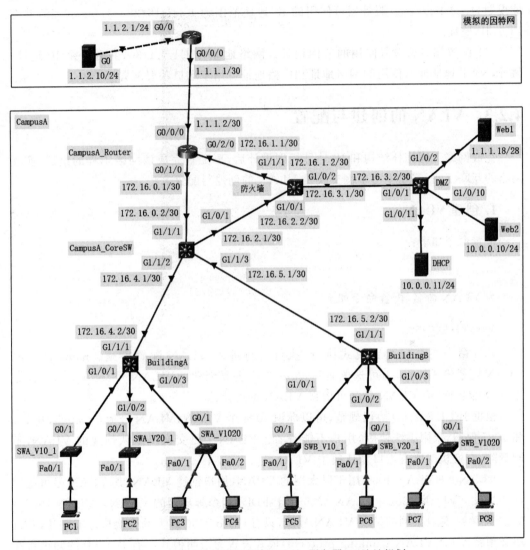

图 4.9　三层设备的互联接口地址、服务器 IP 地址规划

2）公网地址规划

假设该单位申请到 32 个公网 IP 地址，地址段为 1.1.1.0/27。在局域网中，要用到公网 IP 地址的地方主要有出口路由器与因特网服务商路由器的互联接口（需要一个有 4 个地址的子网），NAT 的地址池，服务器使用的公网地址以及配置端口映射所使用的公网地址。因此，需要将所申请到的 32 个公网地址划分成 4 个子网来使用，这 4 个子网的地址及用途规划如下。

（1）出口路由器与因特网服务商路由器的互联接口地址。网络地址为 1.1.1.0/30；出口路由器外网口地址为 1.1.1.2/30；因特网服务商路由器接口地址为 1.1.1.1/30。

（2）NAT 的地址池。网络地址为 1.1.1.8/29，共有 8 个 IP 地址。

（3）服务器使用的公网地址。网络地址为 1.1.1.16/28，共有 16 个 IP 地址。网关地址规划为 1.1.1.17/28。服务器可使用的 IP 地址范围为 1.1.1.18/28～1.1.1.30/28，共有 13 个 IP 地址。

（4）配置端口映射所使用的公网地址。网络地址为 1.1.1.4/30，共有 4 个 IP 地址。另外，NAT 地址池所使用的网络地址和广播地址可用于端口映射配置。

4.2.3　VLAN 的创建与配置

完成网络工程拓扑结构和 IP 地址规划设计后，要配置完成该网络工程的组建，实现网络的互联互通，需要学习掌握交换机 VLAN 的创建与配置方法。

1. 创建 VLAN

配置命令如下：

`vlan vlan-id`

为 VLAN 命名，配置命令如下：

`name vlan-name`

vlan 命令在全局配置模式执行，执行后将进入 VLAN 配置模式。name 命令在 VLAN 配置模式执行，为可选配置。*vlan-id* 代表要创建的 VLAN 号，*vlan-name* 代表 VLAN 的名称，给 VLAN 命名可增强 VLAN 的可读性。

根据 IEEE 802.1Q 协议规范，可以标识 4096 个 VLAN，VLAN 号为 0～4095，其中 0 和 4095 保留，仅限系统使用，用户不能查看。VLAN 1 是交换机默认创建的 VLAN，不能删除，交换机的所有端口默认属于 VLAN 1。

VLAN 2～VLAN 1001 用于以太网的 VLAN，用户创建 VLAN，其 VLAN 号可使用这一号段。VLAN 1002～VLAN 1005 用于 FDDI 和令牌环网的 VLAN。VLAN 1006～VLAN 4094 是以太网的扩展 VLAN 号段，只有 Cisco 3550 以上的交换机才能创建，并且还必须将 VTP(VLAN trunking protocol)模式设置为透明模式。有关 VTP 的知识将在稍后介绍。

例如，如果要创建 VLAN 10 和 VLAN 20，VLAN 10 提供给办公用户使用，给 VLAN 10 命名为 Office，VLAN 20 不命名，则配置方法如下：

```
C3650(config)#vlan 10
C3650(config-vlan)#name Office
C3650(config-vlan)#vlan 20
```

2. 查看 VLAN 信息

查看 VLAN 配置信息的命令有以下几种用法。

1）查看所有 VLAN 的配置信息

命令如下：

```
show vlan 或 show vlan brief
```

show vlan 详细显示所有 VLAN 的配置信息，如图 4.10 所示。show vlan brief 简要显示所有 VLAN 的配置信息，如图 4.11 所示。

```
C3650#show vlan

VLAN Name                             Status    Ports
---- -------------------------------- --------- -------------------------------
1    default                          active    Gig1/0/1, Gig1/0/2, Gig1/0/3, Gig1/0/4
                                                Gig1/0/5, Gig1/0/6, Gig1/0/7, Gig1/0/8
                                                Gig1/0/9, Gig1/0/10, Gig1/0/11, Gig1/0/12
                                                Gig1/0/13, Gig1/0/14, Gig1/0/15, Gig1/0/16
                                                Gig1/0/17, Gig1/0/18, Gig1/0/19, Gig1/0/20
                                                Gig1/0/21, Gig1/0/22, Gig1/0/23, Gig1/0/24
                                                Gig1/1/1, Gig1/1/2, Gig1/1/3, Gig1/1/4
10   Office                           active
20   VLAN0020                         active
1002 fddi-default                     active
1003 token-ring-default               active
1004 fddinet-default                  active
1005 trnet-default                    active

VLAN Type  SAID       MTU   Parent RingNo BridgeNo Stp  BrdgMode Transl Trans2
---- ----- ---------- ----- ------ ------ -------- ---- -------- ------ ------
1    enet  100001     1500  -      -      -        -    -        0      0
10   enet  100010     1500  -      -      -        -    -        0      0
20   enet  100020     1500  -      -      -        -    -        0      0
1002 fddi  101002     1500  -      -      -        -    -        0      0
1003 tr    101003     1500  -      -      -        -    -        0      0
1004 fdnet 101004     1500  -      -      -        ieee -        0      0
1005 trnet 101005     1500  -      -      -        ibm  -        0      0

VLAN Type  SAID       MTU   Parent RingNo BridgeNo Stp  BrdgMode Transl Trans2
---- ----- ---------- ----- ------ ------ -------- ---- -------- ------ ------

Remote SPAN VLANs
-------------------------------------------------------------------------------

Primary Secondary Type              Ports
------- --------- ----------------- -------------------------------------------
C3650#
```

图 4.10　详细显示所有 VLAN 的配置信息

2）查看指定 VLAN 的配置信息

命令如下：

```
show vlan id vlan-id/name vlan-name
```

命令功能：通过 VLAN 号或 VLAN 名称查看显示指定 VLAN 的配置信息。通过 VLAN 名称查看时，VLAN 名称要区分字母的大小写。

例如，如果要查看 VLAN 10 的配置信息，则实现命令为 show vlan id 10 或 show vlan name Office。

117

```
C3650#show vlan brief

VLAN Name                             Status    Ports
---- -------------------------------- --------- -------------------------------
1    default                          active    Gig1/0/1, Gig1/0/2, Gig1/0/3, Gig1/0/4
                                                Gig1/0/5, Gig1/0/6, Gig1/0/7, Gig1/0/8
                                                Gig1/0/9, Gig1/0/10, Gig1/0/11, Gig1/0/12
                                                Gig1/0/13, Gig1/0/14, Gig1/0/15, Gig1/0/16
                                                Gig1/0/17, Gig1/0/18, Gig1/0/19, Gig1/0/20
                                                Gig1/0/21, Gig1/0/22, Gig1/0/23, Gig1/0/24
                                                Gig1/1/1, Gig1/1/2, Gig1/1/3, Gig1/1/4
10   Office                           active
20   VLAN0020                         active
1002 fddi-default                     active
1003 token-ring-default               active
1004 fddinet-default                  active
1005 trnet-default                    active
C3650#
```

图 4.11　简要显示所有 VLAN 的配置信息

3. 划分 VLAN 端口

划分 VLAN 端口就是配置指定哪些端口属于哪一个 VLAN。VLAN 划分通常采用基于端口的 VLAN 划分方法,其配置命令如下:

```
switchport access vlan vlan-id
```

该命令在接口配置模式下执行,即要先选择要配置的端口,进入接口配置模式,然后配置指定所选中的端口属于哪一个 VLAN。

例如,如果要将交换机的 G1/0/1 端口划分到 VLAN 10,则配置命令如下:

```
C3650(config)#int G1/0/1
C3650(config-if)#switchport access vlan 10
```

如果要将 G1/0/2～G1/0/5 连续的 4 个端口都划分到 VLAN 10,则配置命令如下:

```
C3650(config)#int range G1/0/2-5
C3650(config-if-range)#switchport access vlan 10
C3650(config-if-range)#end
C3650#show vlan id 10
```

划分 VLAN 端口后,执行 show vlan id 10 命令查看 VLAN 10 的配置信息,可看到 VLAN 10 的端口成员列表,如图 4.12 所示。

```
C3650#show vlan id 10

VLAN Name                             Status    Ports
---- -------------------------------- --------- -------------------------------
10   Office                           active    Gig1/0/1, Gig1/0/2, Gig1/0/3, Gig1/0/4
                                                Gig1/0/5

VLAN Type  SAID       MTU   Parent RingNo BridgeNo Stp  BrdgMode Trans1 Trans2
---- ----- ---------- ----- ------ ------ -------- ---- -------- ------ ------
10   enet  100010     1500  -      -      -        -    -        0      0

C3650#
```

图 4.12　查看 VLAN 10 的配置信息

4. 配置中继端口

对中继端口的配置通常有以下三方面的内容。

1) 配置封装协议

配置命令如下：

```
switchport trunk encapsulation dot1q
```

命令功能：配置使用 IEEE 802.1Q 协议作为打标签的封装协议。三层交换机配置中继端口时，必须配置指定封装协议，二层交换机不用配置指定。

2) 配置端口工作模式

对于中继端口，必须将端口的工作模式配置为中继模式，实现的配置命令如下：

```
switchport mode trunk
```

3) 配置中继端口允许转发的 VLAN 流量

配置中继链路允许哪些 VLAN 通过。

配置命令如下：

```
switchport trunk allowed vlan vlanlist
```

命令功能：配置指定中继端口转发哪些 VLAN 的数据帧。*vlanlist* 代表允许转发的 VLAN 列表，VLAN 号之间用逗号进行分隔。如果全部允许，则 *vlanlist* 用 all 表示，对应的配置命令如下：

```
switchport trunk allowed vlan all
```

Cisco 交换机的中继端口默认允许所有 VLAN 流量通过中继链路。当互联的两台交换机之间存在两条或两条以上的中继链路时，此时就需要为每条中继链路配置指定允许哪些 VLAN 流量通过本中继链路。

假设交换机的 G0/1 和 G0/2 均为中继端口，两台交换机之间存在两条中继链路，交换机有 VLAN 1、VLAN 10、VLAN 20、VLAN 30、VLAN 40 和 VLAN 50。现要配置允许 G0/1 口的中继链路通过 VLAN 1、VLAN 30、VLAN 40 和 VLAN 50，G0/2 口的中继链路仅允许 VLAN 20 通过，则配置方法如下：

```
switch(config)#int G0/1
switch(config-if)#switchport trunk encapsulation dot1q
switch(config-if)#switchport mode trunk
switch(config-if)#switchport trunk allowed vlan 1,30,40,50
switch(config-if)#int G0/2
switch(config-if)#switchport trunk encapsulation dot1q
switch(config-if)#switchport mode trunk
switch(config-if)#switchport trunk allowed vlan 20
```

4) 配置 Native VLAN

由于交换机都有 VLAN 1，因此交换机的默认 Native VLAN 为 VLAN 1。根据应用

需要,Native VLAN 可以配置修改,其配置命令如下:

```
switchport trunk native vlan native-vlan
```

native-vlan 代表要指定的 Native VLAN 的 VLAN 号,该项配置为可选配置,在中继端口的接口配置模式下执行该命令。

5. 配置 VLAN 接口

1) VLAN 接口简介

二层交换机可以创建和划分 VLAN 端口,但无法实现 VLAN 间的通信。三层交换机具备路由功能,在实际应用中,通常在三层交换机上创建和划分 VLAN 端口,并配置 VLAN 接口 IP 地址。这样就可以利用三层交换机的路由功能,通过各 VLAN 接口间的路由转发,实现 VLAN 间的相互通信。

在三层交换机上创建 VLAN 后,每一个 VLAN 对应地会有一个虚拟的 VLAN 接口,比如 VLAN 10 对应的接口名称为 VLAN 10;VLAN 20 对应的接口名称为 VLAN 20。可为每个 VLAN 接口配置指定一个 IP 地址,该 IP 地址就成为本 VLAN 的网关地址。由于各 VLAN 接口都在交换机上,属于直连,三层交换机会自动添加相应的直连路由到路由表中。在三层交换机上配置好 VLAN 10 和 VLAN 20 的接口 IP 地址之后,执行 show ip route 命令查看路由表,就可以查看到对应的直连路由。

2) 配置 VLAN 接口 IP 地址

配置命令如下:

```
ip address address netmask
```

VLAN 接口地址将成为对应 VLAN 的网关地址。VLAN 接口地址配置后,该 VLAN 所属的网段也就确定了。

例如,如果要配置 VLAN 10 的接口地址为 10.1.0.1/24,则配置命令如下:

```
C3650(config)# int vlan 10
C3650(config-if)# ip address 10.1.0.1 255.255.255.0
```

3) 配置 DHCP 中继

用户主机 IP 地址的分配方式有两种,一种是手工静态分配;另一种是自动获得 IP 地址。在组建局域网络时,如果某些网段或全部网段要求采取自动获得 IP 地址的分配方式,则在局域网络中就必须安装部署 DHCP 服务器。DHCP 服务器可用 Windows Server 服务器或 Linux Server 来安装部署,也可以直接利用交换机或路由器来提供 DHCP 服务。

除了安装部署 DHCP 服务器之外,要采用自动获得 IP 地址方式的网段,还要在其 VLAN 接口上配置指定 DHCP 中继,即配置指定 DHCP 服务器的地址,其配置命令如下:

```
ip helper-address dhcp-server
```

例如,假设 DHCP 服务器的 IP 地址为 10.0.0.11,VLAN 10 和 VLAN 20 都采用自动获得 IP 地址的分配方式,则为 VLAN 10 和 VLAN 20 配置指定 DHCP 中继服务器的配置命令如下:

```
C3650(config)#int vlan 10
C3650(config-if)#ip helper-address 10.0.0.11
C3650(config-if)#int vlan 20
C3650(config-if)#ip helper-address 10.0.0.11
```

在配置 DHCP 服务器时,哪些网段要自动分配 IP 地址,就必须在 DHCP 服务器上为相应网段配置 DHCP 作用域,其配置内容包括可分配的 IP 地址池、IP 地址租用期、默认路由、域名服务器地址等信息。

4.2.4　网络案例配置与测试

1. 配置 BuildingA 楼宇内部网络

1）配置楼宇汇聚交换机

Cisco 3650-24PS 交换机是模块化的交换机,给交换机添加电源模块,然后进入命令行对交换机进行以下配置。

```
Switch>enable
Switch#config t
Switch(config)#hostname BuildingA
BuildingA(config)#ip routing
!创建所需的 VLAN
BuildingA(config)#vlan 10
BuildingA(config-vlan)#vlan 20
!配置 VLAN 接口 IP 地址和 DHCP 中继
BuildingA(config-vlan)#int vlan 10
BuildingA(config-if)#ip address 10.1.0.1 255.255.255.0
BuildingA(config-if)#ip helper-address 10.0.0.11
BuildingA(config-if)#int vlan 20
BuildingA(config-if)#ip address 10.1.1.1 255.255.255.0
BuildingA(config-if)#ip helper-address 10.0.0.11
!划分 VLAN 端口
BuildingA(config-if)#int g1/0/1
BuildingA(config-if)#switchport access vlan 10
BuildingA(config-if)#int g1/0/2
BuildingA(config-if)#switchport access vlan 20
!配置中继端口
BuildingA(config-if)#int g1/0/3
BuildingA(config-if)#switchport trunk encapsulation dot1q
BuildingA(config-if)#switchport mode trunk
!配置上联端口的互联接口地址
BuildingA(config-if)#int g1/1/1
BuildingA(config-if)#no switchport
```

```
BuildingA(config-if)#ip address 172.16.4.2 255.255.255.252
BuildingA(config-if)#exit
```
!配置出去的默认路由
```
BuildingA(config)#ip route 0.0.0.0 0.0.0.0 172.16.4.1
```
!配置远程登录
```
BuildingA(config)#line vty 0 4
BuildingA(config-line)#password cisco
BuildingA(config-line)#login
BuildingA(config-line)#exit
BuildingA(config)#enable secret router
BuildingA(config)#exit
BuildingA#write
BuildingA#exit
```

　　三层交换机的任何一个有效的接口 IP 地址均可以当作管理 IP 地址用于远程登录，不用再单独配置管理 IP 地址。

　　2) 配置 SWA_V10_1 接入交换机

```
Switch>enable
Switch#config t
Switch(config)#hostname SWA_V10_1
SWA_V10_1(config)#vlan 10
SWA_V10_1(config-vlan)#int range fa0/1-24
SWA_V10_1(config-if-range)#switchport access vlan 10
SWA_V10_1(config-if-range)#int g0/1
SWA_V10_1(config-if)#switchport access vlan 10
```
!配置交换机的管理 IP 地址。注意要配置在 VLAN 10 接口上，不能配置在 VLAN 1 接口上
```
SWA_V10_1(config-if)#int vlan 10
SWA_V10_1(config-if)#no shutdown
SWA_V10_1(config-if)#ip address 10.1.0.2 255.255.255.0
SWA_V10_1(config-if)#exit
```
!配置默认网关地址
```
SWA_V10_1(config)#ip default-gateway 10.1.0.1
```
!配置远程登录
```
SWA_V10_1(config)#line vty 0 4
SWA_V10_1(config-line)#password cisco
SWA_V10_1(config-line)#login
SWA_V10_1(config-line)#exit
SWA_V10_1(config)#enable secret router
SWA_V10_1(config)#exit
SWA_V10_1#write
SWA_V10_1#exit
```

　　3) 配置 SWA_V20_1 接入交换机

```
Switch>enable
Switch#config t
Switch(config)#hostname SWA_V20_1
SWA_V20_1(config)#vlan 20
SWA_V20_1(config-vlan)#int range fa0/1-24
```

```
SWA_V20_1(config-if-range)#switchport access vlan 20
SWA_V20_1(config-if-range)#int g0/1
SWA_V20_1(config-if)#switchport access vlan 20
!配置交换机的管理 IP 地址。要配置在 VLAN 20 接口上
SWA_V20_1(config-if)#int vlan 20
SWA_V20_1(config-if)#no shutdown
SWA_V20_1(config-if)#ip address 10.1.1.2 255.255.255.0
SWA_V20_1(config-if)#exit
!配置默认网关地址
SWA_V20_1(config)#ip default-gateway 10.1.1.1
!配置远程登录
SWA_V20_1(config)#line vty 0 4
SWA_V20_1(config-line)#password cisco
SWA_V20_1(config-line)#login
SWA_V20_1(config-line)#exit
SWA_V20_1(config)#enable secret router
SWA_V20_1(config)#exit
SWA_V20_1#write
SWA_V20_1#exit
```

4) 配置 SWA_V1020 接入交换机

如果一幢楼各个 VLAN 的接入端口数量不够,可专门安排一台交换机来提供网络接入服务,此时这台交换机上就有多个 VLAN。

SWA_V1020 接入交换机存在 VLAN 10 和 VLAN 20,本案例选择将交换机的管理 IP 地址配置在 VLAN 20 的接口上,也可以配置在 VLAN 10 的接口上,但默认网关地址要做对应的配置。

```
Switch>enable
Switch#config t
Switch(config)#hostname SWA_V1020
!创建本交换机要用到的 VLAN
SWA_V1020(config)#vlan 10
SWA_V1020(config-vlan)#vlan 20
!配置中继端口
SWA_V1020(config-vlan)#int g0/1
SWA_V1020(config-if)#switchport mode trunk
!配置用户主机所属的 VLAN
SWA_V1020(config-if)#int fa0/1
SWA_V1020(config-if)#switchport access vlan 10
SWA_V1020(config-if)#int fa0/2
SWA_V1020(config-if)#switchport access vlan 20
!配置管理 IP 地址与默认网关地址
SWA_V1020(config-if)#int vlan 20
SWA_V1020(config-if)#no shutdown
SWA_V1020(config-if)#ip address 10.1.1.3 255.255.255.0
SWA_V1020(config-if)#exit
SWA_V1020(config)#ip default-gateway 10.1.1.1
!配置远程登录
```

```
SWA_V1020(config)#line vty 0 4
SWA_V1020(config-line)#password cisco
SWA_V1020(config-line)#login
SWA_V1020(config-line)#exit
SWA_V1020(config)#enable secret router
SWA_V1020(config)#exit
SWA_V1020#write
SWA_V1020#exit
```

5）测试楼宇内部网络的通畅性

到此为止，该幢楼内部的虚拟局域网络就配置完毕了，下面测试网络的通畅性。由于汇聚交换机到 DHCP 服务器之间的网络还未配置，网络不通，因此，PC 不能自动获得 IP 地址。为便于测试，下面手动配置 PC 主机的 IP 地址。

（1）配置 PC1～PC4 主机的 IP 地址和网关地址。配置 PC1 主机的 IP 地址为 10.1.0.20，子网掩码为 255.255.255.0，默认网关地址为 10.1.0.1；配置 PC2 主机的 IP 地址为 10.1.1.20，子网掩码为 255.255.255.0，默认网关地址为 10.1.1.1；配置 PC3 主机的 IP 地址为 10.1.0.21，子网掩码为 255.255.255.0，默认网关地址为 10.1.0.1；配置 PC4 主机的 IP 地址为 10.1.1.21，子网掩码为 255.255.255.0，默认网关地址为 10.1.1.1。

（2）在 PC1 主机进入命令行。首先 ping 自己的网关地址，看能否 ping 通。如果能 ping 通，则再 ping VLAN 20 的网关地址，看能否 ping 通。如果能 ping 通，则 VLAN 间相互通信配置成功，可进一步通过 ping PC4 主机的 IP 地址来验证这一点。测试结果是全部通畅，如图 4.13 所示。

```
C:\>ping 10.1.1.21

Pinging 10.1.1.21 with 32 bytes of data:

Request timed out.
Reply from 10.1.1.21: bytes=32 time<1ms TTL=127
Reply from 10.1.1.21: bytes=32 time<1ms TTL=127
Reply from 10.1.1.21: bytes=32 time<1ms TTL=127

Ping statistics for 10.1.1.21:
    Packets: Sent = 4, Received = 3, Lost = 1 (25%
loss),
Approximate round trip times in milli-seconds:
    Minimum = 0ms, Maximum = 0ms, Average = 0ms

C:\>
```

图 4.13　PC1 主机跨网段 ping PC4 主机结果

（3）ping 测试交换机的管理 IP 地址。在 PC1 主机的命令行，依次 ping SWA_V10_1、SWA_V20_1 和 SWA_V1020 三台接入交换机的管理 IP 地址，检查能否 ping 通。测试结果是全部能 ping 通。

（4）远程登录测试。在 PC1 主机的命令行，使用 telnet 命令结合交换机的管理 IP 地址，依次远程登录 SWA_V10_1、SWA_V20_1、SWA_V1020 和 BuildingA 交换机，检查远程登录是否正常。可使用 PC1 主机的网关地址来登录 BuildingA 交换机。

测试结果是全部能正常远程登录，BuildingA 楼宇内部的网络配置成功。

2. 配置 BuildingB 楼宇内部网络

对 BuildingB 楼宇内部网络的配置方法与 BuildingA 楼宇相同,具体配置的不同之处在于 IP 地址的配置不相同。下面仅给出 BuildingB 汇聚交换机的配置,接入交换机的配置根据前面的规划自行完成,然后手工配置 PC5～PC8 的 IP 地址和网关地址,保证楼宇内部网络的互联互通,4 台交换机均能实现正常的 Telnet 远程登录。

```
Switch>enable
Switch#config t
Switch(config)#hostname BuildingB
BuildingB(config)#ip routing
!创建所需的 VLAN
BuildingB(config)#vlan 10
BuildingB(config-vlan)#vlan 20
!配置 VLAN 接口 IP 地址和 DHCP 中继
BuildingB(config-vlan)#int vlan 10
BuildingB(config-if)#ip address 10.2.0.1 255.255.255.0
BuildingB(config-if)#ip helper-address 10.0.0.11
BuildingB(config-if)#int vlan 20
BuildingB(config-if)#ip address 10.2.1.1 255.255.255.0
BuildingB(config-if)#ip helper-address 10.0.0.11
!划分 VLAN 端口
BuildingB(config-if)#int g1/0/1
BuildingB(config-if)#switchport access vlan 10
BuildingB(config-if)#int g1/0/2
BuildingB(config-if)#switchport access vlan 20
!配置中继端口
BuildingB(config-if)#int g1/0/3
BuildingB(config-if)#switchport trunk encapsulation dot1q
BuildingB(config-if)#switchport mode trunk
!配置上联端口的互联接口地址
BuildingB(config-if)#int g1/1/1
BuildingB(config-if)#no switchport
BuildingB(config-if)#ip address 172.16.5.2 255.255.255.252
BuildingB(config-if)#exit
!配置出去的默认路由
BuildingB(config)#ip route 0.0.0.0 0.0.0.0 172.16.5.1
!配置远程登录
BuildingB(config)#line vty 0 4
BuildingB(config-line)#password cisco
BuildingB(config-line)#login
BuildingB(config-line)#exit
BuildingB(config)#enable secret router
BuildingB(config)#exit
BuildingB#write
BuildingB#exit
```

3. 配置 CampusA_CoreSW 核心交换机

配置 CampusA_CoreSW 核心交换机,从而实现各幢楼宇间的互联互通以及核心交换机与出口路由器和防火墙之间链路的互联互通。

```
Switch>enable
Switch#config t
Switch(config)#hostname CampusA_CoreSW
CampusA_CoreSW(config)#ip routing
CampusA_CoreSW(config)#int g1/1/2
CampusA_CoreSW(config-if)#no switchport
CampusA_CoreSW(config-if)#ip address 172.16.4.1 255.255.255.252
CampusA_CoreSW(config-if)#int g1/1/3
CampusA_CoreSW(config-if)#no switchport
CampusA_CoreSW(config-if)#ip address 172.16.5.1 255.255.255.252
CampusA_CoreSW(config-if)#int g1/1/1
CampusA_CoreSW(config-if)#no switchport
CampusA_CoreSW(config-if)#ip address 172.16.0.2 255.255.255.252
CampusA_CoreSW(config-if)#int g1/0/1
CampusA_CoreSW(config-if)#no switchport
CampusA_CoreSW(config-if)#ip address 172.16.2.1 255.255.255.252
CampusA_CoreSW(config-if)#exit
!配置到 BuildingA 幢楼的回程路由
CampusA_CoreSW(config)#ip route 10.1.0.0 255.255.192.0 172.16.4.2
!配置到 BuildingB 幢楼的回程路由
CampusA_CoreSW(config)#ip route 10.2.0.0 255.255.192.0 172.16.5.2
!配置到因特网的默认路由
CampusA_CoreSW(config)#ip route 0.0.0.0 0.0.0.0 172.16.0.1
!配置到 DMZ 的路由
CampusA_CoreSW(config)#ip route 10.0.0.0 255.255.255.0 172.16.2.2
CampusA_CoreSW(config)#ip route 1.1.1.16 255.255.255.240 172.16.2.2
CampusA_CoreSW(config)#end
CampusA_CoreSW#write
CampusA_CoreSW#exit
```

配置完毕,测试楼宇间的互访。在 PC1 主机的命令行,ping PC8 主机的 IP 地址(10.2.1.21),如果能 ping 通,则楼宇间的互访成功。测试结果为访问成功。

4. 配置 DMZ 接入交换机

DMZ 有公网地址段(1.1.1.16/28)和私网地址段(10.0.0.0/24)。因此,需要在 DMZ 接入交换机上创建两个 VLAN,并配置 VLAN 接口地址作为网段的网关地址。

```
Switch>enable
Switch#config t
Switch(config)#hostname DMZ
DMZ(config)#ip routing
DMZ(config)#vlan 100
DMZ(config-vlan)#vlan 101
```

```
!配置 VLAN 接口地址
DMZ(config-vlan)#int vlan 100
DMZ(config-if)#ip address 1.1.1.17 255.255.255.240
DMZ(config-if)#int vlan 101
DMZ(config-if)#ip address 10.0.0.1 255.255.255.0
!划分 VLAN 端口
DMZ(config-if)#int g1/0/2
DMZ(config-if)#switchport access vlan 100
DMZ(config-if)#int range g1/0/10-11
DMZ(config-if-range)#switchport access vlan 101
!配置互联接口 IP 地址
DMZ(config-if-range)#int g1/0/1
DMZ(config-if)#no switchport
DMZ(config-if)#ip address 172.16.3.2 255.255.255.252
DMZ(config-if)#exit
!配置默认路由
DMZ(config)#ip route 0.0.0.0 0.0.0.0 172.16.3.1
DMZ(config)#end
DMZ#write
DMZ#exit
```

DMZ 交换机配置完毕后，根据 IP 规划，逐一配置各台服务器的 IP 地址和默认网关地址。然后在服务器主机的命令行 ping 自己的网关地址，检查能否 ping 通。

5. 配置防火墙

防火墙的 IP 包过滤功能待后续章节学习访问控制列表时再配置。此处配置防火墙的互联接口地址和路由功能，保障链路的互联互通。

```
Switch>enable
Switch#config t
Switch(config)#hostname Firewall
Firewall(config)#ip routing
!配置互联接口地址
Firewall(config)#int g1/0/1
Firewall(config-if)#no switchport
Firewall(config-if)#ip address 172.16.2.2 255.255.255.252
Firewall(config-if)#int g1/0/2
Firewall(config-if)#no switchport
Firewall(config-if)#ip address 172.16.3.1 255.255.255.252
Firewall(config-if)#int g1/1/1
Firewall(config-if)#no switchport
Firewall(config-if)#ip address 172.16.1.2 255.255.255.252
Firewall(config-if)#exit
!配置到因特网的默认路由
Firewall(config)#ip route 0.0.0.0 0.0.0.0 172.16.1.1
!配置到内网的路由
Firewall(config)#ip route 10.0.0.0 255.248.0.0 172.16.2.1
!配置到 DMZ 的路由
```

127

```
Firewall(config)#ip route 10.0.0.0 255.255.255.0 172.16.3.2
Firewall(config)#ip route 1.1.1.16255.255.255.240 172.16.3.2
Firewall(config)#exit
Firewall#write
Firewall#exit
```

配置完防火墙之后,在PC1主机的命令行,分别 ping DMZ 中的 Web1 和 Web2 服务器的地址,检查能否 ping 通。如果能 ping 通,则内网到 DMZ 的链路通畅。测试结果为通畅。

6. 配置出口路由器的互联接口地址和路由

```
Router>enable
Router#config t
Router(config)#hostname CampusA_Router
!配置互联接口地址
CampusA_Router(config)#int g0/1/0
CampusA_Router(config-if)#no shutdown
CampusA_Router(config-if)#ip address 172.16.0.1 255.255.255.252
CampusA_Router(config-if)#int g0/2/0
CampusA_Router(config-if)#no shutdown
CampusA_Router(config-if)#ip address 172.16.1.1 255.255.255.252
CampusA_Router(config-if)#int g0/0/0
CampusA_Router(config-if)#no shutdown
CampusA_Router(config-if)#ip address 1.1.1.2 255.255.255.252
CampusA_Router(config-if)#exit
!配置到内网的回程路由
CampusA_Router(config)#ip route 10.0.0.0 255.248.0.0 172.16.0.2
!配置到 DMZ 的回程路由
CampusA_Router(config)#ip route 10.0.0.0 255.255.255.0 172.16.1.2
CampusA_Router(config)#ip route 1.1.1.16 255.255.255.240 172.16.1.2
!配置到因特网的路由
CampusA_Router(config)#ip route 0.0.0.0 0.0.0.0 1.1.1.1
CampusA_Router(config)#end
CampusA_Router#write
CampusA_Router#exit
```

配置完出口路由器后,在PC1主机命令行 ping 出口路由器的内网口地址(172.16.0.1),如果能 ping 通,则路由器与内网间的网络通畅。接下来在 DMZ 的服务器主机命令行 ping 路由器的 G0/2/0 端口的地址(172.16.1.1),如果能 ping 通,则路由器与 DMZ 间的网络通畅。成功通过以上两项测试,网络全部通畅,路由器配置成功。到此为止,整个局域网络内网的互联互通全部配置完成,并且全部通畅。

7. 配置 DMZ 服务器的服务功能

(1) 配置 DHCP 服务器。单击 DHCP 服务器,在弹出的对话框中单击选中 Services 选项卡,在服务列表中单击 DHCP 选项,此时将显示 DHCP 服务的配置页面,如图 4.14 所示。

128

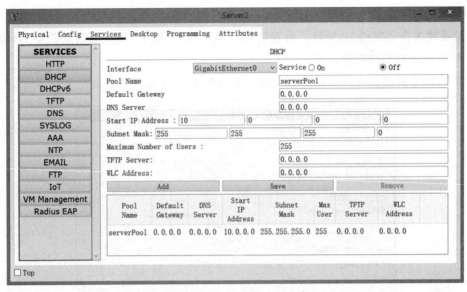

图 4.14　DHCP 服务配置界面

在 Services 选项中勾选 On 开启 DHCP 服务。DHCP 服务默认添加了一条 DHCP 作用域。在 Pool Name 输入框中输入要添加的 DHCP 作用域的名称 BuildingA＿VLAN10，Default Gateway 设置为 10.1.0.1，DNS Server 的地址设置为 114.114.114.114，Start IP Address 设置为 10.1.0.20，子网掩码设置为 255.255.255.0，Maximum Number of Users 设置为 230，然后单击 Add 按钮保存结果。

用同样的方法，依次为每一个 VLAN 添加配置 DHCP 作用域，配置好的界面如图 4.15 所示。

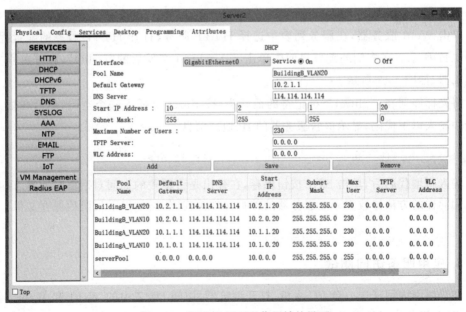

图 4.15　配置好 DHCP 作用域的界面

配置好 DHCP 服务器的作用域后,在局域网内网任选一台 PC 主机,将 IP 地址的分配方式设置为自动获得 IP 地址。检查能否自动获得 IP 地址,如果能自动获得 IP 地址,则 DHCP 服务和网络配置成功。

将 PC4 主机设置为自动获得 IP 地址,成功获得 IP 地址的界面如图 4.16 所示。

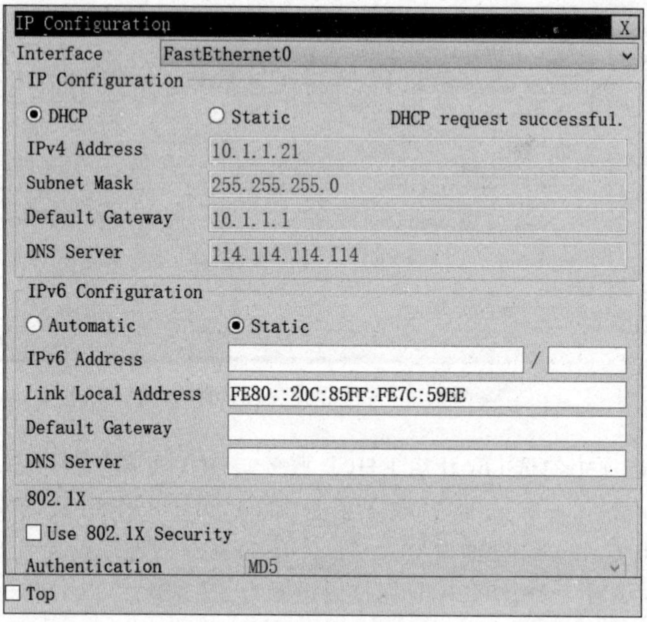

图 4.16　成功获得 IP 地址的界面

(2) 配置修改 Web 服务器的默认首页内容,添加对服务器 IP 地址的显示,以标识 Web 服务器。

单击 Web1 服务器,在服务列表中选择 HTTP 服务,打开 HTTP 服务的配置界面,如图 4.17 所示。在右侧的配置界面中单击 index.html 文件后的"(edit)",打开首页文件的编辑器,如图 4.18 所示。

将光标停留在</html>标记符的最开头,按 Enter 键插入一个空行,然后在插入的空行中输入以下代码,显示该台服务器的 IP 地址信息。

```
<br><font size=36 color=red>Web1：1.1.1.18</font>
```

输入新增代码后,单击 Save 按钮保存,在弹出是否覆盖的询问对话框时回答 Yes。

用同样的方法修改 Web2 服务器的首页文件源代码,增加以下代码后保存文件。

```
<br><font size=36 color=#ff6d0c>Web2：10.0.0.10</font>
```

8. 应用服务访问测试

在局域网内网任选一台 PC 主机,打开浏览器,访问 DMZ 中的 Web1 和 Web2 网站,检查 Web 服务访问是否正常。

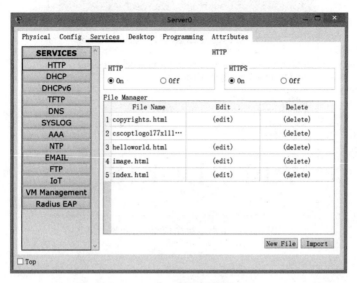

图 4.17　HTTP 服务配置界面

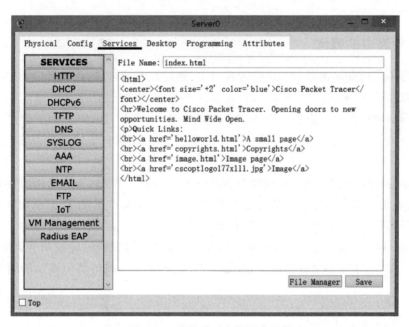

图 4.18　编辑首页文件源代码

在 PC7 主机打开浏览器,输入 Web1 服务器的 IP 地址 1.1.1.18,访问结果如图 4.19 所示。

将 IP 地址修改为 10.0.0.10,访问 Web2 服务器,经测试访问也成功,至此,整个局域网络组建成功。

图 4.19　用户主机访问 Web 服务结果

4.3　单臂路由的配置与应用

1. 单臂路由的概念

单臂路由是指在路由器的一个物理接口上,通过配置子接口(逻辑接口)的方式,帮助二层交换机实现 VLAN 间的相互通信。

路由器的物理接口可以被划分为多个逻辑接口,这些逻辑接口称为子接口。子接口不能被单独地开启或关闭,当物理接口被开启或关闭时,该接口下的所有子接口也随之被开启或关闭。

由于单臂路由是在一条物理链路上承载多个 VLAN 的流量,该条链路的带宽压力较大,并且容易形成单点故障。单臂路由主要应用在三层设备严重缺乏,三层端口严重不够用的情况下,用一个三层物理端口充当多个三层端口使用。

在 Cisco 网络认证体系中,单臂路由仍是一个重要的知识点。通过单臂路由的学习,能够深入了解 VLAN 的划分、封装和通信原理,理解和掌握路由器子接口的划分和使用方法。

2. 单臂路由的工作原理

单臂路由的典型应用拓扑如图 4.20 所示。VLAN 在二层交换机上创建并进行 VLAN 端口划分。路由器与交换机级联。在路由器的级联端口上,进行子接口的划分,有多少个 VLAN,就创建划分出多少个子接口。每一个 VLAN 对应一个子接口,用子接口作为 VLAN 的网关,相当于三层交换机的 VLAN 接口。

由于这条级联链路要承载多个 VLAN 的流量,因此,级联链路要配置成中继链路,路由器的端口要支持子接口的划分和中继工作模式。

132

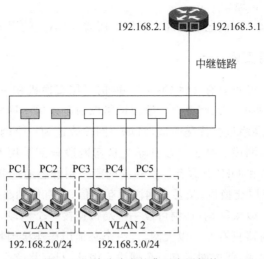

图 4.20　单臂路由的典型应用拓扑

在这种应用模式下,VLAN 间的相互通信,都是通过位于路由器上的子接口间的路由来实现,其具体通信过程为:源主机→源主机所连接的交换机端口(打上 VLAN 标签)→交换机的中继端口→路由器中继端口→路由器上对应的子接口(移除标签)→路由→目标主机所属 VLAN 对应的子接口(用目标主机 VLAN 打标签)→路由器中继端口→交换机中继端口→目的主机所连接的端口(移除标签)→目的主机。

3. 路由器子接口的创建与配置

1) 创建子接口

Cisco 三层交换机和路由器都支持子接口功能,其创建方法是使用接口选择命令,选择某个子接口,系统就会自动创建出对应的子接口。

例如,如果要在路由器的 Fa0/1 物理接口上创建 3 个子接口,则这 3 个子接口的名称从 1 开始依次编号,分别是 Fa0/1.1、Fa0/1.2、Fa0/1.3,如果还要更多的子接口,则依次编号下去即可。

2) 配置子接口的封装协议和所属 VLAN

划分了子接口的物理端口是以中继模式工作,在创建子接口后,还必须分别为每一个子接口配置封装协议和子接口所属的 VLAN,配置命令如下:

```
encapsulation dot1Q|isl vlan-id
```

封装协议支持国标的 dot1Q 或 Cisco 专属的 ISL 协议,vlan-id 代表该子接口所属的VLAN 号,即配置指定将其作为哪一个 VLAN 的子接口。

例如,如果要配置 Fa0/1.1 子接口作为 VLAN 10 的子接口,封装协议采用 dot1Q,则配置命令如下:

```
Router(config)#int fa0/1.1
Router(config-subif)#encapsulation dot1Q 10
```

3）为子接口配置 IP 地址

子接口配置 IP 地址后,该地址就成为子接口所属 VLAN 的网关地址。

4. 单臂路由应用案例

假设某学校的网络设备只有 3 台 Cisco 2960 的二层交换机和一台 Cisco 2621 的路由器,路由器只有 2 个百兆的以太网电口。学校网络以前是以单一网段运行,现要求在不增加新设备的情况下,对网络进行优化改造,将单一网段改造为三个网段,分别是办公网段、学生机房网段和服务器网段。办公网段和学生机房网段全部采用 DHCP 自动地址分配方式;学校 Web 服务器和 DHCP 服务器所在的网段采用静态地址分配方式。

网络分析:没有三层交换机,又要多网段相互通信,只有借助路由器的路由功能来实现。路由器如果有多个以太网端口,则可以一个端口连接一个网段,可以很轻松地解决这个问题。但问题是路由器只有 2 个以太网口,一个必须用作连接因特网,只剩下一个以太网口用于连接局域网内网,而内网又有三个网段。因此,只有将这个以太网口通过划分子接口,用子接口来作为 VLAN 的网关,从而实现 3 个 VLAN 间的相互通信,即采用单臂路由的方案来实现网络的改造任务。

网络规划与配置如下。

1）规划设计网络拓扑

根据应用需求,网络拓扑规划设计如图 4.21 所示。

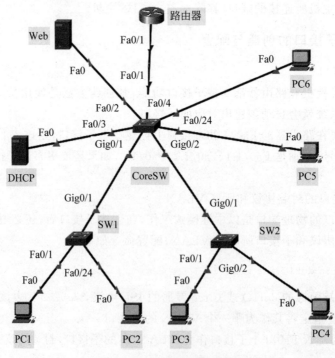

图 4.21　网络拓扑规划设计

2）VLAN 与端口划分规划

VLAN 与端口划分规划如表 4.3 所示。DHCP 服务器规划使用 10.8.3.10/24 的地址，Web 服务器使用 10.8.3.11/24 的地址。

表 4.3　VLAN 与端口划分规划

VLAN	网络地址	网关地址	所属端口	用　途
VLAN 10	10.8.1.0/24	10.8.1.1	CoreSW：G0/1、G0/2	学生机房网段
VLAN 20	10.8.2.0/24	10.8.2.1	CoreSW：Fa0/4～Fa0/24	办公网段
VLAN 30	10.8.3.0/24	10.8.3.1	CoreSW：Fa0/2、Fa0/3	服务器网段

3）配置 CoreSW 交换机

```
Switch>enable
Switch#config t
Switch(config)#hostname CoreSW
CoreSW(config)#vlan 10
CoreSW(config-vlan)#vlan 20
CoreSW(config-vlan)#vlan 30
!配置中继端口
CoreSW(config-vlan)#int fa0/1
CoreSW(config-if)#switchport mode trunk
!为办公网段划分 VLAN 端口
CoreSW(config-if)#int range fa0/4-24
CoreSW(config-if-range)#switchport access vlan 20
!为学生机房网段划分 VLAN 端口
CoreSW(config-if-range)#int range g0/1-2
CoreSW(config-if-range)#switchport access vlan 10
!为服务器网段划分 VLAN 端口
CoreSW(config-if-range)#int range fa0/2-3
CoreSW(config-if-range)#switchport access vlan 30
CoreSW(config-if-range)#end
CoreSW#write
CoreSW#exit
```

4）配置 SW1 交换机

```
Switch>enable
Switch#config t
Switch(config)#hostname SW1
SW1(config)#vlan 10
SW1(config-vlan)#int g0/1
SW1(config-if)#switchport access vlan 10
SW1(config-if)#int range fa0/1-24
SW1(config-if-range)#switchport access vlan 10
SW1(config-if-range)#end
SW1#write
SW1#exit
```

5）配置 SW2 交换机

```
Switch>enable
Switch#config t
Switch(config)#hostname SW2
SW2(config)#vlan 10
SW2(config-vlan)#int g0/1
SW2(config-if)#switchport access vlan 10
SW2(config-if)#int range fa0/1-24
SW2(config-if-range)#switchport access vlan 10
SW2(config-if-range)#end
SW2#write
SW2#exit
```

6）配置 Router 出口路由器

```
Router>enable
Router#config t
!创建子接口
Router(config)#int fa0/1.1
!配置封装协议并指定该子接口作为 VLAN 10 的子接口使用
Router(config-subif)#encapsulation dot1Q 10
!配置接口 IP 地址
Router(config-subif)#ip address 10.8.1.1 255.255.255.0
!配置 DHCP 中继服务器地址
Router(config-subif)#ip helper-address 10.8.3.10
Router(config-subif)#int fa0/1.2
Router(config-subif)#encapsulation dot1Q 20
Router(config-subif)#ip address 10.8.2.1 255.255.255.0
Router(config-subif)#ip helper-address 10.8.3.10
Router(config-subif)#int fa0/1.3
Router(config-subif)#encapsulation dot1Q 30
Router(config-subif)#ip address 10.8.3.1 255.255.255.0
Router(config-subif)#int fa0/1
Router(config-if)#no shutdown
Router(config-if)#end
Router#write
Router#exit
```

7）配置 Web 服务器和 DHCP 服务器的 IP 地址和网关地址

配置 Web 服务器和 DHCP 服务器的 IP 地址和网关地址,然后为 VLAN 10 和 VLAN 20 配置 DHCP 作用域。

8）网络测试

任选一台 PC 主机,比如 PC1 主机,将 IP 地址获得方式设置为 DHCP,查看能否成功获得 IP 地址。获得 IP 地址后,在命令行 ping 网关地址,如果能 ping 通,则网络配置成功。经测试,IP 地址自动获得成功,如图 4.22 所示。

然后进入 PC1 主机的命令行,ping Web 服务器的 IP 地址,检查能否跨网段访问,测试结果为网络通畅,访问成功,如图 4.23 所示。另外,也可打开 PC1 主机的浏览器,利用

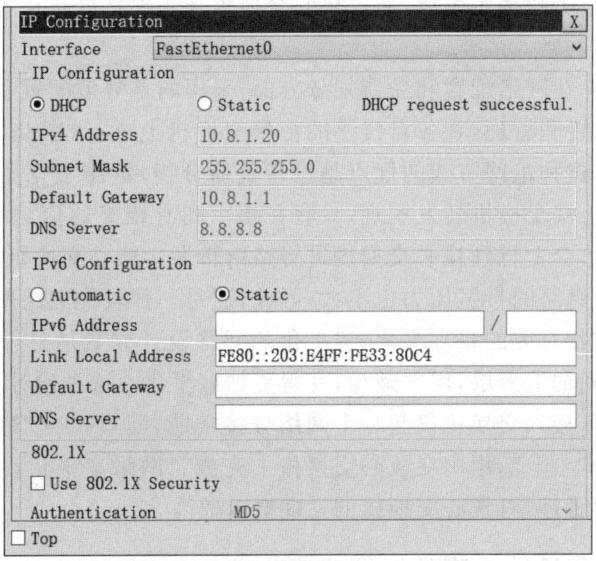

图 4.22　PC1 主机获得 IP 地址成功

浏览器访问 10.8.3.11 的 Web 服务，如果能显示网站的首页内容，则访问成功。经测试，网站访问成功，至此，整个网络工程配置成功。

```
C:\>ping 10.8.3.11

Pinging 10.8.3.11 with 32 bytes of data:

Reply from 10.8.3.11: bytes=32 time<1ms TTL=127
Reply from 10.8.3.11: bytes=32 time<1ms TTL=127
Reply from 10.8.3.11: bytes=32 time=1ms TTL=127
Reply from 10.8.3.11: bytes=32 time<1ms TTL=127

Ping statistics for 10.8.3.11:
    Packets: Sent = 4, Received = 4, Lost = 0 (0%
loss),
Approximate round trip times in milli-seconds:
    Minimum = 0ms, Maximum = 1ms, Average = 0ms
```

图 4.23　检测跨网段访问

4.4　网络扁平化设计

4.4.1　网络扁平化设计方案

1. 网络扁平化设计方案简介

局域网络目前普遍采用层次化结构(金字塔结构)进行设计，即网络结构从底层到顶层，依次划分为接入层、汇聚层和核心层。一幢楼宇内部的网络包含接入层和汇聚层部分,一个单位通常由多幢楼宇组成,通过核心交换机来实现将分布在各幢楼宇的子网络互联成一个大的局域网络。

传统组网方案,在网络配置和功能划分方面,采用的是分散配置和管理的方式。各幢楼宇内部网络的配置和管理,在各自楼宇的汇聚交换机上进行,因此,对网络设备的配置和管理是分散的。这种组网方式的优点是设备负荷分担,链路带宽压力较小。各楼宇网络内部的通信,由汇聚交换机转发实现,只有在楼宇间有相互通信需求,或有访问因特网需求时,数据流量才会上行到核心交换机进行路由转发。核心交换机的负荷不重,汇聚层与核心层间的骨干链路的带宽压力也不大,因此,这是一种较优的组网方案,被普遍采用。

与层次化结构相对应的是扁平化,扁平化的网络设计方案是整个网络只有核心层和接入层,去掉了中间的汇聚层,层次减少,变得更加扁平化。这种设计方案,核心交换机下面直接带网络用户,接入交换机仅起一个网络分接功能,配置很少,对局域网络的绝大多数配置和管理,基本上全部集中在核心交换机上完成。网络扁平化设计方案的最大特点是集中配置和集中管理,对核心交换机的性能要求较高。

2. 网络扁平化设计方案的配置实现方法

网络扁平化设计方案是将配置集中在核心交换机上,因此,核心交换机将担任VLAN 创建、VLAN 端口划分和 VLAN 间相互通信的任务。核心交换机下面所连接的交换机全部以二层模式工作,交换机仅需将端口划分到对应的 VLAN。

由于一台交换机的用户可能分属不同的 VLAN,因此,交换机与交换机之间的级联链路一般都采用中继链路。这样一台交换机所连接的用户,根据需要可以指定划分到任意一个网段,使用比较灵活方便。

核心交换机位于中心机房,核心交换机与各幢楼距离较远,这种远距离的链路一般都要用光纤链路来实现。如果整个局域网的所有接入交换机全部向上直接级联到核心交换机,则需要的级联链路太多,核心交换机所需要的级联端口也很多,工程造价太贵。因此,在实际网络工程组建中,为减少综合布线量和解决双绞线的传输距离问题,仍采用传统的三层式结构,汇聚交换机仍保留,只是汇聚交换机此时工作在二层模式,仅起线路分接和流量汇聚的作用。

为保证汇聚层的包转发速率和性能,汇聚交换机一般仍采用三层交换机来担任,只是将三层交换机当二层交换机来用。采用这种方式改进后,网络扁平化设计方案的网络结构和布线结构与传统组网方式相同,只是配置策略和配置方法不同。

在传统的交换路由组网方案中,汇聚交换机与核心交换机间的链路以路由模式工作。汇聚交换机上所创建的 VLAN,其作用域仅限于楼宇内部的二层网络,不同汇聚交换机上可以创建相同的 VLAN。

在网络扁平化组网方案中,整个局域网络相当于一个大二层结构,各个 VLAN 的相互访问,通过核心交换机的路由功能来实现。在众多交换机上创建和管理 VLAN,并保证 VLAN 配置信息在全网一致和唯一,工作量相当大,为此,需要采用 VTP(VLAN trunking protocol,VLAN 中继协议)来统一管理 VLAN 配置信息。

4.4.2　用 VTP 管理 VLAN 配置信息

1. VTP 简介

VTP 是一个二层通信协议,是思科私有的协议。用于管理同一个 VTP 管理域内的交换机的 VLAN 配置信息,以保持 VLAN 配置的一致性,并减轻 VLAN 配置的工作量。

VTP 管理域通常也简称为 VTP 域,是一组 VTP 域名相同并通过中继链路相互连接的交换机的集合。一台交换机只能加入一个 VTP 管理域,交换机的 VTP 工作模式有 VTP 服务器(Server)模式、VTP 客户机(Client)模式和 VTP 透明(Transparent)模式三种。在 VTP 管理域中,一般只设一个 VTP Server。

以 VTP 服务器模式工作的交换机,负责维护和管理该 VTP 域内的所有 VLAN 配置信息,可以创建、删除或修改 VLAN,并向 VTP 域内的其他成员发送通告信息,让 VTP 成员能及时同步 VLAN 配置信息。

以 VTP 客户机模式工作的交换机也维护着 VLAN 配置信息,这些 VLAN 配置信息是从 VTP 服务器发送的通告中学习到的,即 VTP 客户机会根据收到的通告,同步自己的 VLAN 配置信息。VTP 客户机会转发本 VTP 域的 VTP 通告消息,也可以主动请求 VTP 消息。VTP 客户机不能创建、删除或修改 VLAN。

以 VTP 透明模式工作的交换机相当于独立的交换机,不学习 VTP 消息,也不提供 VTP 消息,只是转发 VTP 消息。即不从 VTP 通告消息中学习和更新本机的 VLAN 配置信息,也不将本机上的 VLAN 配置信息外发,只维护管理本机的 VLAN 配置信息,可以创建、删除和修改本机上的 VLAN 配置信息。当出于管理需要,不希望 VTP 管理某台交换机的 VLAN 配置信息时,可将其设置为 VTP 透明模式。

2. VTP 配置命令

1) 创建 VTP 管理域

配置命令如下:

```
vtp domain domain_name
```

domain_name 代表要创建的 VTP 管理域的名称,可自定义名称,VTP 管理域区分字母的大小写。

例如,如果要创建一个名为 CampusB 的 VTP 管理域,则创建方法如下:

```
Switch(config)#vtp domain CampusB
Changing VTP domain name from NULL to CampusB
```

2) 配置交换机 VTP 工作模式

配置命令如下:

```
vtp mode server|client| transparent
```

在全局配置模式下执行,例如,如果要将交换机配置为 VTP 服务器模式,则配置命令如下:

```
Switch(config)#vtp mode server
Setting device to VTP SERVER mode
```

3)配置 VTP 密码

加入 VTP 管理域后,就可以获得 VTP 管理域中的全部 VLAN 配置信息。出于安全需要,允许配置 VTP 密码。配置密码后,只有当 VTP 客户端交换机的 VTP 密码与 VTP 服务器的 VTP 密码相同时,才能获得 VTP 通告消息中的 VLAN 同步信息。

配置命令如下:

```
vtp password vtp_password
```

例如,如果要设置 VTP 密码为 CamNoin369,则配置命令如下:

```
Switch(config)#vtp password CamNoin369
Setting device VLAN database password to CamNoin369
```

如果要取消对密码的配置,则执行 no vtp password 命令。

4)配置 VTP 版本

配置命令如下:

```
vtp version 1|2
```

配置 VTP 的版本号,默认为 version 2。

5)查看 VTP 配置信息

配置命令如下:

```
show vtp status
```

该命令在特权执行模式下执行。

4.4.3　扁平化设计构建大型局域网络

在 4.2 节规划设计并配置完成了某高校 A 校区校园网络的组建工作,本节采用网络扁平化设计方案,规划设计并配置完成该高校 B 校区校园网络的组建工作,之后还将规划设计并配置完成 C 校区校园网络的组建工作。这三个校区以后要采用 IPSec VPN 技术实现内网的互联互通,因此,A、B、C 三校区的网络应构建在同一个网络拓扑文件中。

1. 规划设计 B 校区网络拓扑

在 Cisco Packet Tracer 模拟器中打开 4.2 节所配置完成的网络,在此基础上,新增规划设计 B 校区的网络拓扑,局域网出口路由器使用 Cisco 2811,以支持 VPN 功能,因特网中的路由器采用 Cisco 2911,路由器扩展 4 个光纤接口,网络拓扑图顶部区域留一些空间供后面规划设计模拟的因特网使用,规划设计好 IP 的 B 校区网络拓扑如图 4.24 所示。

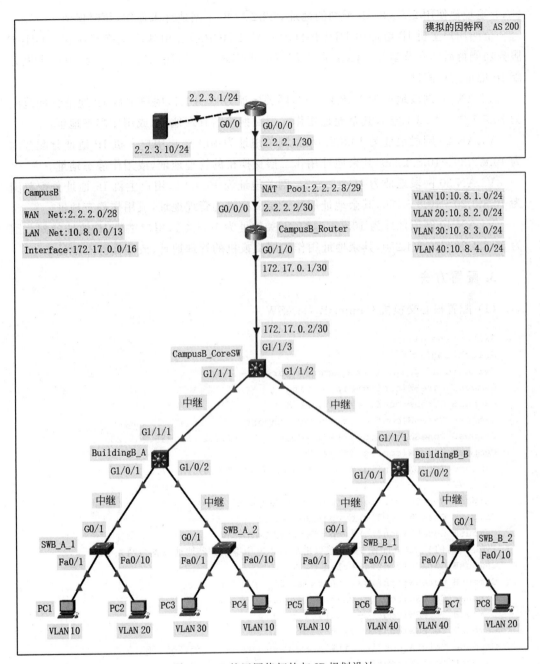

图 4.24　B 校区网络拓扑与 IP 规划设计

2. IP 规则

CampusB 校区用户主机使用 10.8.0.0/13 网段的地址,三层设备互联接口使用 172.17.0.0/16 网段的地址。

B 校区申请到 16 个公网地址:出口路由器互联接口使用 2.2.2.0/30 子网的地址,

141

NAT 地址池使用 2.2.2.8/29 子网的地址,2.2.2.4/30 子网地址未使用,暂时保留。

全网用户主机 IP 地址由 DHCP 自动分配,DHCP 服务由核心交换机提供。DHCP
服务功能待后续章节学习 DHCP 服务配置时再实现。网络测试时先手工给用户主机分
配 IP 地址进行测试。

VLAN 10 网段地址为 10.8.1.0/24,网关地址为 10.8.1.1,用户主机 IP 地址分配范围
为 10.8.1.20~10.8.1.250,其余地址用作二层交换机的管理地址,或用作静态地址。

VLAN 20 网段地址为 10.8.2.0/24,网关地址为 10.8.2.1,用户主机 IP 地址分配范围
为 10.8.2.20~10.8.2.250,其余地址用作二层交换机的管理地址,或用作静态地址。

VLAN 30 网段地址为 10.8.3.0/24,网关地址为 10.8.3.1,用户主机 IP 地址分配范围
为 10.8.3.20~10.8.3.250,其余地址用作二层交换机的管理地址,或用作静态地址。

VLAN 40 网段地址为 10.8.4.0/24,网关地址为 10.8.4.1,用户主机 IP 地址分配范围
为 10.8.4.20~10.8.4.250,其余地址用作二层交换机的管理地址,或用作静态地址。

3. 配置方法

(1) 配置核心交换机 CampusB_CoreSW。

```
Switch>enable
Switch#config t
Switch(config)#hostname CampusB_CoreSW
CampusB_CoreSW(config)#ip routing
CampusB_CoreSW(config)#int g1/1/3
CampusB_CoreSW(config-if)#no switchport
CampusB_CoreSW(config-if)#ip address172.17.0.2 255.255.255.252
CampusB_CoreSW(config-if)#exit
CampusB_CoreSW(config)#ip route 0.0.0.0 0.0.0.0 172.17.0.1
!配置 VTP
CampusB_CoreSW(config)#vtp domain CampusB
CampusB_CoreSW(config)#vtp mode server
CampusB_CoreSW(config)#vtp password Letmein
!创建所需的 VLAN 并配置 VLAN 接口地址,DHCP 中继服务器地址设置为网关地址
CampusB_CoreSW(config)#vlan 10
CampusB_CoreSW(config-vlan)#vlan 20
CampusB_CoreSW(config-vlan)#vlan 30
CampusB_CoreSW(config-vlan)#vlan 40
CampusB_CoreSW(config-vlan)#int vlan 10
CampusB_CoreSW(config-if)#ip address 10.8.1.1 255.255.255.0
CampusB_CoreSW(config-if)#ip helper-address 10.8.1.1
CampusB_CoreSW(config-if)#int vlan 20
CampusB_CoreSW(config-if)#ip address 10.8.2.1 255.255.255.0
CampusB_CoreSW(config-if)#ip helper-address 10.8.2.1
CampusB_CoreSW(config-if)#int vlan 30
CampusB_CoreSW(config-if)#ip address 10.8.3.1 255.255.255.0
CampusB_CoreSW(config-if)#ip helper-address 10.8.3.1
CampusB_CoreSW(config-if)#int vlan 40
CampusB_CoreSW(config-if)#ip address 10.8.4.1 255.255.255.0
```

```
CampusB_CoreSW(config-if)#ip helper-address 10.8.4.1
!将级联端口配置为中继端口
CampusB_CoreSW(config-if)#int range g1/1/1-2
CampusB_CoreSW(config-if-range)#switchport trunk encapsulation dot1q
CampusB_CoreSW(config-if-range)#switchport mode trunk
CampusB_CoreSW(config-if-range)#end
CampusB_CoreSW#write
CampusB_CoreSW#exit
```

（2）配置 BuildingB_A 楼宇汇聚交换机。

```
Switch>enable
Switch#config t
Switch(config)#hostname BuildingB_A
!配置 VTP
BuildingB_A(config)#vtp domain CampusB
BuildingB_A(config)#vtp mode client
BuildingB_A(config)#vtp password Letmein
!配置级联端口为中继端口
BuildingB_A(config)#int range g1/0/1-2
BuildingB_A(config-if-range)#switchport trunk encapsulation dot1q
BuildingB_A(config-if-range)#switchport mode trunk
BuildingB_A(config-if-range)#int g1/1/1
BuildingB_A(config-if)#switchport trunk encapsulation dot1q
BuildingB_A(config-if)#switchport mode trunk
BuildingB_A(config-if)#end
BuildingB_A#write
BuildingB_A#exit
```

（3）配置 BuildingB_B 楼宇汇聚交换机。配置方法和配置指令与 BuildingB_A 汇聚
交换机相同，仅主机名配置不相同。

（4）配置 SWB_A_1 交换机。

```
Switch>enable
Switch#config t
Switch(config)#hostname SWB_A_1
SWB_A_1(config)#vtp domain CampusB
SWB_A_1(config)#vtp mode client
SWB_A_1(config)#vtp password Letmein
SWB_A_1(config)#int g0/1
SWB_A_1(config-if)#switchport mode trunk
SWB_A_1(config-if)#int fa0/1
SWB_A_1(config-if)#switchport access vlan 10
SWB_A_1(config-if)#int fa0/10
SWB_A_1(config-if)#switchport access vlan 20
SWB_A_1(config-if)#end
SWB_A_1#write
SWB_A_1#exit
```

（5）配置 SWB_A_2、SWB_B_1 和 SWB_B_2 交换机。配置方法与 SWB_A_1 交换机

143

相同。

（6）配置 CampusB_Router 出口路由器的接口地址和路由。

```
Router>enable
Router#config t
Router(config)#hostname CampusB_Router
CampusB_Router(config)#int g0/1/0
CampusB_Router(config-if)#no shutdown
CampusB_Router(config-if)#ip address 172.17.0.1 255.255.255.252
CampusB_Router(config-if)#int g0/0/0
CampusB_Router(config-if)#no shutdown
CampusB_Router(config-if)#ip address 2.2.2.2 255.255.255.252
CampusB_Router(config)#ip route 0.0.0.0 0.0.0.0 2.2.2.1
CampusB_Router(config)#ip route 10.8.0.0 255.248.0.0 172.17.0.2
CampusB_Router(config)#end
CampusB_Router#write
CampusB_Router#exit
```

（7）由于 DHCP 服务还未配置，先手工设置 PC1～PC8 主机的 IP 地址，每个网段从 20 号地址开始设置。

（8）网络通畅性测试。可在任意一台主机的命令行使用 ping 命令去 ping 任意一台主机的 IP 地址。比如，在 PC1 主机的命令行 ping PC7 主机的 IP 地址（10.8.4.21），测试结果如图 4.25 所示，网络通畅。

```
C:\>ping 10.8.4.21

Pinging 10.8.4.21 with 32 bytes of data:

Request timed out.
Reply from 10.8.4.21: bytes=32 time=10ms TTL=127
Reply from 10.8.4.21: bytes=32 time=10ms TTL=127
Reply from 10.8.4.21: bytes=32 time=10ms TTL=127

Ping statistics for 10.8.4.21:
    Packets: Sent = 4, Received = 3, Lost = 1 (25%
loss),
Approximate round trip times in milli-seconds:
    Minimum = 10ms, Maximum = 10ms, Average = 10ms
```

图 4.25 网络通畅性测试结果

接下来 ping 路由器的内网口地址（172.17.0.1），如果能 ping 通，则内网到出口路由器之间的链路通畅。测试结果为网络通畅。到此为止，整个 B 校区内部局域网络采用扁平化方案设计并配置成功。

实训 1 构建大型局域网络

【实训目的】 理解和掌握大型局域网络的拓扑结构和规划设计方法，熟练掌握虚拟局域网络的配置与应用方法。

【实训环境】　Cisco Packet Tracer 8.0.0.x。

【实训内容与要求】

（1）按照 4.2 节所讲内容,规划设计并构建案例高校 A 校区的网络拓扑图,参考拓扑如图 4.8 所示。

（2）规划设计 A 校区的 IP 地址分配使用,包括局域网内的 VLAN 及网段地址规划,三层设备互联接口地址规划,局域网申请到的公网地址以及这些公网地址的使用规划,并将这些规划标注在网络拓扑图上,参考样例如图 4.9 所示。

（3）根据规划,配置实现整个局域网络内网的互联互通。

实训 2　扁平化设计大型局域网络

【实训目的】　理解和掌握扁平化局域网络的工作模式,熟练掌握大型局域网络扁平化的设计方法和配置实现方法。

【实训环境】　Cisco Packet Tracer 8.0.0.x。

【实训内容与要求】

（1）用扁平化的设计方法,规划设计案例高校的 B 校区局域网络。

（2）规划设计 B 校区局域网络的 VLAN 和网段地址分配,核心交换机与出口路由器之间的互联接口地址以及公网地址的分配使用,并在网络拓扑图中进行标注,参考样例如图 4.24 所示。

（3）用扁平化方案配置实现整个局域网络内网的互联互通。

第 5 章　网络地址转换

本章介绍网络地址转换的工作原理、分类及用途,并通过案例,详细介绍网络地址转换的配置方法。

5.1　NAT 技术

5.1.1　NAT 简介

1. NAT 的概念

由于 IPv4 地址不够用,互联网名称与数字地址分配机构(ICANN)将 IP 地址划分了一部分出来作为私网地址,不同的局域网可以重复使用这些私网地址,以解决 IP 地址不够用的问题。但这样一来,使用私网地址的局域网主机就无法直接访问因特网了,因为因特网中的路由器不会包含到私网地址的路由。为了解决这一问题,诞生了网络地址转换(network address translation,NAT)技术,这是一种将一个 IP 地址转换为另一个 IP 地址的技术。

通过 NAT 操作,局域网用户就能透明地访问因特网。通过 IP 映射或端口映射,因特网中的主机还能访问位于局域网内使用私网地址的服务器。

2. NAT 的相关术语

在 NAT 操作中,会涉及以下几个术语。

(1) 内部网络(inside):即内部的局域网络,与边界路由器上被定义为 inside 的网络接口相连。

(2) 外部网络(outside):除了内部网络之外的所有网络,通常指因特网,与边界路由器上被定义为 outside 的网络接口相连。

(3) 内部本地地址(inside local address):内部局域网中用户主机所使用的 IP 地址,通常为私网地址。

(4) 内部全局地址(inside global address):内部局域网中的部分主机所使用的公网 IP 地址,比如部署在局域网中的服务器所使用的合法公网 IP 地址。

(5) 外部本地地址(outside local address):外部网络中的主机所使用的 IP 地址,这些 IP 地址不一定是公网地址。

（6）外部全局地址（outside global address）：外部网络中的主机所使用的公网 IP 地址。

（7）地址池（address pool）：可用于 NAT 操作的多个公网 IP 地址。形成地址池的 IP 地址应连续。

5.1.2　NAT 的工作原理

NAT 的处理过程如图 5.1 所示。在局域网内的用户主机发出的访问因特网的数据包通过路由器的内网口（inside）进入路由器时，会将数据包的源 IP 地址替换修改为一个合法的公网 IP 地址，比如 61.186.160.120，然后将数据包路由出去（到因特网）。IP 地址的替换对应关系，会保存在路由器的 NAT 表中。

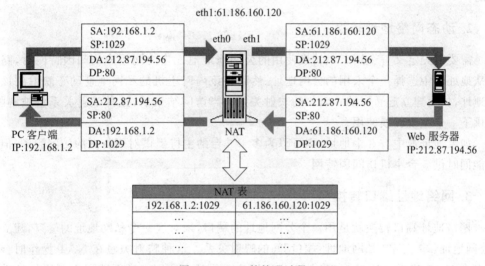

图 5.1　NAT 的处理过程

替换修改过源 IP 地址的数据包，其源 IP 地址和目的 IP 地址均是合法的公网地址，能在因特网中正常路由，数据包能到达目标主机。目标主机的响应数据包经过路由转发，最终会到达路由器，并从路由器的外网口（outside）进入路由器，此时路由器会将数据包的目标 IP 地址替换修改为对应的私网 IP 地址，然后路由出去。经过路由转发，响应数据包就会被路由到核心交换机，然后通过核心交换机的路由转发，最终到达原发起访问请求的内网主机。就内网主机而言，从向因特网主机发出访问请求，到最后成功收到响应数据包，访问成功，内网主机并不知道中间是经过转换处理的，所以通过 NAT 操作，能实现内网主机透明地访问因特网。

配置并实现了 NAT 功能的网络设备起到了代理服务的作用，而且还是透明代理，内网主机感受不到它的存在和所进行的转换处理。除了路由器具备 NAT 功能之外，出口网关设备、下一代防火墙设备也都具有 NAT 功能。因此，局域网的出口边界设备除了使用路由器之外，还可以选用出口网关或下一代防火墙等设备。

5.1.3 NAT 的分类

NAT 分为三种类型,分别是静态网络地址转换(static NAT,SNAT)、动态网络地址转换(pooled NAT,PNAT)和网络地址端口转换(network address port translation,NAPT)。

1. 静态网络地址转换

静态网络地址转换就是将局域网内的私网地址(通常为使用私网地址的服务器),一对一地映射到公网地址,从而将使用私网地址的服务器发布到因特网,让因特网用户能利用映射的公网地址访问到使用私网地址的服务器。这种方式达不到节约公网 IP 地址的目的。

2. 动态网络地址转换

需要事先定义一个用来供转换使用的公网地址池。当内网用户访问因特网时,路由器从地址池中选择一个未用的公网地址,然后将该内网主机的私网地址动态映射到该公网地址,从而建立起暂时的一对一的映射关系。当访问结束后,这种映射关系将被解除,以供下一个主机转换使用。

如果地址池中有 5 个地址,则可以为多于 5 台的主机提供对因特网的访问服务,但也只能同时供 5 台主机访问因特网。

3. 网络地址端口转换

网络地址端口转换就是用一个公网地址的端口,来对应一个私网地址的端口,建立起"公网地址:端口"和"私网地址:端口"间的映射关系。这种映射关系在 NAT 操作时会被保存在 NAT 表中。通过 NAT 技术代理用户上网所配置的 NAT 就属于网络地址端口转换类型。

传输层的通信地址是端口,两个主机间建立 TCP 连接是端口与端口之间建立连接。TCP 的 0~1023 号端口是标准服务所使用的端口。当用户主机访问 Web 服务时,会使用大于或等于 1024 且没有被使用的最小号的端口与目标主机的 TCP 80 端口建立 TCP 连接。在进行 NAT 操作时,NAT 设备会尽量用公网地址的相同端口与私网地址和端口建立映射关系。

一个公网地址可用于参与 NAT 操作的端口数量有 65536-1024=64512(个)。因此,在公网地址不变,端口可变的情况下,理论上可建立起 64512 个映射关系,即理论上可代理建立起 64512 个 TCP 连接。

一台主机访问一个网站时,所建立的 TCP 连接数不止一个,往往有几十个 TCP 连接。因此,用一个公网 IP 地址来进行 NAT 操作,所能代理上网的用户数量较少。为提高代理上网能力,可采用 NAT 地址池方式来配置 NAT 功能,采用多个公网地址参与 NAT 操作,这样就能建立起更多的 TCP 连接。

NAT 地址池通常用一个子网的地址,子网中的网络地址和广播地址不参与网络地址转换,但可用于配置端口映射。

5.1.4　NAT 配置命令

1. 定义 NAT 端口类型

NAT 设备的端口类型有内网口和外网口两种,从内网口进入的 IP 数据包将进行源地址的替换修改,从外网口流入的 IP 数据包将进行目标地址的替换修改。外网口通常连接的是因特网,也可以是其他企业的局域网络。

配置命令如下:

```
ip nat inside|outside
```

该命令在接口配置模式下执行:inside 定义该接口为内网口,用于连接内部局域网络;outside 定义该接口为外网口,用于连接外部网络。

2. 定义访问控制列表

访问控制列表将在后面章节详细介绍。此处定义访问控制列表用于控制允许内网的哪些主机能通过 NAT 操作访问因特网。

访问控制列表分为标准访问控制列表和扩展访问控制列表两种。对于简单的访问控制,使用标准访问控制列表即可,其定义的列表编号取值范围为 0～99,标准访问控制列表配置命令如下:

```
access-list number permit|deny network wildcard
```

number 代表所定义的访问控制列表的编号。permit|deny 二选一,代表当规则条件匹配时所执行的动作:permit 代表允许;deny 代表拒绝,不允许。

network wildcard 共同使用,用于代表源网络地址。*network* 代表网络地址。*willdcard* 代表通配符掩码,即反掩码,与子网掩码的表达方式相反。

例如,如果不允许 10.8.252.0/24 网段通过 NAT 操作访问因特网,则 ACL 规则可定义如下:

```
access-list 1 deny 10.8.252.0 0.0.0.255
access-list 1 permit any
```

最后一条规则为默认规则。如果要允许内网的所有用户均可通过 NAT 操作访问因特网,则直接定义一条规则即可,其 ACL 规则为 access-list 1 permit any。

3. 定义 NAT 地址池

配置命令如下:

```
ip nat pool pool_name startip endip netmask subnetmask
```

pool_name 代表自定义的地址池名称；*startip* 代表地址池开始的 IP 地址；*endip* 代表地址池结束的 IP 地址；*subnetmask* 代表地址对应的子网掩码。

例如，如果使用 2.2.2.8/29 子网的地址作为 NAT 地址池，则 NAT 地址池定义如下：

```
ip nat pool CampusB_Pool 2.2.2.8 2.2.2.15 netmask 255.255.255.248
```

4. 配置 NAT 操作

1）使用 NAT 地址池配置

配置命令如下：

```
ip nat inside source list acl-number pool pool-name overload
```

命令功能：对与指定 ACL 规则相匹配的 IP 数据包进行 NAT 操作，地址转换所使用的公网地址来自 NAT 地址池。该命令在全局配置模式下执行。

参数说明：*acl-number* 代表访问列表的编号，即前面所定义的访问列表的编号。*pool-name* 代表前面所定义的 NAT 地址池的名称。

如果采用前面定义的 ACL 规则和 NAT 地址池来配置 NAT 操作，则配置命令如下：

```
ip nat inside source list 1 pool CampusB_Pool overload
```

2）使用外网口的公网地址配置

如果网络规模小，并且没有多余的公网地址用于定义 NAT 地址池，也可以采用路由器外网接口的公网地址来配置 NAT，其配置命令如下：

```
 ip nat inside source list acl - number interface interface - type interface - number overload
```

例如，局域网的出口路由器的外网口是 G0/0/0，ACL 编号为 1，则 NAT 配置命令如下：

```
ip nat inside source list 1 interface g0/0/0 overload
```

提示：完成以上四步的配置后，局域网内的用户就可以访问因特网了，但此时因特网中的用户是无法访问局域网内使用私网地址的服务器的。要解决这个问题，可通过配置静态 IP 映射或端口映射来实现。

5. 配置端口映射

配置命令如下：

```
ip nat inside source static tcp|udp local-ip port global-ip port
```

命令功能：该命令在全局配置模式下执行，用于将内网中的私网地址的某一个端口，与指定的公网地址的某一个端口建立一对一的映射关系。

tcp|udp 选项二选一，代表传输层协议的类型。

local-ip port 代表内网的私网 IP 地址和对应的端口；*global-ip port* 代表用于映射的公网 IP 地址和对应的端口。

在 4.2 节介绍的某高校的 A 校区局域网络中,内网中使用私网地址的服务器群使用的私网地址段是 10.0.0.0/24,Web2 服务器的 IP 地址为 10.0.0.10/24,IP 规划中用于端口映射的子网地址是 1.1.1.4/30。假设要用 1.1.1.5 这个公网地址的 TCP 80 端口与 Web2 服务器的 10.0.0.10 这个私网地址的 TCP 80 端口建立映射,则配置命令如下:

```
ip nat inside source static tcp 10.0.0.10 80 1.1.1.5 80
```

在出口路由器上添加以上端口映射后,在因特网中的用户通过访问 1.1.1.5 这个公网地址,就能访问到位于局域网内网并且使用私网地址的 Web2 服务器了。

如果内网有很多台使用私网地址的 Web 服务器且用于端口映射的公网地址数少于要映射的私网地址服务器数,则只能用公网地址的非 TCP 80 端口,比如 TCP 8080 端口或者其他端口来映射到私网地址的 TCP 80 端口。

例如,如果内网有一台 IP 地址为 10.0.0.12/24 的 Web3 服务器,假设用 1.1.1.5 这个公网 IP 地址的 TCP 8080 端口来映射到该台私网地址服务器的 TCP 80 端口,则配置命令如下:

```
ip nat inside source static tcp 10.0.0.12 80 1.1.1.5 8080
```

在出口路由器上添加以上端口映射后,在因特网中的用户通过 http://1.1.1.5:8080 这个地址,就能访问到位于局域网内网并且使用私网地址的 Web3 服务器了。

6. IP 映射

如果某个使用私网地址的应用服务所使用的端口数量比较多,则每一个用到的端口都必须配置端口映射,配置工作量会比较大,此时可考虑配置 IP 映射。

配置命令如下:

```
ip nat inside source static local-ip global-ip
```

命令功能:将公网 IP 地址与私网 IP 地址建立一对一的映射。建立映射后,因特网中的主机,通过访问该公网地址,就可以访问到对应的私网地址服务器。

local-ip 代表私网地址;*global-ip* 代表公网地址。由于是一对一的映射,相当于所有端口都建立了一对一的映射。用来建立 IP 映射的公网地址,不能是 NAT 地址池中的地址。

如果要用 1.1.1.6 这个公网地址与私网地址 10.0.0.13 建立 IP 映射,则配置命令如下:

```
ip nat inside source static 10.0.0.13 1.1.1.6
```

5.2　NAT 配置应用案例

在 4.2 节规划设计并配置完成了某高校的 A 校区局域网络,实现了内网互联互通,但局域网访问因特网的功能没有配置。本节利用 NAT 技术,配置解决局域网访问因特网的问题,并将使用私网地址的服务器发布到因特网。

1. 配置出口路由器 NAT 功能

根据前面的规划,A 校区 NAT 地址池使用1.1.1.8/29 子网,共 8 个 IP 地址。前面已完成了对出口路由器互联接口地址和路由的配置,此处只需增加配置 NAT 功能。

1) 配置局域网出口路由器

```
CampusA_Router>enable
CampusA_Router#config t
!定义外网口
CampusA_Router(config)#int g0/0/0
CampusA_Router(config-if)#ip nat outside
!定义内网口
CampusA_Router(config-if)#int range g0/1/0,g0/2/0
CampusA_Router(config-if-range)#ip nat inside
CampusA_Router(config-if-range)#exit
!定义 ACL 规则。DMZ 使用公网地址的服务器不用进行 NAT 操作
CampusA_Router(config)#access-list 1 deny 1.1.1.16   0.0.0.15
CampusA_Router(config)#access-list 1 permit any
!定义 NAT 地址池
CampusA_Router(config)#ip nat pool CampusA_pool 1.1.1.8 1.1.1.15 netmask 255.
255.255.248
!配置 NAT
CampusA_Router(config)#ip nat inside source list 1 pool CampusA_pool overload
CampusA_Router(config)#end
CampusA_Router#write
CampusA_Router#exit
```

路由器通过以上配置后,局域网内网就可以访问因特网了。

2) 配置模拟因特网中的路由器和 Web 服务器

为便于访问测试,下面对因特网中的路由器和 Web 服务器进行配置。配置内容主要是配置路由器的互联接口地址和路由。对于路由配置,仅需针对该单位所申请到的 32 个公网 IP 地址,配置添加一条静态路由,路由下一跳指向该单位出口路由器的外网接口地址。Web 服务器配置 IP 地址和默认网关地址,并修改网站首页文件,增加对该服务器 IP 地址的显示。

对路由器的配置如下:

```
Router>enable
Router#config t
Router(config)#int g0/0/0
Router(config-if)#no shutdown
Router(config-if)#ip address 1.1.1.1 255.255.255.252
Router(config-if)#int g0/0
Router(config-if)#no shutdown
Router(config-if)#ip address 1.1.2.1 255.255.255.0
Router(config-if)#exit
```

!针对所申请到的公网地址段,配置添加静态路由
```
Router(config)#ip route 1.1.1.0 255.255.255.224 1.1.1.2
Router(config)#end
Router#write
Router#exit
```

3) 对因特网的访问测试

在局域网中任选一台 PC,在浏览器中输入 http://1.1.2.10 并按 Enter 键访问,访问测试结果如图 5.2 所示,访问成功,NAT 配置成功。

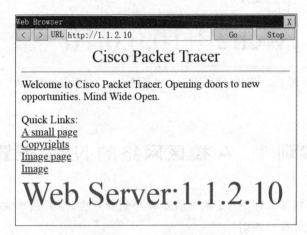

图 5.2　内网访问因特网 Web 服务结果

2. 配置端口映射,发布私网地址服务器的相关服务到因特网

根据规划,端口映射使用 1.1.1.4/30 子网的地址,共 4 个 IP 地址。下面使用 1.1.1.5 这个公网地址的 TCP 80 端口,将其映射到内网服务器 10.0.0.10 的 TCP 80 端口,在出口路由器增加以下配置并保存。

```
CampusA_Router(config)#ip nat inside source static tcp 10.0.0.10 80 1.1.1.5 80
CampusA_Router(config)#exit
CampusA_Router#write
CampusA_Router#exit
```

添加以上配置后,端口映射配置完毕。将因特网中的 Web 服务器当作一台主机,打开浏览器,在浏览器地址栏中输入 http://1.1.1.5 并按 Enter 键访问局域网的内网服务器,其访问结果如图 5.3 所示。从输出结果可见,访问成功,端口映射配置成功。

接下来继续在浏览器地址栏中输入 http://1.1.1.18 并按 Enter 键,使用公网地址访问内网中使用公网地址的服务器,访问成功。

在内网的 10.0.0.10 服务器的浏览器中输入 http://1.1.2.10 并按 Enter 键,检查使用私网地址的服务器能否访问因特网。测试结果是访问成功。至此,A 校区局域网络基本配置完成,目前只剩防火墙的 IP 包过滤功能和与其他校区实现内网互联互通的 VPN 功能还未配置。

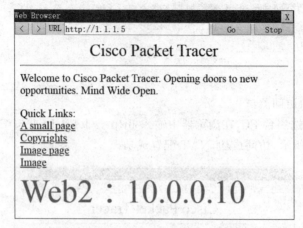

图 5.3 因特网用户访问使用私网地址的内网服务器结果

实训 1 A 校 区 网 络 的 NAT 配 置

【实训目的】 熟练掌握 NAT 的配置步骤与配置方法,理解端口映射的功能与用途,能熟练根据需要配置端口映射。

【实训环境】 Cisco Packet Tracer 8.0.x 模拟环境。

【实训内容与要求】

(1)根据教材所讲的方法,利用 NAT 技术,采用 NAT 地址池方式配置完成 A 校区出口路由器的 NAT 功能,实现局域网内网用户能访问因特网。

(2)配置端口映射,将 DMZ 中使用私网地址的 Web2(10.0.0.10)服务器发布到因特网,让因特网用户能访问其 Web 服务。用来映射的公网可选用 1.1.1.5。

(3)访问测试。配置完成后,在内网任选一台 PC,在浏览器中分别访问因特网中的 Web 服务器以及 DMZ 中的公网地址服务器。在内网通过用于端口映射的公网地址访问私网地址服务器,检查访问能否成功,如果能成功访问,则 NAT 配置成功。

(4)在因特网中,将 Web 服务当作客户机看待,在浏览器中输入要访问服务器的公网地址,分别访问局域网中的公网地址服务器和私网地址服务器,检查访问能否成功。

实训 2 B 校 区 网 络 的 NAT 配 置

【实训目的】 熟练掌握 NAT 的配置步骤与配置方法。

【实训环境】 Cisco Packet Tracer 8.0.x 模拟环境。

【实训内容与要求】

(1)实训网络拓扑。在第 3 章规划设计了某高校的 B 校区局域网络,并配置完成了局域网内网的互联互通。本实训在该配置的基础上,配置完成 B 校区的 NAT 功能。与出口相关的网络拓扑及 IP 地址规划如图 5.4 所示。

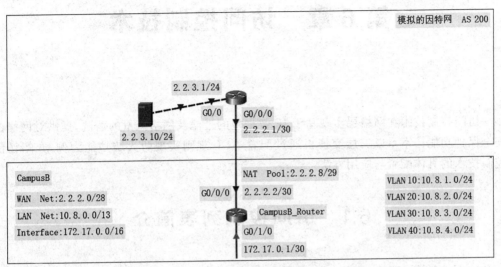

图 5.4　B 校区与出口相关的网络拓扑及 IP 地址规划

(2) 利用 NAT 技术,采用 NAT 地址池配置方式,对 CampusB_Router 路由器配置 NAT 功能,实现内网用户能访问因特网。

(3) 配置模拟因特网中的路由器的互联接口地址及路由。路由只能根据该单位所申请到的 16 个公网地址配置添加静态路由,不能配置成默认路由。

(4) 配置因特网中的服务器的 IP 地址和默认网关地址,并配置修改 Web 服务的默认首页文件的源代码,增加显示该服务器的 IP 地址信息。

(5) 访问测试。在局域网内网任选一台 PC,在浏览器地址栏输入 http://2.2.3.10 并按 Enter 键访问因特网中的 Web 服务器。检查访问能否成功,如果能成功访问,则 NAT 配置成功。

第 6 章　访问控制技术

访问控制技术在网络层实现基于 IP 数据包的过滤及网络流量的清洗,提供对网络的安全保护功能。本章以三层交换机通过配置 ACL 规则实现防火墙功能为例,介绍访问控制技术的具体配置与应用方法。

6.1　访问控制列表简介

1. 访问控制列表概述

访问控制列表(access control list,ACL)使用包过滤技术,以数据包中协议类型、源 IP 地址、目的 IP 地址、源端口和目的端口为依据,根据事先配置的 ACL 规则,进行匹配检查,并根据匹配结果和访问控制列表指定的动作(deny 或 permit)来决定是禁止还是允许数据包通过,从而过滤清洗掉不允许访问的数据包,达到提高网络安全性的目的。

利用访问控制技术,可以控制用户的网络访问行为,对网络服务提供安全保护。另外,通过在汇聚交换机上配置和应用访问控制列表,过滤掉目的端口为 TCP 135、TCP 139 和 TCP 445 的数据包,可在一定程度上控制网络病毒在网内的传播。

2. 访问控制列表的分类

访问控制列表分为标准访问控制列表和扩展访问控制列表两类。

标准访问控制列表通过检查数据包的源 IP 地址,决定是允许还是拒绝数据包通过。判定依据只有源 IP 地址,常用于简单的访问控制应用。比如配置 NAT 时,就常用标准访问控制列表。如果有更复杂的控制需求,就必须使用扩展访问控制列表。

扩展访问控制列表以数据包中的协议类型、源 IP 地址、目的 IP 地址、源端口和目的端口为判定依据进行数据包的过滤,使用上更灵活,功能也更强。

三层设备的端口可以应用访问控制列表,对数据包进行过滤操作,实现对数据流量进行清洗,将有危害的攻击性数据包,或者是不允许访问的数据包过滤掉,从而提高网络的安全性。

3. 访问控制列表的匹配过程

1) 相关术语

(1) 访问控制列表的应用方向。IP 数据包在经过三层设备时,对设备端口而言,有流入(in)和流出(out)两个方向,可以在流入方向对数据包进行检查过滤,也可以在流出方向对数据包进行检查过滤,或者在流入和流出两个方向,同时对数据包进行检查过滤。因此,定义访问控制列表后,必须在端口上应用访问控制列表才会生效,而应用的方向就有流入和流出两个方向。

如果将三层设备比作一个大的城堡,三层设备的端口就相当于城门,IP 数据包就相当于各形各色的路人。为保障城堡的安全,需要在城门设置岗哨(应用访问控制列表),对进入(in)或者离开(out)城堡的人进行安全检查,或者在进来和离开时都要进行检查。

(2) 访问控制列表的动作。访问控制列表的动作是指当数据包与规则的匹配条件相符时,对该数据包如何处理。其动作有两种,分别是 deny 和 permit。如果动作是 deny,则拒绝数据包通过,直接丢弃;如果动作是 permit,则允许通过。如果数据包是流入设备的,则允许通过端口进入设备进行路由转发;如果是流出设备的,则允许将数据转发出去。

2) 访问控制列表的匹配过程

如果在端口的流入方向应用了访问控制列表,则在数据包流入端口时,将对数据包进行匹配检查和过滤,匹配过程如下。

(1) 从应用的访问控制列表集中取出第一条访问控制列表,检查数据包与该条规则是否匹配。

(2) 如果匹配,执行访问控制列表定义的动作。如果动作为 deny,则直接丢弃数据包;如果是 permit,则允许数据包流入该端口。接下来转第(4)步进行后续操作。

(3) 如果不匹配,判断访问控制列表是不是最后一条。如果不是,则取下一条访问控制列表,转第(2)步操作;如果是,则直接丢弃数据包。

(4) 根据路由表进行路由选择,决定数据包的离开端口,然后路由转发到相应的端口。

(5) 如果数据包的离开端口上应用了流出方向的访问控制列表,则数据包在离开之前,还要按应用的访问控制列表集,进行匹配过滤检查。

在实际应用中,通常在端口的流入方向进行检查过滤,对从设备转发出去(out)的数据包不再进行检查过滤。

4. 访问控制列表的通配符掩码

访问控制列表的通配符掩码的作用与子网掩码类似,它与 IP 地址一起决定检查的对象是一台主机,多台主机,还是一个子网中的所有主机。

通配符掩码也是 32 位的二进制数,与子网掩码相反,其高位是连续的 0,低位是连续的 1,使用点分十进制来表示。

IP 地址与通配符掩码的作用规则是:32 位的 IP 地址与 32 位的通配符掩码逐位进行比较,通配符掩码为 0 的位要求 IP 地址的对应位必须匹配,通配符掩码为 1 的位所对应的 IP 地址位不必匹配。例如:

- IP 地址为 192.168.1.0,对应的二进制为 11000000 10101000 00000001 00000000。
- 通配符掩码为 0.0.0.255,对应的二进制为 00000000 00000000 00000000 11111111。

该通配符掩码的前 24 位为 0,对应的 IP 地址位必须匹配,即 IP 地址前 24 位必须匹配。通配符掩码的后 8 位为 1,对应的 IP 地址位不必匹配,即 IP 地址的后 8 位可以为任意值:当后 8 位为全 0 时,值为 0;当后 8 位为全 1 时,值为 255。因此,检查的 IP 地址范围为 192.168.1.0～192.168.1.255,共 256 个 IP 地址。常用的通配符掩码如表 6.1 所示。

表 6.1　常用的通配符掩码

通配符掩码	掩码的二进制形式	描　　述
0.0.0.0	00000000.00000000.00000000.00000000	全部匹配,与 host 关键字等价
0.0.0.255	00000000.00000000.00000000.11111111	只有前 24 位需要匹配
0.0.255.255	00000000.00000000.11111111.11111111	只有前 16 位需要匹配
0.255.255.255	00000000.11111111.11111111.11111111	只有前 8 位需要匹配
255.255.255.255	11111111.11111111.11111111.11111111	全部不匹配,与 any 关键字等价
0.0.127.255	00000000.00000000.01111111.11111111	只有前 17 位需要匹配
0.0.63.255	00000000.00000000.00111111.11111111	只有前 18 位需要匹配
0.0.31.255	00000000.00000000.00011111.11111111	只有前 19 位需要匹配
0.0.15.255	00000000.00000000.00001111.11111111	只有前 20 位需要匹配
0.0.7.255	00000000.00000000.00000111.11111111	只有前 21 位需要匹配
0.0.3.255	00000000.00000000.00000011.11111111	只有前 22 位需要匹配

通配符掩码有两个特殊的关键字,分别是 host 和 any,使用 host 和 any 关键字,可以简化配置,同时还可提高语句的可读性。其中 host 表示一台主机,是通配符掩码 0.0.0.0 的简写。例如,只检查 IP 地址为 192.168.1.10 的数据包,则有两种表达法,分别是 192.168.1.10 0.0.0.0 或 host 192.168.1.10。any 表示所有主机,是通配符掩码 255.255.255.255 的简写。例如,如果允许所有 IP 地址的数据包通过,则可表达为 access-list 1 permit any。

6.2　标准访问控制列表

1. 配置标准访问控制列表

配置命令如下:

```
access-list access-list-number deny|permit source-address source-wildcard
```

命令功能:定义一条标准访问控制列表规则。

参数说明如下。

(1) *access-list-number* 代表要定义的标准访问控制列表的编号。编号相同的多条访问控制列表规则,构成一个访问控制列表集。标准访问控制列表编号范围为 1～99。IOS 通过编号范围来判定访问控制列表的类型是标准访问控制列表还是扩展访问控制列表

（编号范围为 100～199）。

（2）deny|permit 代表访问控制列表在匹配时执行的动作。二选一，deny 为拒绝通过，permit 为允许通过。

（3）*source-address* 代表要匹配比较的源 IP 地址，必须和通配符掩码联合使用才有效。

（4）*source-wildcard* 代表通配符掩码，与源 IP 地址共同决定要匹配的主机地址。

例如，如果要定义来自 192.168.0.0/24 网段主机的访问，允许通过，则定义命令如下：

```
access-list 1 permit 192.168.0.0 0.0.0.255
```

在定义访问控制列表时，应在最后定义一条默认访问控制列表。当前面的访问控制列表都不匹配时，就执行该条默认的访问控制列表。如果前面的访问控制列表采取的是定义允许通过的数据包，则默认访问控制列表就定义为拒绝所有的数据包通过，定义命令如下：

```
access-list 1 deny any
```

如果前面定义的是不允许通过的数据包，则默认访问控制列表就定义为允许所有的数据包通过，定义命令如下：

```
access-list 1 permit any
```

因此，在定义访问控制列表时，有默认禁止和默认允许两种策略。可根据定义的方便性，灵活选择，通常选择默认禁止策略。

2. 应用访问控制列表

访问控制列表定义后，并没有生效，必须将访问控制列表应用到端口上，才会生效，其配置命令如下：

```
ip access-group access-list-number in|out
```

功能：在当前端口的指定方向（in 或 out）应用指定编号的访问控制列表。该命令在接口配置模式下执行，即在要应用访问控制列表的接口下面配置该命令。

access-list-number 代表要应用的访问控制列表的编号，in 或 out 二选一，代表应用的方向，即对哪个方向来的流量进行匹配过滤操作。

如果要将访问控制列表应用在虚拟终端接口上，则配置命令如下：

```
access-class access-list-number in|out
```

例如，如果要在三层交换机的 G1/0/1 端口上应用编号为 1 的访问控制列表，则配置命令如下：

```
Switch(config)#int g1/0/1
Switch(config-if)#no switchport
Switch(config-if)#ip address 172.16.2.2 255.255.255.252
Switch(config-if)#ip access-group 1 in
```

只有三层端口才能应用访问控制列表,既然是三层端口,就会配置有 IP 地址,故以上示例展示了 IP 地址配置。

如果要将访问控制列表应用在虚拟终端接口上,实现只允许指定的用户才能远程登录交换机,则配置命令如下:

```
Switch(config)#line vty 0 4
Switch(config-line)#access-class 1 in
```

一个端口可以在流入方向和流出方向分别应用一个访问控制列表。如果接口的某个方向上已经应用了一个访问控制列表,再次应用同方向的访问控制列表时,将覆盖掉以前的访问控制列表。

3. 显示 IP 访问控制列表

命令如下:

```
show ip access-list access-list-number
```

显示与 IP 有关的访问控制列表的配置信息。

4. 标准访问控制列表应用案例

为便于远程维护和管理网络设备,网络设备一般都会配置 Telnet 或 SSH 远程登录。为了提高安全性,可进一步配置指定只允许指定的主机远程登录网络设备,这个功能的实现,就可利用访问控制列表技术。

在 4.2 节规划设计了某高校的 A 校区局域网络,其中两幢楼的汇聚交换机和接入层交换机均成功配置了 Telnet 登录。这样一来,局域网内的所有用户,只要知道登录密码,就可以远程登录这些交换机,这给网络带来安全隐患。

假设 A 校区网络管理人员所在的网段是 10.1.0.0/24,网络管理员的主机 IP 地址为 10.1.0.18/24,现配置所有网络设备只允许 IP 地址为 10.1.0.18 的主机远程登录网络设备。

以 BuildingA 汇聚交换机为例,展示其配置方法,其余交换机的配置如法炮制。

```
BuildingA>enable
Password:
BuildingA#config t
BuildingA(config)#access-list 1 permit host 10.1.0.18
BuildingA(config)#access-list 1 deny any
BuildingA(config)#line vty 0 4
BuildingA(config-line)#access-class 1 in
BuildingA(config-line)#end
BuildingA#write
BuildingA#exit
```

进行以上配置后,BuildingA 汇聚交换机就只允许 10.1.0.18 主机远程登录了,下面进行远程登录测试。

　　将 PC1 主机的 IP 地址修改为 10.1.0.18,然后进入命令行,执行 telnet 10.1.0.1 命令进行远程登录。经测试,远程登录成功。下面在 PC2～PC8 的主机中任选一台进行远程登录,比如选择 PC7 主机,进入命令行,执行 telnet 10.1.0.1 命令进行远程登录。测试结果如图 6.1 所示,由此可见,登录连接被拒绝,所配置的访问控制列表功能生效。

```
C:\>telnet 10.1.0.1
Trying 10.1.0.1 ...
% Connection refused by remote host
C:\>
```

图 6.1　非指定主机远程登录被拒绝

6.3　扩展访问控制列表

6.3.1　扩展访问控制列表配置命令

1. 定义扩展访问控制列表

　　扩展访问控制列表的使用方法与标准访问控制列表相同,二者的区别在于扩展访问控制列表支持更多的匹配项。扩展访问控制列表的匹配项有协议类型、源 IP 地址,目的 IP 地址、源端口和目的端口。扩展访问控制列表的配置命令如下:

access-list *access-list-number* permit|deny *protocol source-address source-wildcard source-port destination-address destination-wildcard destination-port*

参数项说明:

(1) *access-list-number* 代表要创建定义的访问控制列表编号,取值范围为 100～199。

(2) permit|deny 代表访问控制列表的动作,二选一。

(3) *protocol* 代表要匹配检查的协议名称。比如 tcp、udp、icmp、ip 等。ip 代表所有的 IP。

(4) *source-address source-wildcard* 代表源 IP 地址和源通配符掩码。

(5) *source-port* 代表源端口号。源端口可以是一个端口,也可以指定多个端口,端口的表达方式如表 6.2 所示。

表 6.2　端口的表达方式

运算符	描　　述	举　　例
eq	等于,用于指定单个的端口	eq 21 或 eq ftp
gt	大于,用于指定大于某个端口的一个端口范围	gt 1024
lt	小于,用于指定小于某个端口的一个端口范围	lt 1024
neq	不等于,用于指定除了某个端口以外的所有端口	neq 21
range	指位两个端口号间的一个端口范围	range 135 145

(6) *destination-address destination-wildcard* 代表目的地址和通配符掩码。

(7) *destination-port* 代表目的端口号,可以是一个端口,也可以是一个端口范围。

例如,如果要定义允许任何主机访问 IP 地址为 113.204.176.10 的服务器的 Web 服务,并允许 ping 该台服务器,则配置命令如下:

```
access-list 101 permit tcp any host 113.204.176.10 eq 80
access-list 101 permit icmp any host 113.204.176.10
access-list 101 deny ip any any
```

访问控制列表的最后要定义一条默认的访问控制列表。

2. 配置访问控制列表的注意事项

由于访问控制列表在进行匹配操作时,是从上至下依次进行匹配操作的。因此,在配置定义访问控制列表时,一定要注意访问控制列表的定义次序,尽量把作用范围小的放在前面。例如:

```
access-list 101 deny icmp any any
access-list 101 permit icmp host 192.168.1.1 any
```

以上访问控制列表定义的本意是只允许 192.168.1.1 主机的 ICMP 数据包通过,将其他主机的 ICMP 数据包过滤掉。访问控制列表执行时,是按从上至下的次序进行匹配比较的,首先匹配第一句,任何主机发送的 ICMP 数据包都是满足条件的,因此将被过滤掉。而第二条访问控制列表永远不会被执行,从而造成 192.168.1.1 主机发送的 ICMP 数据包也被过滤掉。如果交换一下访问控制列表的次序,改成以下形式。

```
access-list 101 permit icmp host 192.168.1.1 any
access-list 101 deny icmp any any
```

当来自 192.168.1.1 主机的 ICMP 数据包到达时,匹配第一条访问控制列表,被允许通过。来自其他主机的 ICMP 数据包因不匹配第一条,接下来会匹配比较第二条,而第二条匹配,因此执行第二条规则的动作,拒绝通过,ICMP 数据包被直接丢弃。

6.3.2 扩展访问控制列表应用案例

本节以在楼宇汇聚交换机上配置和应用扩展访问控制列表,阻断网络病毒和网络攻击在内网中的传播为例,介绍扩展访问控制列表的定义与应用方法。

1. 局域网内网的安全需求

为防止网络病毒在局域网内网的传播感染和网络攻击,可在各幢楼宇的汇聚交换机上配置应用访问控制列表,对网络病毒或网络攻击的数据包进行过滤,从而防止网络病毒的大面积感染和传播,对网络攻击起到阻隔作用。

DMZ 中的服务器群是网络攻击的首要目标,也是网络安全防范的重点对象,通过在 DMZ 之前部署防火墙来提供安全保护。

2. 配置策略

在汇聚交换机上配置访问控制列表来封禁网络病毒传播常用的端口,防范和阻止病毒在网内的传播。对于已发生的网络攻击行为,可利用 Sniffer 捕包分析软件,捕包并找出攻击数据包的特点,然后配置访问控制列表,将攻击数据包直接丢弃,阻隔攻击数据包的传播。

访问控制列表的定义策略选择默认允许策略,逐条定义要丢弃的数据包的匹配规则,其余数据包则默认允许通过。

访问控制列表应用的端口必须是三层端口,无法在二层端口上应用。为防止网络病毒在网段间的传播,可在各 VLAN 接口的 in 方向应用所定义的访问控制列表。另外,三层设备以路由模式实现互联互通时,互联接口工作在三层,该接口也是可以应用访问控制列表的,应用方向可以根据需要而定。

比较有影响的几款网络病毒所使用的端口如表 6.3 所示,可根据这些端口,配置定义访问控制列表,从而防范这些病毒在网内的传播。其中的一些端口,比如 135、139 和 445 端口,都是病毒常用的一些端口。

表 6.3 常见病毒传播所使用的端口

病 毒 名 称	使用的 TCP 端口	使用的 UDP 端口
Blaster 蠕虫病毒	4444	69
冲击波病毒	135～139、445、593	135～139、445、593
振荡波病毒	445、5554、9995、9996	
SQL Server 蠕虫病毒	1434	1434

3. 配置案例与配置方法

仍以 4.2 节规划设计的某高校的 A 校区局域网络为例。在 BuildingA 和 BuildingB 楼宇的汇聚交换机上通过配置访问控制列表,过滤掉病毒传播和攻击常用的端口,增强网络的免疫力,提高网络的安全性。

(1) 在 BuildingA 汇聚交换机上,定义扩展访问控制列表,编号为 101。

```
BuildingA#config t
BuildingA(config)#access-list 101 deny tcp any any eq 4444
BuildingA(config)#access-list 101 deny udp any any eq 69
BuildingA(config)#access-list 101 deny tcp any any range 135 139
BuildingA(config)#access-list 101 deny udp any any range 135 139
BuildingA(config)#access-list 101 deny tcp any any eq 445
BuildingA(config)#access-list 101 deny udp any any eq 445
BuildingA(config)#access-list 101 deny tcp any any eq 593
BuildingA(config)#access-list 101 deny udp any any eq 593
BuildingA(config)#access-list 101 deny tcp any any eq 5554
BuildingA(config)#access-list 101deny tcp any any range 9995 9996
```

163

```
BuildingA(config)#access-list 101 deny tcp any any eq 1434
BuildingA(config)#access-list 101 deny udp any any eq 1434
BuildingA(config)#access-list 101 permit ip any any
```

（2）在各 VLAN 接口的 in 方向应用访问控制列表。

```
BuildingA(config)#int vlan 10
BuildingA(config-if)#ip access-group 101 in
BuildingA(config-if)#int vlan 20
BuildingA(config-if)#ip access-group 101 in
BuildingA(config-if)#end
BuildingA#write
BuildingA#exit
```

（3）在 BuildingB 汇聚交换机上定义扩展访问控制列表，编号为 101。定义方法和应用方法完全相同。

6.4　配置 A 校区防火墙

6.4.1　用交换机作防火墙的配置方法

1. 交换机防火墙简介

此处的交换机防火墙是指利用交换机来实现防火墙的功能。三层交换机具有路由和 IP 数据包过滤功能，通过配置应用访问控制列表，可以实现防火墙的功能，在没有防火墙的情况下，可代替防火墙使用。

交换机对数据包的存储转发是基于硬件实现的，在处理速度和性能方面有优势，且价廉物美。利用一个千兆的三层交换机，可构建起一个千兆的防火墙，这个交换机剩余的其他端口，还可用作其他用途，比如作为 DMZ 接入交换机的扩展端口使用。

用三层交换机作防火墙使用的不足之处在于对防火墙规则的后期维护和管理，与专业防火墙相比要麻烦一些。专业防火墙提供 Web 配置页面，配置比较简单方便，而交换机的访问控制列表在新增、编辑修改或删除部分规则时，要相对麻烦一些。

2. 交换机配置防火墙的方法

将三层交换机配置成防火墙的方法比较简单，其基本步骤如下。

（1）配置防火墙端口的 IP 地址。防火墙一般有 WAN、LAN 和 DMZ 三个基本的网络接口。可将三层交换机的某三个端口，分别配置定义成 WAN、LAN 和 DMZ 端口来使用。

在端口用途规划好后，接下来就可将各端口的互联接口地址配置在各端口上。

（2）分别针对 WAN、LAN 和 DMZ 端口的数据包流入方向，配置定义访问控制列表。

（3）将定义好的访问控制列表分别应用到 WAN、LAN 和 DMZ 端口上。

（4）配置三层交换机的路由。

经过以上四步配置后，三层交换机就可起到防火墙的功能了。

6.4.2 防火墙进出数据流分析

1. 网络拓扑回顾

A 校区防火墙所处网络的网络拓扑如图 6.2 所示。

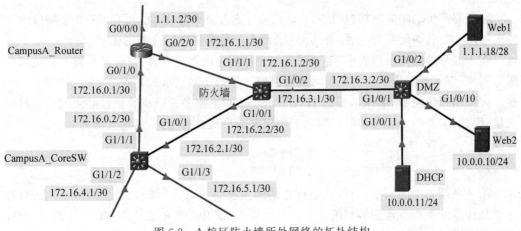

图 6.2 A 校区防火墙所处网络的拓扑结构

2. 流经防火墙的数据包的类型

部署在此处的防火墙是保护 DMZ 中的服务器群免受来自内网和因特网的攻击。对 DMZ 服务器的访问来源有两个，即内网用户和因特网用户，这些用户的访问请求和响应数据包均会流经防火墙。除此之外，在 DMZ 中的服务器作为一个客户机，去访问因特网时的访问请求和对应的响应数据包也会流经防火墙。

3. 防火墙数据流分析

下面以访问 Web 服务为例，根据不同的访问源，分析访问请求数据包和对应的响应数据包的数据流向，从而厘清应该在哪个端口的 in 方向定义和应用访问控制列表，以及需要定义些什么样的访问规则。本案例采用在端口的 in 方向应用访问控制列表，配置策略采用默认禁止。

根据图 6.2 所示，WAN 口为 G1/1/1，DMZ 口为 G1/0/2，LAN 口为 G1/0/1。假设应用在 WAN 口的访问控制列表编号定义为 101，应用在 LAN 口的访问控制列表编号定义为 102，应用在 DMZ 口的访问控制列表定义为 103。

1）局域网内网用户访问 DMZ 中的服务器

访问请求数据包从防火墙的 G1/0/1 口流入，从 G1/0/2 口流出，经 DMZ 接入交换机到达服务器。因此,可在 G1/0/1 端口的 in 方向,通过应用 102 号访问控制列表来实现对访问请求数据包的过滤操作。在 102 号访问控制列表中,定义内网用户允许访问的服务列表。

例如,允许内网用户访问 DMZ 中所有服务器的 Web 服务(HTTP 和 HTTPS),则访问控制列表的定义语句如下:

```
access-list 102 permit tcp any any eq 80
access-list 102 permit tcp any any eq 443
```

访问请求数据包从 G1/0/2 端口流出,流出的方向就不用再进行检查了,因为在流入时,已经做了匹配检查和过滤操作。

服务器产生的响应数据包,从 G1/0/2 端口流入防火墙,因此,可在 G1/0/2 端口的 in 方向应用 103 号访问控制列表,对从 DMZ 出去的数据包进行检查过滤。

在 103 号访问控制列表中,定义服务器允许响应的服务列表,或者服务器允许访问的服务列表(服务器作为一台主机访问因特网时产生的访问请求)。

内网用户访问 DMZ 服务器的 HTTP 和 HTTPS 服务的响应数据包必须允许通过防火墙,因此,需要在 103 号访问控制列表中定义允许通过的规则,其定义语句如下:

```
access-list 103 permit tcp any eq 80 any
access-list 103 permit tcp any eq 443 any
```

第一条语句中的 any eq 80 代表任意的源主机的 TCP 80 端口,最后的 any 代表目标主机是任意的主机。该条语句的含义就是允许 DMZ 中的所有主机的 TCP 80 端口,对任意的目标主机(内网主机和因特网主机)作出响应,即允许这类响应数据包通过。

响应数据包从 G1/0/1 口流出,不再检查过滤。至此,完成了内网到 DMZ Web 服务的一次访问请求和响应。

2) 因特网中的用户访问局域网内 DMZ 中的服务器

因特网中的用户访问局域网中的服务器的 Web 服务时,访问请求数据包从防火墙的 G1/1/1 端口(WAN)流入,可在该端口的 in 方向应用 101 号访问控制列表。在 101 号访问控制列表中,定义因特网主机允许访问 DMZ 中的哪些服务器的哪些服务。

例如,如果要允许因特网用户访问 DMZ 中所有服务器的 Web 服务(HTTP 和 HTTPS),则访问控制列表的定义语句如下:

```
access-list 101 permit tcp any any eq 80
access-list 101 permit tcp any any eq 443
```

第一条语句中的第一个 any 代表源主机是任意的主机。因为是从 G1/1/1 端口流入的数据包,源就是因特网了。后面的 any eq 80 代表任意目标主机的 TCP 80 端口。整个语句的含义就是允许因特网中的任意主机访问 DMZ 中所有服务器的 TCP 80 端口。

访问请求数据包从防火墙的 G1/0/2 流出,不再进行检查和过滤,可成功到达目标服务器。

服务器产生的响应数据包从 G1/0/2 端口流入,从 G1/0/1 端口流出,经出口路由器回到因特网。

服务器对因特网用户的响应数据包在 103 号访问控制列表中定义,这与内网用户访问服务器时,服务器响应数据包的检查过滤位置(G1/0/2)相同,访问控制列表也是定义在 103 号访问控制列表中。

允许 DMZ 中的所有服务器的 TCP 80 和 TCP 443 端口对因特网中的任意主机进行响应的访问控制列表定义语句如下:

```
access-list 103 permit tcp any eq 80 any
access-list 103 permit tcp any eq 443 any
```

由此可见,其访问控制列表与第(1)步中对响应数据包处理的访问控制列表完全相同,因此,可不用再重复定义。前面的配置中,服务器对目标主机的响应使用的是 any,任意目标主机本身就包含了内网和因特网的主机。

3)DMZ 中的服务器作为一台主机去访问因特网中的服务

服务器也有访问因特网的需求的,比如邮件服务器、DNS 服务器等,即使是 Web 服务器,管理员因维护管理的需要,有时也会在服务器上访问因特网,比如升级系统或下载安全补丁等。

DMZ 中的服务器访问因特网中的 Web 服务时,访问请求从 G1/0/2 端口流入,从 G1/1/1 端口流出。因此,访问请求数据包应在 103 号访问控制列表中进行定义,其定义语句如下:

```
access-list 103 permit tcp any any eq 80
access-list 103 permit tcp any any eq 443
```

第一条语句中的第一个 any 代表任意的源主机,即 DMZ 中的任意服务器;后面的 any eq 80 代表任意目标主机的 TCP 80 端口。这条访问控制列表的含义就是允许 DMZ 中的任意主机访问任意目标主机的 TCP 80 端口。

因特网 Web 服务器的响应数据包通过 CampusA_Router 路由器的路由转发,从防火墙的 G1/1/1 端口流入,从 G1/0/2 端口流出,经 DMZ 接入交换机回到服务器。因此,对响应数据包的检查过滤,可在 101 号访问控制列表中进行定义,其访问控制列表定义语句如下:

```
access-list 101 permit tcp any eq 80 any
access-list 101 permit tcp any eq 443 any
```

第一条语句中的 any eq 80 代表任意源主机的 TCP 80 端口,最后的 any 代表任意的目标主机,整条语句的含义是允许任意源主机的 TCP 80 端口对任意目标主机的响应数据包通过。

至此,便完成了防火墙对 Web 服务访问的配置,将同编号的访问控制列表汇集在一起,如下所示。

```
!因特网中的主机,访问内网 Web 服务
access-list 101 permit tcp any any eq 80
access-list 101 permit tcp any any eq 443
!因特网中的 Web 服务响应访问
```

```
access-list 101 permit tcp any eq 80 any
access-list 101 permit tcp any eq 443 any
!内网主机访问 DMZ 中的 Web 服务
access-list 102 permit tcp any any eq 80
access-list 102 permit tcp any any eq 443
!DMZ 中的 Web 服务响应访问
access-list 103 permit tcp any eq 80 any
access-list 103 permit tcp any eq 443 any
!DMZ 中的服务器作为主机访问因特网的 Web 服务
access-list 103 permit tcp any any eq 80
access-list 103 permit tcp any any eq 443
```

以上仅是针对 Web 服务的访问而制定的访问规则,对于其他服务的访问规则与此类似,可参照制定。另外,101、102 和 103 号访问控制列表的最后,都要添加一条默认禁止的访问控制列表,分别是

```
access-list 101 deny ip any any
access-list 102 deny ip any any
access-list 103 deny ip any any
```

经过以上配置,内网用户和因特网用户就可以访问局域网内 DMZ 中的 Web 页面了。DMZ 中的 Web 服务器作为主机,也可以访问因特网中的 Web 服务。

6.4.3 常用网络服务端口简介

访问控制列表配置命令的用法很简单,难点在于根据应用的需求,制定出对应的访问规则。要能合理制定出正确有效的访问控制列表,就必须知道允许谁去访问谁提供的什么服务,服务的协议类型和服务端口号是什么,因此,本小节介绍常用的几个服务所使用的服务端口号。

1. Web 服务

Web 服务所使用的协议是 HTTP(hypertext transfer protocol)或者 HTTPS(hypertext transfer protocol over secure socket layer)。

HTTP 的服务端口默认使用 TCP 80,数据传输采用明文传输。访问使用 HTTP 的网站时,采用"http://IP 地址或域名地址"方式进行访问。如果 HTTP 的服务端口不是默认的 TCP 80,而是其他端口,则必须采用"http://IP 地址或域名地址:端口号"的方式进行访问。

HTTPS 的服务端口采用 TCP 443,HTTPS 相当于 HTTP+SSL,使用 SSL 来加密传输数据,以提供网站数据传输的高安全性。网站的登录页面、支付页面等含有重要敏感信息的网页,均要使用 HTTPS 来传输,否则机密数据在网络传输过程中极易被窃取。

2. FTP 服务

FTP(file transfer protocol,文件传输协议)用于实现文件的双向传输。可提供文件

的上传或下载服务。FTP 服务器常用于提供文档资料、音视频或软件的上传与下载服务。在 Web 服务器中也通常同时部署安装 FTP 服务,以提供对网站文件的远程上传或下载等维护管理。

FTP 服务基于 TCP,在工作时,要创建用于控制命令传输的 TCP 连接和用于数据传输的 TCP 连接,即 FTP 服务在工作时要创建 2 个 TCP 连接。FTP 服务的工作模式有 PORT(主动式)和 PASV(被动式)两种,下面分别介绍这两种工作模式下的 TCP 连接过程和所使用的服务端口,便于在防火墙上针对 FTP 服务所使用的端口,进行访问控制列表的配置。

1) PORT 模式

在该模式下,FTP 服务建立 TCP 连接的过程为:客户端从一个任意的非特权端口 $N(N>1024)$ 连接到 FTP 服务器的 TCP 21 端口,TCP 连接建立成功后,客户端开启 TCP $N+1$ 端口,并处于监听状态。

接下来通过已建立的命令传输通道,利用 port $N+1$ 命令,告诉服务端自己开放的数据传输通道的服务端口号($N+1$)。FTP 服务器得知客户端开放的端口号之后,利用 TCP 20 端口,主动发起对客户端 $N+1$ 端口的 TCP 连接。连接建立成功后,则数据传输通道建立成功,此时就可利用该 TCP 连接来进行数据的双向传输,比如上传和下载。

从中可见,在 PORT 工作模式下,FTP 服务端的服务端口号是 TCP 21 和 TCP 20,客户端的端口号是 N 和 $N+1$,端口号是随机的。由于数据传输通道的 TCP 连接建立是由服务端主动向客户端发起的,故称为主动模式。命令通道的 TCP 连接都是由客户端主动发起建立。

假设 DMZ 的 Web 服务器上同时安装部署有 FTP 服务,FTP 服务工作模式为 PORT 模式。如果允许内网用户和因特网用户访问 DMZ 中的 FTP 服务,则需要添加的访问控制列表如下所示。

允许内网用户访问 DMZ 服务器的 FTP 服务,需要添加以下访问控制列表。

```
!允许内网任意主机用任意端口,向 DMZ 任意服务器的 TCP 21 端口建立 TCP 连接
access-list 102 permit tcp any any eq 21
!允许 DMZ 任意服务器的 TCP 21 端口对任意目标主机进行响应
access-list 103 permit tcp any eq 21 any
!允许 DMZ 任意服务器的 TCP 20 端口对任意目标主机发起数据通道的访问连接
access-list 103 permit tcp any eq 20 any
!允许内网任意主机的任意端口响应 DMZ 任意服务器的 TCP 20 端口
access-list 102 permit tcp any any eq 20
```

允许因特网用户访问 DMZ 服务器的 FTP 服务,需要添加以下访问控制列表。

```
!允许因特网任意主机用任意端口,向 DMZ 任意服务器的 TCP 21 端口建立 TCP 连接
access-list 101 permit tcp any any eq 21
!允许 DMZ 任意服务器的 TCP 21 端口对任意目标主机进行响应。前面已配置,不再重复配置
!允许 DMZ 任意服务器的 TCP 20 端口对任意目标主机发起数据通道的访问连接。前面已配置
!允许因特网中的任意主机的任意端口响应 DMZ 任意服务器的 TCP 20 端口
access-list 101 permit tcp any any eq 20
```

将访问控制列表按编号集中在一起,如下所示。

```
access-list 101 permit tcp any any eq 21
access-list 101 permit tcp any any eq 20
access-list 102 permit tcp any any eq 21
access-list 102 permit tcp any any eq 20
access-list 103 permit tcp any eq 21 any
access-list 103 permit tcp any eq 20 any
```

Windows Server 操作系统的 IIS 组件所安装提供的 FTP 服务,其工作模式是 PORT 模式。除了在防火墙上,要按 PORT 模式所使用的服务端口进行合理配置之外,FTP 客户端软件上也要设置 FTP 服务器的工作模式为 PORT,这样 FTP 连接才会成功。

2) PASV 模式

在 PASV 工作模式下,客户端首先打开两个任意的非特权本地端口 $N(N>1024)$ 和 $N+1$,然后利用 N 端口主动发起对服务端 TCP 21 端口的连接,连接建立成功后,客户端利用已建立的命令传输通道,向服务器提交 PASV 命令。服务端收到该命令后,在服务端开启任意的一个非特权端口 $P(P>1024)$,然后服务端利用 PROT P 命令告诉客户端自己开放的数据通道连接端口号。客户端收到后,就利用 $N+1$ 端口,发起与服务器端的 P 端口的 TCP 连接,连接建立成功后,则数据传输通道建立成功。

从中可见,在 PASV 工作模式下,两个 TCP 连接均是由客户端主动发起建立的,对于数据通道的建立,服务器是被动连接,故称这种模式为被动模式。

在 PASV 工作模式下,客户端的端口号是随机的,服务端的命令通道连接使用固定的 TCP 21 端口,但数据传输通道使用的端口号是随机的。建立数据传输所使用的 TCP 连接使用的两个端口都是随机的,导致防火墙的访问控制规则不好表达。如果配置成以下类似的语句,则防火墙就相当于全开,起不到任何保护作用。

```
access-list 103 permit tcp any any
```

为了方便配置防火墙的访问控制列表,对于 PASV 工作模式的 FTP 服务器,通常应配置 FTP 服务器建立数据传输通道所使用的端口号范围。有了端口号范围,就好表达访问控制列表了。

例如,如果 FTP 服务器使用 PASV 模式,其数据传输通道所使用的端口号范围为 TCP 3000~4000,则防火墙的访问控制列表定义方法如下所示。

```
!允许内网任意主机用任意端口,向 DMZ 任意服务器的 TCP 21 端口建立 TCP 连接
access-list 102 permit tcp any any eq 21
!允许 DMZ 任意服务器的 TCP 21 端口对任意目标主机进行响应
access-list 103 permit tcp any eq 21 any
!允许内网任意主机的任意端口发起对 DMZ 任意服务器的 TCP 3000~4000 端口的访问连接
access-list 102 permit tcp any any range 3000 4000
!允许 DMZ 任意服务器的 TCP 3000~4000 端口响应任意目标主机的任意端口
access-list 103 permit tcp any range 3000 4000 any
```

允许因特网用户访问 DMZ 服务器的 FTP 服务,需要添加以下访问控制列表。

!允许因特网任意主机用任意端口,向 DMZ 任意服务器的 TCP 21 端口建立 TCP 连接
```
access-list 101 permit tcp any any eq 21
```
!允许 DMZ 任意服务器的 TCP 21 端口对任意目标主机进行响应。前面已配置,不再重复配置
!允许因特网中的任意主机的任意端口发起对 DMZ 任意服务器的 TCP 3000~4000 端口的访问
　连接
```
access-list 101 permit tcp any any range 3000 4000
```
!允许 DMZ 任意服务器的 TCP 3000~4000 端口响应任意目标主机的任意端口。前面已配置

将访问控制列表按编号集中在一起,如下所示。

```
access-list 101 permit tcp any any eq 21
access-list 101 permit tcp any any range 3000 4000
access-list 102 permit tcp any any eq 21
access-list 102 permit tcp any any range 3000 4000
access-list 103 permit tcp any eq 21 any
access-list 103 permit tcp any range 3000 4000 any
```

从中可见:编号为 101 号的 2 条访问控制列表,全是控制因特网对 FTP 服务器的连接(命令通道和数据通道)建立请求数据包是否允许通过;编号为 102 的访问控制列表全是控制内网对 FTP 服务器的连接(命令通道和数据通道)建立请求数据包是否允许通过;编号为 103 的访问控制列表全是响应数据包是否允许通过的规则。

3. TFTP 服务

TFTP(trivial file transfer protocol,简单文件传输协议)是 TCP/IP 族中的一个用来在客户机与服务器之间进行简单文件传输的协议,提供不复杂、开销不大的文件传输服务,不具备 FTP 的许多功能,只能从文件服务器上获得或写入文件,不能列出目录,也不进行认证。服务端口使用 UDP 69。

4. 远程桌面服务

远程桌面协议(remote desktop protocol,RDP)是远程桌面服务所使用的协议,服务端口默认为 TCP 3389 端口。远程桌面是为方便 Windows 服务器管理员,对服务器进行基于图形界面的远程管理而提供的服务。为管理方便,服务器管理员通常会在服务器开启远程桌面服务,以便管理员能在办公室的计算机或家中计算机上,实现远程登录连接到服务器上,实现基于图形界面的远程操作和管理。

服务器开启远程桌面服务后,为保证服务器的安全,通常应在防火墙上配置只允许特定的主机登录连接服务器的远程桌面服务。即只允许特定 IP 地址访问连接指定服务器的 TCP 3389 端口。

远程桌面协议除了微软的 RDP 之外,常用的还有 VNC(virtual network console),它是基于 UNIX/Linux 操作系统的开源软件,是一款优秀的远程控制工具软件。远程控制能力强大,高效实用,常用于远程登录连接 UNIX 或 Linux 操作系统的桌面。

VNC 服务使用的端口号默认从 TCP 5900 开始分配,0 号桌面使用 TCP 5900 端口,1 号桌面使用 TCP 5901 端口,2 号桌面使用 TCP 5902 端口,其余以此类推。

5. DHCP 服务

DHCP(dynamic host configuration protocol,动态主机配置协议)是一个局域网的网络协议,通常应用在大型局域网络中,用于集中管理和自动分配 IP 地址,使网络中的主机能动态地自动获得 IP 地址、网关地址和 DNS 服务器地址等信息,并能提升 IP 地址的使用率。

DHCP 采用客户机/服务器模型,IP 地址的动态分配由客户机主动发起请求。当 DHCP 服务器接收到来自客户机申请地址的信息时,才会向客户机发送相关的地址配置信息,以实现客户机地址信息的动态配置。

DHCP 服务使用 UDP 工作,DHCP 服务端使用 UDP 67 端口,DHCP 客户端使用 UDP 68 端口。

6. DNS 服务

DNS(domain name service,域名解析服务)在递归解析时使用 UDP 53 服务端口;在进行区域传送时因需要可靠传输,使用 TCP 53 服务端口。因此,DNS 服务器工作时,会同时使用 TCP 53 和 UDP 53 号端口。

如果在局域网的 DMZ 部署有 DNS 服务器,则应在防火墙上允许对 TCP/UDP 53 端口的访问。

7. 简单网络管理协议

简单网络管理协议(simple network management protocol,SNMP)是为网络管理服务而设计的应用层协议,由一系列协议组和规范组成,提供了从被管理的网络设备中收集网络管理信息的方法(轮询和中断)。SNMP 使用的服务端口是 UDP 161。

SNMP 依赖的模式是管理站与代理,SNMP Trap(陷阱)是 SNMP 的一部分,是以事件为驱动,在被监控端设置陷阱。一旦被监控端设备出现特定事件,可能是性能问题,也可能是网络设备接口宕掉等。代理端会给管理站发告警事件(SNMP Trap),能够在最短的时间内发现故障,避免因设备故障带来损失。SNMP Trap 接收服务使用 UDP 162 号端口。

在网络中配置和使用简单网络管理协议后,应注意开放对 UDP 161 和 UDP 162 端口的访问。例如,如果在 DMZ 的某台服务器上通过安装 PRTG 软件,部署了网络流量监控服务器,在防火墙上就要允许内网对 DMZ 服务器 UDP 161 和 UDP 162 端口的访问。网络中的被监控设备(交换机和路由器)上要配置和开启 SNMP,这样才能被网络流量监控软件提取到设备的网络流量等管理信息。

8. Telnet 与 SSH 服务

Telnet 协议是 TCP/IP 族中的一员,用于提供远程登录服务。采用客户端/服务器模型,Telnet 服务器的服务端口采用 TCP 23,通信采用明文传输,适用于对安全性要求不高的应用场景。在内网远程登录连接交换机,常用 Telnet 方式。

对于安全性要求较高的远程登录,常使用 SSH(secure Shell)协议。SSH 协议建立在应用层基础上,专为远程登录会话服务提供安全保障。SSH 协议采用加密传输,可有效防止远程管理过程中的信息泄露问题。

对于 UNIX/Linux 系统的远程登录,为防止 root 账户密码在登录时被网络嗅探窃取,采用 root 账户远程登录时,必须使用 SSH 协议,使用 Telnet 协议登录时不支持 root 账户登录,只能使用普通账户登录。

SSH 协议采用客户端/服务器模型,SSH 服务器的服务端口采用 TCP 22。

9. SQL Server 数据库服务器

SQL Server 服务器默认使用 TCP 1433 端口,如果在 DMZ 部署有 SQL Server 服务器,而且又需要从内网远程登录连接 SQL Server 服务器,则必须在防火墙上允许对 TCP 1433 端口的访问。另外,MySQL 数据库服务器默认使用 TCP 3306 服务端口。

10. 邮件服务

目前一般都使用 QQ 邮箱或租用 QQ 企业邮箱,很少直接在局域网部署企业邮件服务器。邮件服务器同时提供接收邮件和发送邮件服务两种。两种服务所使用的协议不同,根据传输内容是否加密,又分加密的协议和不加密的协议。因此,涉及的协议较多,如果企业部署了邮件服务器,则需要弄清楚发件和收件各自使用的是什么协议,以便在防火墙上开放对应的服务端口。

邮件服务同时提供邮件发送和接收服务,采用客户机/服务器模型,其服务端就是邮件服务器,客户端称为 user agent(用户代理)。比如,客户机安装使用的 Foxmail、Outlook 邮件收发软件就属于客户端程序。

(1) 邮件发送协议。邮件发送服务使用 SMTP(simple mail transfer protocol,简单邮件传输协议)或 SMTPS(SMTP over SSL)。SMTP 的服务端口为 TCP 25,SMTPS 的服务端口为 TCP 465。SMTPS 利用 SSL 协议的非对称加密技术来加密传输邮件,安全性高,可防止邮件内容在传输过程中被网络嗅探窃取到。

用户使用 Foxmail 用户代理程序发送邮件时,使用 SMTP 或 SMTPS。发件分两步:第一步是用 Foxmail 用户代理程序发送到用户邮箱所在的邮件服务器;第二步是由发件方邮箱所在的邮件服务器,再次利用 SMTP 或 SMTPS,转发邮件到收件方邮箱所在的邮件服务器。

(2) 邮件接收协议。邮件获取协议可使用 POP3(post office protocol 3,邮局协议第 3 版)或 IMAP4(Internet message access protocol 4,互联网消息访问协议第 4 版)。IMAP4 是一种优于 POP3 的邮件获取协议。用户代理程序从邮箱所在的邮件服务器下载邮件到本地,使用 POP3 或者 IMAP4。POP3 服务使用 TCP 110 端口,IMAP4 服务使用 TCP 143 端口。

POP3 和 IMAP4 都是明文传输邮件,如果要以加密传输方式接收邮件,则要使用基于 SSL 协议的 POP3/SSL 或 IMAP4/SSL 协议。使用了 SSL 协议的 POP3/SSL 服务端口使用 TCP 995。使用了 SSL 协议的 IMAP4/SSL 服务端口使用 TCP 993。

综上所述,常用服务所使用的服务端口如表 6.4 所示。

表 6.4　常用服务所使用的端口

服务名称	服务端口	服务名称	服务端口	服务名称	服务端口
http	TCP 80	SNMP	UDP 161	SMTP	TCP 25
https	TCP 443	SNMP Trap	UDP 162	SMTPS	TCP 465
FTP	TCP 21、TCP 20	Telnet	TCP 23	POP3	TCP 110
RDP	TCP 3389	SSH	TCP 22	POP3/SSL	TCP 995
DHCP	UDP 67	VNC	TCP 5900	IMAP4	TCP 143
DHCP Client	UDP 68	SQL Server	TCP 1433	IMAP4/SSL	TCP 993
DNS	TCP 53、UDP 53	MySQL	TCP 3306		

6.4.4　防火墙配置与测试

1. 配置目标

(1) 内网用户和因特网用户均能访问服务器的 HTTP、HTTPS、FTP(PORT 模式)、DNS 和 SSH 服务。另外,内网用户还能访问服务器的 DHCP、RDP、SNMP、SNMP Trap、VNC 和 SQL Server 服务,其中 VNC 的服务端口范围为 TCP 5900-TCP 5910。

(2) DMZ 中的服务器允许访问因特网的 HTTP、HTTPS、DNS 和 FTP 服务(PORT 模式)。

(3) 内网可以 ping DMZ 中的所有服务器,因特网主机可以 ping 1.1.1.18 服务器。

2. 配置防火墙

1) 配置防火墙访问控制列表

防火墙 WAN、LAN 和 DMZ 三个端口分别定义访问控制列表,编号分别为 101、102 和 103。

(1) 定义 WAN 口的访问控制列表。

```
!因特网主动访问 DMZ 服务器的访问请求数据包允许通过
access-list 101 permit tcp any any eq 80
access-list 101 permit tcp any any eq 443
access-list 101 permit tcp any any eq 21
access-list 101 permit tcp any anyeq 22
access-list 101 permit tcp any any eq 53
access-list 101 permit udp any any eq 53
access-list 101 permit icmp any host 1.1.1.18
!DMZFTP 服务器的 TCP 20端口发起的主动连接因特网主机所产生的响应数据包允许通过
access-list 101 permit tcp any any eq 20
!下面配置 DMZ 服务器主动访问因特网所产生的响应数据包允许通过
```

```
access-list 101 permit tcp any eq 80 any
access-list 101 permit tcp any eq 443 any
access-list 101 permit tcp any eq 53 any
access-list 101 permit udp any eq 53 any
access-list 101 permit tcp any eq 21 any
```
!允许因特网 FTP 服务器的 TCP 20 端口主动发起建立数据通道连接的请求数据包通过
```
access-list 101 permit tcp any eq 20 any
```
!默认禁止所有数据包通过
```
access-list 101 deny ip any any
```

（2）定义 LAN 口的访问控制列表。

!内网访问 DMZ 服务器的全部访问请求数据包允许通过
```
access-list 102 permit tcp any any eq 80
access-list 102 permit tcp any any eq 443
access-list 102 permit tcp any any eq 21
access-list 102 permit tcp any any eq 22
access-list 102 permit tcp any any eq 53
access-list 102 permit udp any any eq 53
access-list 102 permit udp any any eq 67
access-list 102 permit tcp any any eq 3389
access-list 102 permit udp any any range 161 162
access-list 102 permit tcp any any range 5900 5910
access-list 102 permit tcp any any eq 1433
access-list 102 permit icmp any any
```
!内网连接 DMZ 的 FTP 服务器时，FTP 服务器的 TCP 20 会主动发起建立数据通道的连接请求，以
  下配置允许该连接请求的响应数据包回去
```
access-list 102 permit tcp any any eq 20
```
!默认禁止所有数据包通过
```
access-list 102 deny ip any any
```

（3）定义 DMZ 口的访问控制列表。

!对 DMZ 服务器访问的响应数据包允许通过
```
access-list 103 permit tcp any eq 80 any
access-list 103 permit tcp any eq 443 any
access-list 103 permit tcp any eq 21 any
access-list 103 permit tcp any eq 22 any
access-list 103 permittcp any eq 53 any
access-list 103 permit udp any eq 53 any
access-list 103 permit udp any eq 67 any
access-list 103 permit tcp any eq 3389 any
access-list 103 permit udp any range 161 162 any
access-list 103 permit tcp any range 5900 5910 any
access-list103 permit tcp any eq 1433 any
```
!FTP 服务器主动发起的建立数据通道连接的数据包允许通过，目标主机可以是内网或因特网
  主机
```
access-list 103 permit tcp any eq 20 any
```
!允许所有的 icmp 数据包通过
```
access-list 103 permit icmp any any
```

!配置 DMZ 服务器主动访问因特网的访问请求数据包允许通过
```
access-list 103 permit tcp any any eq 80
access-list 103 permit tcp any any eq 443
access-list 103 permit tcp any any eq 53
access-list 103 permit udp any any eq 53
access-list 103 permit tcp any any eq 21
```
!对因特网主机 TCP 20 端口主动发起的数据通道连接所产生的响应数据包允许回去
```
access-list 103 permit tcp any any eq 20
```
!默认禁止所有 IP 数据包通过
```
access-list 103 deny ip any any
```

2) 应用访问控制列表

应用访问控制列表的配置命令如下：

```
Firewall>enable
Firewall#config t
Firewall(config)#int G1/1/1
Firewall(config-if)#ip access-group 101 in
Firewall(config-if)#int G1/0/1
Firewall(config-if)#ip access-group 102 in
Firewall(config-if)#int G1/0/2
Firewall(config-if)#ip access-group 103 in
Firewall(config-if)#exit
Firewall#write
Firewall#exit
```

访问控制列表应用后，防火墙的功能就生效了。

3. 测试防火墙

(1) 配置启用防火墙后，测试 Web 服务能否正常访问。

在内网任选一台 PC 访问 DMZ 中的服务器，比如在 PC1 中打开浏览器，在地址栏中输入 http://1.1.1.5 并按 Enter 键访问，查看是否仍能正常访问。测试结果为访问正常。

在 DMZ 任选一台服务器访问因特网中的 Web 服务器，打开浏览器，在地址栏中输入 http://1.1.2.10 并按 Enter 键访问，查看是否仍能访问。测试结果为访问正常。

在因特网中的服务器中打开浏览器，在地址栏中输入 http://1.1.1.18 并按 Enter 键，查看能否正常访问。测试结果为访问正常。

通过以上的访问测试，说明启用防火墙后，Web 服务访问一切正常。

(2) 测试防火墙功能是否有效。

为验证防火墙功能的有效性，下面对 DMZ 中的服务器进行 ping 测试。

在定义访问控制列表时，配置了允许因特网中的用户 ping 局域网中的 1.1.1.18 服务器，内网用户可以 ping DMZ 中的所有主机。

在内网任选一台 PC，在命令行 ping DMZ 中的各台服务器，检查是否都能 ping 通。测试结果为全部能 ping 通，与配置的规则相符。

在因特网中的服务器的命令行 ping 1.1.1.18 服务器，检查能否 ping 通。测试结果为能 ping 通,然后 ping 1.1.1.5,检查能否 ping 通,测试结果为不能 ping 通,如图 6.3 所示。

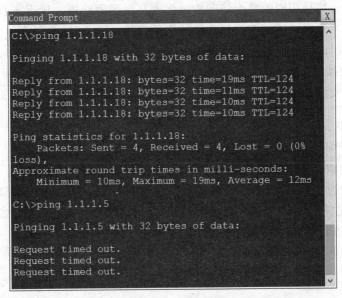

图 6.3　因特网主机 ping 局域网中的服务器

通过因特网中的主机对 DMZ 中的服务器的 ping 测试,测试结果也与配置的访问规则相符合。

最后测试通过 DMZ 中的服务器去 ping 因特网中的服务器,根据配置的规则,应该只有 1.1.1.18 服务器能 ping 通因特网中的 1.1.2.10 服务器,DMZ 中的其他服务器都不应该能 ping 通 1.1.2.10 服务器。测试结果全部正确,符合预期。

以上能充分证明防火墙的功能有效,其体现的功能与配置的访问规则相符。

4. 防火墙的后期维护

防火墙的后期维护与管理主要是根据应用的需要添加、修改或删除部分访问控制列表的规则。

要对访问控制列表进行维护管理,可采取以下步骤和方法。

(1) 在接口上取消应用。

要对哪一个访问控制列表进行修改,先在相应的接口上取消对访问控制列表的应用。例如,如果要修改 102 号访问控制列表,则应在 G1/0/1 接口上,取消对 102 号访问控制列表的应用。

先取消应用的原因是:假设管理员是在内网中管理主机,通过 Telnet 方式远程登录连接到防火墙进行了配置操作。如果第一步就删除 102 号访问控制列表,则 Telnet 的登录连接马上就断了。这是因为在 G1/0/1 端口上应用了 102 号访问控制列表,但交换机中没有 102 号访问控制列表,因此交换机就执行默认的动作,禁止所有 IP 数据包通过,Telnet 连接断开,无法再登录连接防火墙。此时管理员只能在中心机房,利用 Console 口进行本地配置操作。

（2）在特权执行模式下,执行 show run 命令,显示交换机的配置内容,找到要修改的访问控制列表,将编号相同的整个访问控制列表复制到剪贴板。接下来在桌面创建一个文本文件,将刚才复制的访问控制列表粘贴到新建的文本文件中,并在该文本文件中,对访问控制列表进行添加、修改或删除操作。

（3）进入交换机配置模式,将要修改的访问控制列表删除。

例如,如果要修改的访问控制列表是 102 号,则删除整个 102 号访问控制列表的命令如下:

```
Firewall(config)#no access-list 102
```

（4）将经过编辑修改后的访问控制列表,重新添加定义到交换机中。实现的操作方法为:在文本文件中,将编辑修改好的访问控制列表全部选中,然后复制到剪贴板。接下来进入交换机配置模式,将新的访问控制列表粘贴到命令行,此时就会依次执行这些配置命令,从而实现新访问控制列表的重新定义和添加。

（5）进入交换机配置模式,在接口上重新应用访问控制列表,最后保存交换机的配置。

```
Firewall(config)#int G1/0/1
Firewall(config-if)#ip access-group 102 in
Firewall(config-if)#end
Firewall#write
Firewall#exit
```

防火墙功能配置好后,A 校区局域网络也就组建完成了。

实训 实际配置 A 校区防火墙

【实训目的】 熟悉和掌握访问控制列表的配置与应用方法,掌握利用三层交换机通过配置访问控制列表实现防火墙功能的配置方法。

【实训环境】 Cisco Packet Tracer 8.0.x。

【实训网络】 A 校区局域网络。

【实训内容与要求】

（1）对 A 校区局域网络中的核心交换机、出口路由器、防火墙和 DMZ 接入交换机增配 Telnet 远程登录功能,然后对全网所有网络设备配置只允许 IP 地址为 1.1.0.18 的主机远程登录网络设备。

（2）根据教材所讲的配置方法,完成 A 校区防火墙功能的配置,实现对 DMZ 服务器的安全保护。

第 7 章　DHCP 服务配置与应用

本章主要介绍利用 Cisco IOS 配置 DHCP 服务及应用。

7.1　DHCP 概述

1. DHCP 简介

DHCP 是 dynamic host configuration protocol 的缩写,称为动态主机配置协议,是一种简化主机 IP 地址配置和管理的协议。利用该协议,允许 DHCP 服务器向客户机提供 IP 地址和其他相关配置信息(子网掩码、默认网关、DNS 服务器地址、IP 地址租用期等)。

DHCP 属于应用层协议,在传输层使用 UDP 工作。DHCP 服务器使用 UDP 67 号端口提供相应的服务。DHCP 客户机使用 UDP 68 号端口与服务器通信。DHCP 采用客户机(client)/服务器(server)模型,DHCP 服务器属于服务端,客户机属于客户端。

在网络管理中,通过配置使用 DHCP 服务,可以让 DHCP 客户机在每次启动后自动获取 IP 地址和相关网络配置参数,减少手工静态配置 IP 地址的工作量。

2. DHCP 服务实现的几种途径

DHCP 服务可利用三层交换机或路由器来配置实现,即 IOS DHCP 实现方式,也可采用 Windows Server 或 Linux Server 操作系统,通过安装配置 DHCP 服务器来实现。

3. DHCP 工作原理

当客户机的 IP 地址获取方式设置为"自动获得 IP 地址"时,才会向 DHCP 服务器申请分配 IP 地址。申请获得的 IP 地址有一个租用期,在租用期内,都会固定获得该 IP 地址。

当客户机设置为自动获得 IP 地址时,并在租用期内首次接入网络时,客户机就会向网络以广播方式发出一个发现报文(DISCOVER),请求租用 IP 地址,然后处于选择(select)状态。报文中源 IP 地址为 0.0.0.0,目的地址为 255.255.255.255,即以广播方式发送报文,如图 7.1 所示。网络中的每台客户机都会收到该报文,但只有 DHCP 服务器才会响应该报文。发现报文中包含源主机的 MAC 地址和计算机名,DHCP 报文解码中的 CLIENT HARDWARE ADDRESS 就是客户机的 MAC 地址。

第 1 个发现报文的等待时间预设为 1s,发出该报文后 1s 之内,如果没有收到响应报文,则会发出第 2 个发现报文。第 2 个报文的等待时间为 9s。第 3 个报文和第 4 个报文的等待时间分别为 13s 和 16s。如果 4 次发送都没有收到响应报文,则宣告发现失败,5min 之后将再次重试。

DHCP 服务器收到发现报文之后,将从 IP 地址池中为其分配一个未使用的 IP 地址,以广播形式响应 DHCP 客户机一个提供报文(OFFER),报文解码如图 7.2 所示。从图 7.2 中可见,提供报文中包含了 DHCP 服务器分配给客户机的 IP 地址信息。如果网络中有多台 DHCP 服务器,则这些 DHCP 服务器都会给客户机回复提供报文。

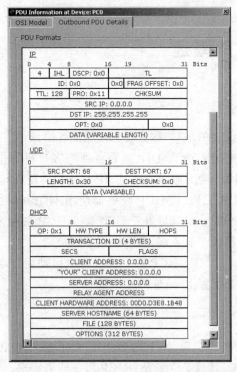 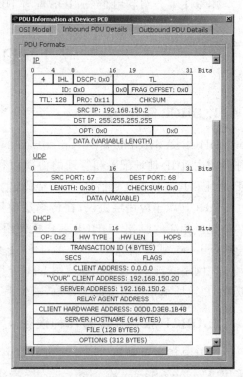

图 7.1 客户机发出的发现报文解码   图 7.2 服务器响应的提供报文内容

如果客户机收到多个 DHCP 提供报文,则会选择最先抵达的提供报文,然后以广播形式发出 DHCP 请求报文(REQUEST),表明自己已接收了一个 DHCP 服务器提供的 IP 地址,并向 DHCP 服务器请求获取参数配置信息(子网掩码、默认网关、DNS 服务器地址、租用时间等)。广播报文中包含了所接收的 IP 地址和服务器的 IP 地址,然后进入请求状态(REQUEST)。

DHCP 服务器收到请求报文后,会将网络参数配置信息放入确认报文(ACK)中,并以广播方式回复给 DHCP 客户机,以确认 IP 租约正式生效,这样客户机就可使用 DHCP 服务器为其分配的 IP 地址了,客户机进入稳定的绑定状态。其他的 DHCP 服务器收到请求广播报文之后,如果发现客户机没有选择使用自己所提供的 IP 地址,则收回为其分配的 IP 地址。

在租用期内,DHCP 客户机下次接入网络时,就不用再发送发现报文了,而是直接发送包含前一次所分配得到的 IP 地址的请求报文。当 DHCP 服务器收到该报文后,它将尝试让 DHCP 客户机继续使用原来的 IP 地址,并响应一个确认报文。如果该 IP 地址已被其他客户机占用无法再分配,则响应一个否定报文(NAK)。客户机收到否定报文后,将重新发起发现报文,重新申请分配新的 IP 地址。

　　DHCP 报文的交互过程如图 7.3 所示。在 DHCP 客户机和 DHCP 服务器之间交互的报文,除了以上基本交互过程的报文之外,还存在以下类型。

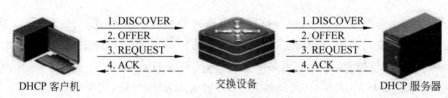

1. DISCOVER　　　　1. DISCOVER
2. OFFER　　　　　　2. OFFER
3. REQUEST　　　　 3. REQUEST
4. ACK　　　　　　　4. ACK

DHCP 客户机　　　　交换设备　　　　DHCP 服务器

图 7.3　DHCP 报文的交互过程

- DHCP 客户机发出释放报文(RELEASE),告知 DHCP 服务器终止 IP 地址租用,回收 IP 地址。
- DHCP 服务器发出否定报文(NAK),回复 DHCP 客户机地址申请失败。请求的 IP 地址有误,或者租用期已过期。
- DHCP 客户机发出谢绝报文(DECLINE),告知 DHCP 服务器该地址存在冲突,不可使用。

　　另外,如果 DHCP 客户机和 DHCP 服务器不在同一个子网内,则申请地址需要 DHCP 中继(DHCP relay)的支持。利用 DHCP 中继代理的跨广播域转发 DHCP 报文,就能实现在 DHCP 客户机和 DHCP 服务器之间收发 DHCP 报文。VLAN 接口通过配置指定 DHCP 服务器地址,可起到 DHCP 中继的作用。

7.2　DHCP 配置命令

1. 启用 DHCP 服务与中继代理

配置命令如下:

```
service dhcp
```

该命令在全局配置模式下执行,如果要关闭 DHCP 服务与中继代理,执行 no service dhcp 命令。

2. 配置地址池

　　DHCP 的地址分配和给客户机传送的网络配置参数,都需要在 DHCP 地址池中进行定义。如果没有配置 DHCP 地址池,即使启用了 DHCP 服务,也不能对客户机进行地址

181

分配,不过,DHCP 中继代理可以生效。

配置 DHCP 地址池由多条相关命令共同完成。首先定义地址池的名称并进入地址池配置模式。在该子模式下,再用相关命令配置地址池的 IP 地址、默认网关、DNS 服务器地址和租用期等相关配置信息。

1) 定义地址池名称

配置命令如下:

```
ip dhcp pool pool_name
```

该命令在全局配置模式下执行,执行后将进入地址池配置模式。pool_name 代表要创建定义的地址池的名称,可自定义。由于每个网段都要定义对应的地址池,因此,命名时可添加 VLAN 号信息,以便知道是哪个 VLAN 对应的地址池。

例如,如果要为 VLAN 10 定义名为 pool_vlan10 的地址池,则配置命令如下:

```
Switch(config)#ip dhcp pool pool_vlan10
Switch(dhcp-config)#
```

2) 定义地址池网段

配置命令如下:

```
network subnet mask
```

该命令在地址池配置模式下执行,用于配置动态分配的地址段,subnet 代表网段地址;mask 为对应的子网掩码。

例如,假设 VLAN 10 的网段地址为 192.168.1.0/24,则配置命令如下:

```
Switch(dhcp-config)#network 192.168.1.0 255.255.255.0
```

3) 配置指定默认网关地址

配置命令如下:

```
default-router gateway
```

该命令在地址池配置模式下执行,用于配置指定该网段的默认网关地址。例如,如果 VLAN 10 的网关地址为 192.168.1.1/24,则配置命令如下:

```
Switch(dhcp-config)#default-router 192.168.1.1
```

4) 配置指定 DNS 服务器地址

配置命令如下:

```
dns-server dns_address
```

该命令在地址池配置模式下执行,用于配置指定客户机进行域名解析所使用的 DNS 服务器的 IP 地址。通常使用因特网服务商所提供的 DNS 服务器地址,以加快域名解析的速度。

例如,如果 VLAN 10 要指定的 DNS 服务器地址为 61.128.192.99,则配置命令如下:

```
Switch(dhcp-config)#dns-server 61.128.192.99
```

5）配置地址租用期

配置命令如下：

lease days hours minutes | infinite

该命令在地址池配置模式下执行，用于配置地址的租用期，允许以日、时、分为单位进行配置，默认租用期为 1 天。如果设置为 Infinite，则表示不限时间，可长期使用。

如果要设置地址的租用期为 2 天，则配置命令为 lease 2。

如果要设置地址的租用期为 9 小时 30 分，则配置命令为 lease 0 9 30。

3. 定义从地址池要排除的地址

地址池定义的是一个地址段，通常这个地址段中会有一些 IP 地址有其他用途，不能分配给网段内的用户主机使用，比如网关地址、交换机使用的管理地址等，这些地址就需要从地址池中排除，其配置命令如下：

ip dhcp excluded-address *low-ip-address high-ip-address*

该命令在全局配置模式下执行，一条命令配置指定一个连续的地址范围。如果有多个连续的地址范围需要排除，则重复使用该条配置命令依次配置指定即可。

例如，如果要排除 pool_vlan10 地址池中 192.168.1.0～192.168.1.19 和 192.168.1.241～192.168.1.255 的 IP 地址，则配置命令如下：

```
Switch(config)#ip dhcp excluded-address 192.168.1.0 192.168.1.19
Switch(config)#ip dhcp excluded-address 192.168.1.241 192.168.1.255
```

7.3　DHCP 服务应用案例

1. 配置目标

在 4.4.3 小节采用扁平化设计方案构建了某高校的 B 校区局域网络。整个局域网络内网的互联互通已配置实现，根据规划设计要求，全网要求采用自动获得 IP 地址的分配方式，每个网段的 DHCP 地址池范围为该网段的 20～240 的 IP 地址，其余地址不包含在 DHCP 地址池中，地址租用期设置为 7 天。

本节以该网络工程为例，介绍利用交换机 IOS 配置实现 DHCP 服务的方法。

2. 配置方法

在 B 校区的核心交换机上配置 DHCP 服务，配置命令如下所示。

```
CampusB_CoreSW>enable
CampusB_CoreSW#config t
```

```
!启用 DHCP 服务
CampusB_CoreSW(config)#service dhcp
!定义 DHCP 地址池
CampusB_CoreSW(config)#ip dhcp pool pool_vlan10
CampusB_CoreSW(dhcp-config)#network 10.8.1.0 255.255.255.0
CampusB_CoreSW(dhcp-config)#default-router 10.8.1.1
CampusB_CoreSW(dhcp-config)#dns-server 114.114.114.114
CampusB_CoreSW(dhcp-config)#exit
CampusB_CoreSW(config)#ip dhcp pool pool_vlan20
CampusB_CoreSW(dhcp-config)#network 10.8.2.0 255.255.255.0
CampusB_CoreSW(dhcp-config)#default-router 10.8.2.1
CampusB_CoreSW(dhcp-config)#dns-server 114.114.114.114
CampusB_CoreSW(dhcp-config)#exit
CampusB_CoreSW(config)#ip dhcp pool pool_vlan30
CampusB_CoreSW(dhcp-config)#network 10.8.3.0 255.255.255.0
CampusB_CoreSW(dhcp-config)#default-router 10.8.3.1
CampusB_CoreSW(dhcp-config)#dns-server 114.114.114.114
CampusB_CoreSW(dhcp-config)#exit
CampusB_CoreSW(config)#ip dhcp pool pool_vlan40
CampusB_CoreSW(dhcp-config)#network 10.8.4.0 255.255.255.0
CampusB_CoreSW(dhcp-config)#default-router 10.8.4.1
CampusB_CoreSW(dhcp-config)#dns-server 114.114.114.114
CampusB_CoreSW(dhcp-config)#exit
!定义地址池要排除的 IP 地址
CampusB_CoreSW(config)#ip dhcp excluded-address 10.8.1.0 10.8.1.19
CampusB_CoreSW(config)#ip dhcp excluded-address 10.8.1.241 10.8.1.255
CampusB_CoreSW(config)#ip dhcp excluded-address 10.8.2.0 10.8.2.19
CampusB_CoreSW(config)#ip dhcp excluded-address 10.8.2.241 10.8.2.255
CampusB_CoreSW(config)#ip dhcp excluded-address 10.8.3.0 10.8.3.19
CampusB_CoreSW(config)#ip dhcp excluded-address 10.8.3.241 10.8.3.255
CampusB_CoreSW(config)#ip dhcp excluded-address 10.8.4.0 10.8.4.19
CampusB_CoreSW(config)#ip dhcp excluded-address 10.8.4.241 10.8.4.255
CampusB_CoreSW(config)#exit
CampusB_CoreSW#write
CampusB_CoreSW#exit
```

DHCP 服务配置好后,在每个 VLAN 接口下要使用 ip helper-address 命令配置指定 DHCP 服务器的地址。由于是用交换机来提供 DHCP 服务,而交换机有多个 IP 地址,可使用每个网段的网关地址(VLAN 接口地址)来作为 DHCP 服务器的地址。指定 DHCP 服务器地址已配置完成。

3. DHCP 测试

在局域网内网,任意选择一台 PC,将 IP 地址获得方式设置为 DHCP,检查能否正确获得 IP 地址。测试结果为成功获得 IP 地址,如图 7.4 所示。

将局域网内的其他 PC 主机的 IP 地址设置为 DHCP,经测试发现全部获得成功。到此为止,该高校的 A 校区和 B 校区局域网络除了 VPN 功能之外,其余功能已全部配置完成。

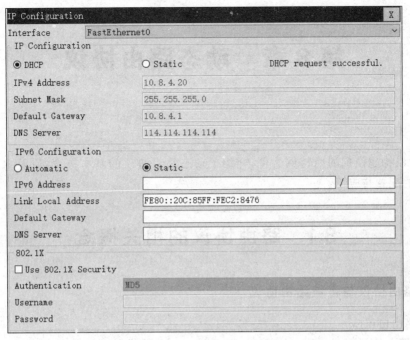

图 7.4　客户机成功获得 IP 地址

实训　配置 B 校区 DHCP 服务

【实训目的】　熟悉和掌握利用 IOS 配置实现 DHCP 服务的方法与应用。

【实训环境】　Cisco Packet Tracer 8.0.x。

【实训内容与要求】

以 4.4.3 小节规划设计的某高校局域网的 B 校区网络为例,在前面配置的基础上,利用核心交换机,通过合理正确的配置让核心交换机提供 DHCP 服务,实现整个 B 校区局域网络能自动分配客户机的 IP 地址、默认网关和 DNS 服务器地址。

第8章　动态路由协议

本章以构建模拟的因特网为例，介绍了动态路由协议的基本概念，以及 RIP、OSPF 和 BGP 的配置与应用。

8.1　路由协议的相关概念

1. 路由协议与可被路由协议

1）路由协议

（1）路由协议简介。路由协议（routing protocol）也称路由选择协议，负责发现和学习最佳路径，建立起到达各个网络的路由，并通过与网络中的其他路由器交换路由信息和链路状态信息来动态维护路由表。所有路由协议都有发现、计算和维护路由的功能。

动态路由就是利用路由协议，根据路由算法，自动发现和计算（计算出最佳路径）获得的路由，所以路由协议也通常称为动态路由协议。

（2）路由协议的分类。根据使用路由算法的不同，路由协议分为距离矢量路由协议和链路状态路由协议两种，路由算法的主要区别在于发现和计算路由的方法不相同。

常用的距离矢量路由协议有 RIP（routing information protocol，路由信息协议）和 BGP（border gateway protocol，边界网关协议）。RIP 基于 UDP 工作，服务端口号为 UDP 520；BGP 基于 TCP 工作，服务端口号为 TCP 179。

常用的链路状态路由协议有 OSPF（open shortest path first，开放最短路径优先）协议和 IS-IS（intermediate system-to-intermediate system，中间系统到中间系统）。OSPF 基于 IP 工作，采用 IP 封装 OSPF 协议数据包，IP 号是 89，即 OSPF 的报文封装在 IP 数据包中。IS-IS 是 ISO（国际标准化组织）定义的路由协议，采用 OSI 地址，最初应用在采用 OSI 模型的网络中，目前也被应用到采用 TCP/IP 族的因特网中，成为当前因特网的主流路由协议之一。IS-IS 的报文直接封装在数据链路层中。IS-IS 与 OSPF 很相似，都是基于链路状态数据库的路由协议，使用最短路径优先（SPF）算法进行路由计算，具有收敛速度快，无环路等特点，适用于大型网络。

根据协议作用范围的不同，路由协议可分为内部网关协议（interior gateway protocol，IGP）和外部网关协议（exterior gateway protocol，EGP）两种。

内部网关协议在一个自治系统（autonomous system，AS）的内部运行，常见的 RIP、OSPF 和 IS-IS 就属于内部网关协议。外部网关协议运行于不同的自治系统之间，BGP

就属于外部网关协议。

除了以上国际标准的路由协议之外,还有思科公司专有的路由协议。IGRP(interior gateway routing protocol,内部网关路由协议)是 Cisco 公司在 20 世纪 80 年代中期推出的一种距离矢量的内部网关协议。到了 20 世纪 90 年代,推出了功能增强的 EIGRP (enhanced interior gateway routing protocol,增强内部网关路由协议)。

(3) 路由协议工作的层次。在 TCP/IP 模型中,对一些协议所在的层次,没有明确的定义。一般情况,可根据一个协议的实现需要依赖协议所在层次的下一层功能判定该协议工作的层次。比如:RIP 基于 UDP 工作,BGP 基于 TCP 工作,而 UDP 和 TCP 是传输层的协议,因此,RIP 和 BGP 应算是应用层的协议,但解决的却是网络层的问题。OSPF 报文直接封装在 IP 数据包内,可划归为网络层协议。

2) 可被路由协议

可被路由协议(routed protocol)属于网络层协议,是用于定义数据包内各字段的格式和用途的网络层封装协议。常见的可被路由协议如下。

- IP(Internet protocol,网际协议)。
- Novell 公司的 IPX(internetwork protocol exchange,网间分组交换)。
- Apple 公司的 AppleTalk 协议。

可被路由协议,比如 IP,将来自上层的信息封装在 IP 数据包中,然后根据路由协议学习得到的最佳路径,进行路由选择和路由传输。

2. 管理距离与度量的概念

1) 管理距离

管理距离(administrative distance,AD)是用来确定一种路由协议可信度或可靠性的度量值,每一种路由协议按可靠性从高到低,依次分配一个信任等级,这个信任等级就叫管理距离。可信度越高,则代表着在进行最佳路由选择时选用的优先级越高,因此,管理距离定义了路由来源的优先级。管理距离值为 0~255 的整数,管理距离值越小,代表路由来源的可信度和优先级越高。

直连路由的管理距离为 0,优先级最高,这个值不能配置修改。管理距离值为 255 表示不信任该路由来源,路由器不会将其添加到路由表中。静态路由和动态路由的管理距离,根据需要可以配置修改。默认情况下,静态路由的管理距离为 1,RIP 的管理距离 120,OSPF 协议的管理距离为 110,IS-IS 协议的管理距离为 115。

管理距离代表了不同路由协议的可信度和优先级,当到目的网络有多条使用不同路由协议的路径时,管理距离将是选择最优路由的第一标准。不要将管理距离误解为网络距离,代表网络距离的是度量值。

2) 度量

度量(metric)是指路由协议用来分配到达远程网络的路由开销的值。在使用同一路由协议的网络中,当到达目的网络有多条路径时,路由协议选择度量值最低的路由作为最佳路由。

不同的路由协议一般使用不同的度量,路由协议常用的度量如下。

跳数:距离矢量路由协议常用该度量,代表的是数据包到达目的网络必须经过的路由器的数量(跳数)。

带宽:利用链路的带宽特性作为度量,通过优先考虑最高带宽的路径来做出路由选择。

负载:利用链路的通信流量使用率作为度量。

延迟:利用数据包经过某条路径所花费的时间作为度量。

可靠性:通过接口错误计数或以往的链路故障次数来估计链路出现故障的可能性。

开销(cost):由 IOS 或网络管理员确定的值。开销可以只考虑链路的某一个特性(比如跳数、带宽、负载、延迟、可靠性),也可以通过多个特性的组合计算得到。选择开销最低的路径作为最佳路由。

不同的路由协议使用不同的度量,代表的含义不相同,因此,比较不同路由协议的度量值没有意义。在 RIP 路由协议中,使用跳数作为度量;在 IS-IS 和 OSPF 路由协议中,使用开销作为度量;在 OSPF 协议中,使用链路的带宽作为度量;在 IGRP 和 EIGRP 路由协议中,使用带宽、延迟、可靠性和负载的组合计算值作为度量。

8.2 规划设计模拟的因特网

1. 自治系统的概念

自治系统(autonomous system,AS)是处于一个管理机构控制之下的一个网络群,拥有者或者管理者有权自主决定在本系统中采用何种路由协议。

为了唯一标识每一个自治系统,每一个自治系统都有一个编号,称为自治系统号。自治系统号早期采用 16 位的二进制数编码表示,共有 65536 个号码。其中 0 和 65535 保留;23456 号用于号码转换使用;64512~65534 为私有(专用的)自治系统号,相当于 IP 地址中的私网地址;1~64511 的号码(除去 23456)用于因特网的自治系统。国内机构可向中国互联网信息中心(the Internet corporation for assigned names and numbers,ICANN)申请 IP 地址或自治系统号。

随着自治系统申请量的增加,用 16 位编码表示的自治系统号不够用了,于是自治系统号升级采用 32 位的二进制数来编码表示。截至 2021 年 4 月 20 日,全球共分配 179316 个自治系统号,我国申请到 2900 个自治系统号。

2. 因特网的体系结构

因特网的基本组成单位是自治系统,整个因特网就是由许许多多的自治系统构成的。自治系统内部的路由器必须相互连接,采用内部网关协议,比如 OSPF、IS-IS、EIGRP 等。自治系统之间的路由采用外部网关协议,比如 BGP 路由协议。因此,因特网的路由采用两层架构,即自治系统内部的路由和自治系统之间的路由。一个自治系统内部通常采用同一种动态路由协议。

3. 设计模拟的因特网

本案例规划设计一个具有 2 个自治系统的因特网,自治系统号分别为 100 和 200。AS 100 自治系统采用多区域的 OSPF 动态路由协议,AS 200 采用单区域的 OSPF 动态路由协议,2 个自治系统之间采用 BGP 动态路由协议实现自治系统之间路由信息的交换。

为便于测试局域网对因特网服务的访问,在因特网中设计了 4 台 Web 服务器和 1 台 DNS 服务器。通过 DNS 服务器的域名解析服务,实现局域网用户利用域名地址访问因特网中的 Web 服务。

AS 100 的网络拓扑和 IP 地址规划如图 8.1 所示。AS 200 的网络拓扑和 IP 地址规划如图 8.2 所示。案例高校的 A 校区局域网络、B 校区局域网络以及模拟的因特网拓扑结构总览如图 8.3 所示。

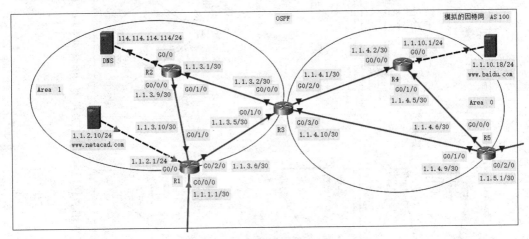

图 8.1　AS 100 的网络拓扑与 IP 地址规划

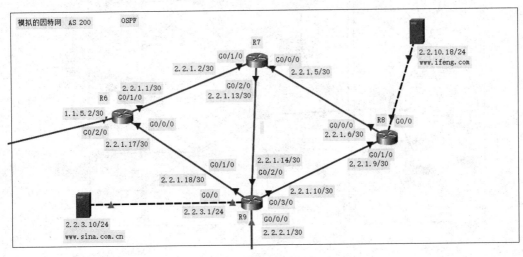

图 8.2　AS 200 的网络拓扑与 IP 地址规划

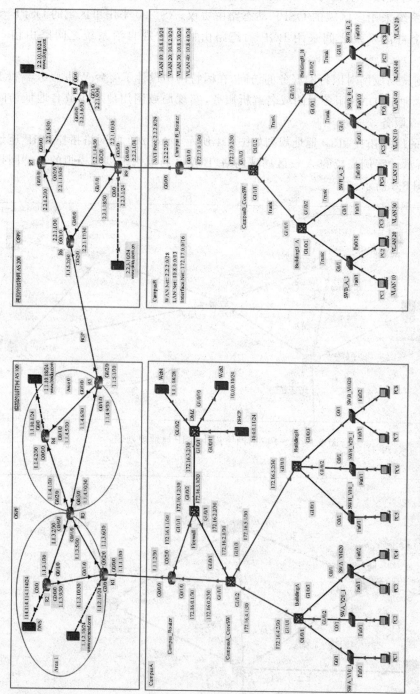

图 8.3　A 校区局域网络、B 校区局域网络以及模拟的因特网拓扑结构总览

8.3　RIP 动态路由协议

8.3.1　RIP 路由协议简介

RIP 是 20 世纪 70 年代开发的动态路由协议,也是最早的动态路由协议,主要用于规模较小的网络,比如企事业单位的局域网络或者结构简单的地区性网络。由于 RIP 原理简单,配置和维护管理也比较容易,因此,在局域网络中应用较广泛。

RIP 是一种基于距离矢量算法的路由协议,其路由度量(metric)使用跳数来衡量到达目的网络的距离。路由器与它直连的网络的跳数为 0,通过与其直连的路由器而到达下一个紧邻的网络,跳数为 1,即每经过一台路由器,跳数加 1,其余以此类推。为限制收敛时间,RIP 规定路由度量值为 0～15 的整数,大于或等于 16 的跳数,代表网络或主机不可达。由于有这个限制,故 RIP 不适合部署大型网络。

距离矢量路由协议当网络发生故障时,有可能产生路由环路现象。RIP 使用路由毒化(route poisoning)、水平分割(split horizons)、毒性逆转(poison reverse)、定义最大度量值、触发更新(triggered update)和抑制计时器(holddown timer)等机制,来避免路由环路的产生,加快网络收敛速度,提高网络的稳定性。另外,RIP 允许引入其他路由协议所得到的路由。

RIP 有 RIPv1 和 RIPv2 两个版本,两个版本不兼容,不能相互学习路由。RIPv1 是有类别路由协议,协议报文不携带子网掩码,不支持 VLSM(variable length subnet mask,可变长子网掩码),协议报文不支持验证,协议安全没有保障,只支持以广播方式发布协议报文,系统和网络开销都较大。RIPv2 是无类别路由协议,协议报文中携带子网掩码信息,支持 VLSM 和 CIDR(classless inter-domain routing,无类域间路由),支持组播方式发送路由更新报文,减少了资源消耗,并支持对协议报文进行验证,提供明文验证和MD5 密文验证两种方式,提高了协议的安全性。因此,一般都使用 RIPv2。

RIP 使用 UDP 发送协议报文进行路由信息交换,RIP 进程服务端口号为 UDP 520。

8.3.2　RIP 路由协议的工作过程

1. 交换路由信息

在未启用 RIP 路由协议时,路由表中仅有直连路由。启用 RIP 后,RIP 路由进程使用广播报文,向各接口发送广播请求报文,向各邻居路由器请求路由信息。

各邻居路由器收到请求报文后,将自己的路由表信息以响应报文的形式进行回复。响应报文中,各路由表项的度量值为路由表中的原度量值加上发送附加度量值(默认为 1)。

2. 更新路由表

路由器收到邻居路由器的响应报文后,更新自己的路由表,更新方法如下。

- 对本路由器已有的路由表项,当发送响应报文的邻居相同时,无论度量值增大还是减少,都更新该路由表项,当度量值相同时只将老化时间清零。
- 对本路由器已有的路由表项,当发送响应报文的邻居不相同时,只在路由度量值减少时,才更新该路由表项。
- 对本路由器不存在的路由表项,如果度量值小于 16,则在路由表中增加该路由表项。

3. 路由表维护

RIP 路由信息维护由定时器来完成,RIP 定义了 3 个定时器。

(1) Update 定时器:定义发送路由更新的时间间隔,默认为 30s。各路由器会以该定时器所设置的时间为周期,以响应报文的形式广播自己的路由表,以供大家更新路由信息。

(2) Timeout 定时器:定义路由老化的时间,默认为 180s。如果在老化时间内没有收到某条路由的更新报文,则该条路由的度量值将会被置为 16,并从路由表中删除。

(3) Garbage-Collect 定时器:定义一条路由从度量值变为 16 开始,直到从路由表中删除所等待的时间,默认为 120s。如果在 Garbage-Collect 定时器所设置的时间内,该条路由没有得到更新,则将该条路由从路由表中删除。

8.3.3 RIP 的配置命令

1. 启用 RIP 路由协议

配置命令如下:

```
router rip
```

该命令在全局配置模式下执行,用于激活 RIP 路由协议,启动 RIP 服务进程,并进入动态路由配置子模式。如果要关闭 RIP 路由协议,则执行 no router rip 命令。

2. 配置 RIP 的版本

配置命令如下:

```
version 1|2
```

在动态路由配置子模式下执行,用于指定 RIP 所使用的版本号,默认版本为 1。
例如,如果要启动 RIP 服务进程,并使用 RIPv2 版本,则配置命令如下:

```
Router(config)#router rip
Router(config-router)#version 2
```

3. 配置参与 RIP 动态路由学习的网络

配置命令如下：

```
network network-address
```

在动态路由配置子模式下执行，*network-address* 代表网络地址。通过一台路由器相连的网络，如果都要参与 RIP 动态路由的学习，则要用 network 命令逐一配置指定。没有配置指定的网络，不会出现在 RIP 的路由更新报文中。如果要删除某一个网络，可执行 no network *network-address* 命令来实现。

例如，如果路由器连接了 10.8.1.0/24 和 172.16.1.0/16 网络，这 2 个网络都要参与 RIP 动态路由的学习，则配置命令如下：

```
Router(config)#router rip
Router(config-router)#version 2
Router(config-router)#network 10.8.1.0
Router(config-router)#network 172.16.0.0
```

4. 关闭路由自动汇总功能

配置命令如下：

```
no auto-summary
```

RIPv1 和 RIPv2 默认开启了路由自动汇总功能，RIPv1 是有类路由协议，无法关闭。RIPv2 是无类别路由协议，可以使用该命令关闭路由自动汇总功能。

在使用 RIP 路由协议时，在网络边界路由器上，会对 RIP 路由进行自动汇总，将网络地址汇总为有类网络地址。比如，10.8.1.0/24、10.8.2.0/24 等地址将被汇总为 10.0.0.0/8 的 A 类地址。因此，在进行了子网划分的网络中使用 RIP 动态路由协议时，如果没有关闭自动汇总功能，将会因路由自动汇总导致路由混乱。

例如，如图 8.4 所示的网络中，使用了 RIPv2 动态路由协议，但没有关闭路由的自动汇总功能。Router1 路由器是 10.8.1.0/24 和 10.8.128.0/24 网络的边界路由器。Router0 和 Router2 路由器的路由更新报文到达 Router1 路由器后，Router1 路由器就会对 10.8.1.0/24 和 10.8.128.0/24 网络地址进行自动汇总，将其汇总为有类的 A 类地址，即 10.0.0.0/8。因此，在 Router1 路由器上，到 10.0.0.0/8 网络就会产生出 2 条等价路由，如图 8.5 所示，路由的下一跳地址和出去的接口不相同，此时网络就会因为路由混乱而出现故障，网络会时断时续。

5. 路由重发布

1）重发布静态路由
配置命令如下：

```
redistribute static
```

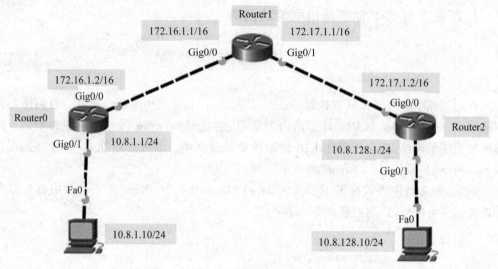

图 8.4　RIP 案例网络

```
Router#show ip route
Codes: L - local, C - connected, S - static, R - RIP, M - mobile, B - BGP
       D - EIGRP, EX - EIGRP external, O - OSPF, IA - OSPF inter area
       N1 - OSPF NSSA external type 1, N2 - OSPF NSSA external type 2
       E1 - OSPF external type 1, E2 - OSPF external type 2, E - EGP
       i - IS-IS, L1 - IS-IS level-1, L2 - IS-IS level-2, ia - IS-IS inter area
       * - candidate default, U - per-user static route, o - ODR
       P - periodic downloaded static route

Gateway of last resort is not set

R    10.0.0.0/8 [120/1] via 172.17.1.2, 00:00:25, GigabitEthernet0/1
                [120/1] via 172.16.1.2, 00:00:16, GigabitEthernet0/0
     172.16.0.0/16 is variably subnetted, 2 subnets, 2 masks
C       172.16.0.0/16 is directly connected, GigabitEthernet0/0
L       172.16.1.1/32 is directly connected, GigabitEthernet0/0
     172.17.0.0/16 is variably subnetted, 2 subnets, 2 masks
C       172.17.0.0/16 is directly connected, GigabitEthernet0/1
L       172.17.1.1/32 is directly connected, GigabitEthernet0/1
```

图 8.5　路由自动汇总后导致路由混乱

命令功能：将网络设备上配置的静态路由发布到 RIP 路由协议中，让其他网络设备通过 RIP 动态路由协议，能学习到该静态路由。

2）重发布默认路由

配置命令如下：

`default-information originate`

命令功能：将网络设备上的默认路由发布到 RIP 路由协议中，让其他网络设备通过 RIP 动态路由协议，能学习到该默认路由。

以上两条命令均在 RIP 动态路由配置子模式下执行，重发布的路由在路由表中必须存在，否则重发布不会生效。

例如，如果整个局域网内网部署应用了 RIPv2 路由协议，在出口路由器上配置了到因特网的默认路由，则该默认路由仅存在该出口路由器上，运行了 RIP 路由协议的其他三层设备上是没有到因特网的默认路由的,这会导致内网用户因缺少到因特网的路由而无法访问因特网。解决办法就是在出口路由器上,将默认路由发布到 RIP 路由协议中。

发布默认路由后,查看三层设备的路由表,就会多出类似以下的默认路由条目。

```
R*    0.0.0.0/0[120/2] via 172.18.2.1, 00:00:11,GigabitEthernet1/1/1
```

6. 查看 RIP 运行状态及配置信息

显示命令如下:

```
show ip protocols
```

显示内容如图 8.6 所示,图 8.6 中最后一行的 Distance 代表管理距离,RIP 的默认管理距离为 120。

```
Router# show ip protocols
Routing Protocol is "rip"
Sending updates every 30 seconds, next due in 25 seconds
Invalid after 180 seconds, hold down 180, flushed after 240
Outgoing update filter list for all interfaces is not set
Incoming update filter list for all interfaces is not set
Redistributing: rip
Default version control: send version 2, receive 2
  Interface          Send  Recv  Triggered RIP  Key-chain
  GigabitEthernet0/1   2     2
  GigabitEthernet0/0   2     2
Automatic network summarization is not in effect
Maximum path: 4
Routing for Networks:
        10.0.0.0
        172.17.0.0
Passive Interface(s):
Routing Information Sources:
        Gateway        Distance      Last Update
        172.17.1.1       120         00:00:14
Distance: (default is 120)
```

图 8.6　查看 RIP 配置信息

7. 查看路由表

显示命令如下:

```
show ip route
```

该命令显示整个路由表的信息。如果只查看 RIP 学习到的路由,则使用 show ip route rip 命令。

8. 清除路由表项

配置命令如下:

```
clear ip route * |network-address
```

命令功能:clear ip route * 清除所有路由表项。直连路由是无法清除的。clear ip route network-address 用于清除指定网络的路由表项。

8.3.4　RIP 配置应用案例

1. 配置目标

对案例高校的网络拓扑复制一份副本,用 Cisco Packet Tracer 软件打开复制得到的副本网络拓扑文件,然后采用 RIPv2 动态路由协议配置模拟因特网中的 AS 200 自治系统网络,实现自治系统内部网络的互联互通。

R6 路由器的 G0/2/0 端口用于连接 AS 100 自治系统,运行 BGP 动态路由协议,该端口所连接的网络不参与 RIPv2 动态路由的学习。R9 路由器的 G0/0/0 端口用于连接案例高校的 B 校区局域网络。由于因特网和局域网是相互隔离的,因此,这条链路运行静态路由,该端口所连接的网络也不参与 RIPv2 动态路由的学习。

在实际网络中,自治系统内部网络不会采用 RIP 路由协议,本案例仅是借用 AS 200 自治系统的网络拓扑结构进行 RIP 配置方法的演示,RIP 路由协议通常应用在局域网络中,因特网一般采用 OSPF、IS-IS 和 BGP 等路由协议。

2. 配置方法

总体配置方法是依次对各路由器配置互联接口地址,然后配置 RIP 动态路由协议。
1) 配置 R6 路由器

```
Router>enable
Router#config t
Router(config)#hostname R6
!配置各互联接口的 IP 地址
R6(config)#int g0/1/0
R6(config-if)#no shutdown
R6(config-if)#ip address 2.2.1.1 255.255.255.252
R6(config-if)#int g0/0/0
R6(config-if)#no shutdown
R6(config-if)#ip address 2.2.1.17 255.255.255.252
R6(config-if)#int g0/2/0
R6(config-if)#no shutdown
R6(config-if)#ip address 1.1.5.2 255.255.255.252
R6(config-if)#exit
!启动 RIP 路由服务
R6(config)#router rip
!配置采用的版本号
R6(config-router)#version 2
!配置哪些网络参与 RIP 动态路由的学习
R6(config-router)#network 2.2.1.0
R6(config-router)#network 2.2.1.16
!关闭对网络的自动汇总功能
R6(config-router)#no auto-summary
R6(config-router)#end
```

```
R6#write
R6#exit
```

2）配置 R7 路由器

```
Router>enable
Router#config t
Router(config)#hostname R7
R7(config)#int g0/0/0
R7(config-if)#no shutdown
R7(config-if)#ip address 2.2.1.5 255.255.255.252
R7(config-if)#int g0/2/0
R7(config-if)#no shutdown
R7(config-if)#ip address 2.2.1.13 255.255.255.252
R7(config-if)#int g0/1/0
R7(config-if)#no shutdown
R7(config-if)#ip address2.2.1.2 255.255.255.252
R7(config-if)#exit
R7(config)#router rip
R7(config-router)#version 2
R7(config-router)#network 2.2.1.4
R7(config-router)#network 2.2.1.12
R7(config-router)#network 2.2.1.0
R7(config-router)#no auto-summary
R7(config-router)#end
R7#write
R7#exit
```

3）配置 R8 路由器

```
Router>enable
Router#config t
Router(config)#hostname R8
R8(config)#int g0/0/0
R8(config-if)#no shutdown
R8(config-if)#ip address 2.2.1.6 255.255.255.252
R8(config-if)#int g0/0
R8(config-if)#no shutdown
R8(config-if)#ip address 2.2.10.1 255.255.255.0
R8(config-if)#int g0/1/0
R8(config-if)#no shutdown
R8(config-if)#ip address 2.2.1.9 255.255.255.252
R8(config-if)#exit
R8(config)#router rip
R8(config-router)#version 2
R8(config-router)#network 2.2.10.0
R8(config-router)#network 2.2.1.4
R8(config-router)#network 2.2.1.8
R8(config-router)#no auto-summary
R8(config-router)#end
```

```
R8#write
R8#exit
```

4）配置 R9 路由器

```
Router>enable
Router#config t
Router(config)#hostname R9
R9(config)#int g0/0
R9(config-if)#no shutdown
R9(config-if)#ip address2.2.3.1 255.255.255.0
R9(config-if)#int g0/1/0
R9(config-if)#no shutdown
R9(config-if)#ip address 2.2.1.18 255.255.255.252
R9(config-if)#int g0/2/0
R9(config-if)#no shutdown
R9(config-if)#ip address 2.2.1.14 255.255.255.252
R9(config-if)#int g0/3/0
R9(config-if)#no shutdown
R9(config-if)#ip address 2.2.1.10 255.255.255.252
R9(config-if)#int g0/0/0
R9(config-if)#no shutdown
R9(config-if)#ip address 2.2.2.1 255.255.255.252
R9(config-if)#exit
R9(config)#router rip
R9(config-router)#version 2
R9(config-router)#network 2.2.3.0
R9(config-router)#network 2.2.1.16
R9(config-router)#network 2.2.1.12
R9(config-router)#network 2.2.1.8
R9(config-router)#no auto-summary
!将该路由器的静态路由发布到 RIP 路由协议中
R9(config-router)#redistribute static
R9(config-router)#exit
!针对案例高校 B 校区所申请到的 16 个公网地址段配置静态路由
R9(config)#ip route 2.2.2.0 255.255.255.240 2.2.2.2
R9(config)#exit
R9#write
R9#exit
```

5）查看路由器的路由表，核对路由表信息是否正确，检验路由配置是否成功

任选一台路由器，比如 R7 路由器，进入路由器的特权执行模式，执行 show ip route 命令查看路由表信息。显示的路由表信息如图 8.7 所示，从图 8.7 中可见，路由信息学习全部成功，路由表项最左侧的 R 代表该条路由是通过 RIP 路由协议学习到的。

可用同样的方法，依次查看其他路由器的路由表项，会发现各路由器路由发现和学习全部成功，该自治系统网络配置成功。

6）配置 Web 服务器的 IP 地址、子网掩码、默认网关和 DNS 服务器的地址

DNS 服务器的地址设置为 114.114.114.114。然后修改网站首页文件的源代码，增加

```
R7>enable
R7#show ip route
Codes: L - local, C - connected, S - static, R - RIP, M - mobile, B - BGP
       D - EIGRP, EX - EIGRP external, O - OSPF, IA - OSPF inter area
       N1 - OSPF NSSA external type 1, N2 - OSPF NSSA external type 2
       E1 - OSPF external type 1, E2 - OSPF external type 2, E - EGP
       i - IS-IS, L1 - IS-IS level-1, L2 - IS-IS level-2, ia - IS-IS inter
area
       * - candidate default, U - per-user static route, o - ODR
       P - periodic downloaded static route

Gateway of last resort is not set

     2.0.0.0/8 is variably subnetted, 12 subnets, 4 masks
C       2.2.1.0/30 is directly connected, GigabitEthernet0/1/0
L       2.2.1.2/32 is directly connected, GigabitEthernet0/1/0
C       2.2.1.4/30 is directly connected, GigabitEthernet0/0/0
L       2.2.1.5/32 is directly connected, GigabitEthernet0/0/0
R       2.2.1.8/30 [120/1] via 2.2.1.6, 00:00:11, GigabitEthernet0/0/0
                   [120/1] via 2.2.1.14, 00:00:10, GigabitEthernet0/2/0
C       2.2.1.12/30 is directly connected, GigabitEthernet0/2/0
L       2.2.1.13/32 is directly connected, GigabitEthernet0/2/0
R       2.2.1.16/30 [120/1] via 2.2.1.1, 00:00:15, GigabitEthernet0/1/0
                    [120/1] via 2.2.1.14, 00:00:10, GigabitEthernet0/2/0
R       2.2.2.0/28 [120/1] via 2.2.1.14, 00:00:10, GigabitEthernet0/2/0
R       2.2.2.0/30 [120/1] via 2.2.1.14, 00:00:10, GigabitEthernet0/2/0
R       2.2.3.0/24 [120/1] via 2.2.1.14, 00:00:10, GigabitEthernet0/2/0
R       2.2.10.0/24 [120/1] via 2.2.1.6, 00:00:11, GigabitEthernet0/0/0
```

图 8.7　R7 路由器的路由表信息

显示网站的域名和 IP 地址信息,增加的代码如下所示。

<font size=36 color=red>www.ifeng.com
2.2.10.18</font>

7) 测试模拟的因特网运行是否正常

在案例高校的 B 校区局域网内网,任选一台 PC,比如 PC5 主机,在浏览器中分别输入 http://2.2.10.18 和 http://2.2.3.10 并按 Enter 键访问,访问结果如图 8.8 和图 8.9 所示,从中可见,访问成功,RIP 配置成功。

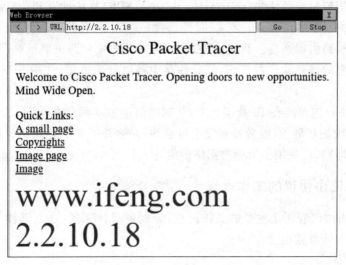

图 8.8　B 校区内网网站访问测试 1

199

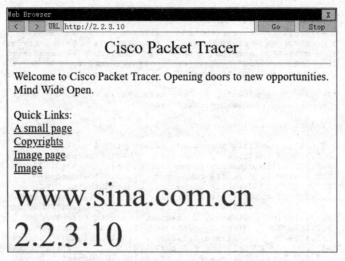

图 8.9　B校区内网网站访问测试 2

8.4　OSPF 动态路由协议

8.4.1　OSPF 路由协议概述

1. OSPF 路由协议简介

OSPF 是链路状态路由协议,属于内部网关协议。与距离矢量路由协议不同,链路状态路由协议使用最短路径优先(shortest path first,SPF)算法计算和选择路由,关心网络中链路或接口的状态(up/down、带宽、时延、利用率等),每台路由器将其已知的链路状态向该区域的其他路由器通告。利用这种方式,网络上的每台路由器最终形成包含网络完整链路状态信息的链路状态数据库,最后各路由器以此为依据,使用 SPF 算法独立计算出路由。

OSPF 将协议包封装在 IP 数据包中,并利用组播方式发送协议包。OSPF 路由协议比 RIP 具有更大的扩展性、收敛性和安全可靠性,并弥补了 RIP 路由协议的缺陷和不足,不会出现路由环路,可适用于大中型网络的组建。

2. OSPF 路由协议的工作过程

OSPF 路由协议有 4 个主要的工作过程,分别是寻找邻居、建立邻接关系、传递交互链路状态信息和计算路由。

1) 寻找邻居

OSPF 路由协议启动运行后,将周期性地从启动 OSPF 协议的每一个接口,以组播方式发送 Hello 包,以寻找邻居。在 Hello 包中携带有一些参数,比如始发路由器的 Router

ID、接口的区域 ID、地址掩码以及优先级等信息。

路由器通过记录彼此的邻居状态来确认是否与对方建立了邻接关系。路由器首次收到某路由器的 Hello 包时,仅将该路由器当作邻居候选人,将邻居状态记录为 Init。在相互协商成功 Hello 包中所指定的某些参数后,才将该路由器确定为邻居,将邻居状态修改为 2-way。当双方的链路状态信息交换成功后,邻居状态变为 Full,表示邻居路由器之间的链路状态信息已经同步完成。

一台路由器可以有很多个邻居,也可以同时成为其他路由器的邻居,因此,路由器使用邻居表来记录邻居 ID、邻居地址和邻居状态等信息。邻居地址一般为邻居路由器给自己发送 Hello 包的接口地址。邻居 ID 为邻居路由器的 Router ID。Router ID 是在 OSPF 区域内唯一标识一台路由器的 IP 地址。路由器使用接口 IP 地址作为邻居地址,与区域内的其他路由器建立邻居关系,使用 Router ID 来唯一标识区域内的某台路由器。

2) 建立邻接关系

邻居关系建立后,接下来就是建立邻接关系的过程。只有建立了邻接关系的路由器之间,才能交互链路状态信息。

如果让区域内两两互联的路由器,都建立邻接关系,则有 $[n(n-1)/2]$ 个邻接关系,太多的邻接关系需要消耗较多的资源。为了减少邻接关系数量,OSPF 路由协议规定,在广播型网络(比如以太网)中,一个区域要选举出一个 DR(designated router,指定路由器)和 BDR(backup designated router,备份的指定路由器),区域内的其他路由器只能与 DR 和 BDR 建立邻接关系。这样一来,邻接关系的数量就减少为 $[2(n-2)+1]$ 条,DR 和 BDR 成为链路信息交互的中心。

在广播型网络中,DR 和 BDR 的选举过程如下。

在初始阶段,路由器会将 Hello 包中的 DR 和 BDR 字段值设置为 0.0.0.0。当路由器接收到邻居的 Hello 包后,会检查 Hello 包中携带的路由器优先级、DR 和 BDR 等字段,然后列出所有具备 DR 和 BDR 资格的路由器。

路由器的优先级为 0～255,数字越大,优先级越高。优先级为 0 的路由器,不能参与 DR 和 BDR 的选举,没有选举资格。

在具备选举资格的路由器中,优先级最高的路由器将被宣告为 BDR,如果优先级相同,则 Router ID 大的优先。BDR 选举成功后,再进行 DR 的选举。如果同时有一台或多台路由器宣称自己为 DR,则优先级最高的将被宣告为 DR。如果优先级相同,则 Router ID 大的优先。如果没有路由器宣称自己为 DR,则将已有的 BDR 推举为 DR,然后执行一次选举过程,选出新的 BDR。

DR 和 BDR 选举成功后,路由器会将 DR 和 BDR 的 IP 地址设置到 Hello 包的 DR 和 BDR 字段,表明该区域内的 DR 和 BDR 已经生效。区域内的其他路由器只与 DR 和 BDR 之间建立邻接关系。此后,所有路由器继续周期性地组播 Hello 包来寻找新的邻居和维持旧邻居关系。

路由器的优先级可以影响选举过程,新加入的高优先级路由器不会更改已经生效的 DR 和 BDR,即新加入的高优先级路由器只能接收已经存在的 DR 和 BDR,与他们建立邻接关系,不会被选举成为新的 DR 或 BDR。

3) 传递交互链路状态信息

建立邻接关系的路由器之间通过发布 LSA(link state advertisement,链路状态公告)来交互链路状态信息。通过获得对方的 LSA,同步区域内的所有链路状态信息后,各路由器将形成包含整个区域网络完整链路状态信息的 LSDB(link state database,链路状态数据库)。

为减少对网络资源的占用,OSPF 路由协议采用增量更新机制发布 LSA,即只发布邻居缺少的链路状态给邻居。如果网络变化,路由器会立即向已经建立邻接关系的邻居发送 LSA 摘要信息;如果网络未发生变化,路由器默认每隔 30 分钟向已经建立邻接关系的邻居路由器发送一次 LSA 摘要信息。摘要信息仅是对该路由器的链路状态进行简单的描述,并不是具体的链路信息。邻居接收到 LSA 摘要信息后,比较自身的链路状态信息,如果发现对方具有自己不具备的链路信息,则向对方请求该链路信息,否则不做任何回应。当路由器收到邻居发来的请求某个或某些链路信息的 LSA 包后,将立即向邻居提供所需要的链路信息,邻居收到后,将回应确认包。

从中可见,OSPF 路由协议在发布 LSA 时进行了四次握手过程,保证了链路状态信息传递的可靠性。另外,OSPF 路由协议还具备超时重传机制。在 LSA 更新阶段,如果发送的包在规定时间没有收到对方的回应,则认为该包丢失,将重新发送包。当网络时延大时会造成超时重传,为应对重复的数据包,OSPF 协议为每一个数据包编写从小到大的序号,当路由器收到重复序号的包时,只响应第一个包。

4) 计算路由

路由器通过以下步骤,计算获得 OSPF 最佳路由,并加入路由表。

(1) 评估一台路由器到另一台路由器所需要的开销(cost)。OSPF 路由协议根据路由器的每一个接口指定的度量值来决定最短路径,此处的度量值采用的是接口的开销。一条路由的开销就是沿着到达目的网络的路径上所有路由器出接口的开销总和。

(2) 同步 OSPF 区域内每台路由器的 LSDB。OSPF 通过交换 LSA 实现 LSDB 的同步。

(3) 使用 SPF 算法计算出路由。OSPF 路由协议用 SPF 算法,以自身为根节点,计算出一棵最短路径树。在这棵树上,由根到各节点的累计开销最小,即由根到各节点的路径在整个网络中是最优的,这样就获得了由根去往各个节点的路由,最后将计算得到的路由,加入路由表中。

如果通过计算发现有两条到达目标网络的路径的开销相同,则将这两条路由都加入路由表中,这种路由称为等价路由。

3. OSPF 的分区域管理

OSPF 路由协议的 SPF 算法比较复杂,需要耗费较多的路由器内存和 CPU 资源,同时还要维护和管理整个网络的链路状态数据库,网络规模越大,这方面的负荷就会越重。因此,OSPF 路由协议采用了分区域的管理办法,将一个大的自治系统,划分为几个小的区域(area)。路由器仅需与其所在区域内的其他路由器建立邻接关系,并共享相同的链路状态数据库,而不需要考虑其他区域的路由器。这样,原来需要维护和管理的庞大数据库,就被划分为几个小的数据库,在各自的区域内进行维护和管理,从而降低了对路由器内存和 CPU 资源的消耗。

为区分各个区域,每个区域都用一个 32 位的区域 ID 来标识。区域 ID 可以表示为一个十进制数,也可以用点分十进制数来表示。例如,区域 0 等同于 0.0.0.0,区域 1 等同于 0.0.0.1。区域 ID 仅是对区域的标识,与区域内路由器的 IP 地址分配无关。

划分区域后,OSPF 自治系统内的通信就可分为 3 种类型,即区域内通信、区域间通信和区域外部通信(域内路由器与另一个自治系统内的路由器之间的通信)。为了完成这些通信,OSPF 协议对本自治系统内的各区域和路由器进行了区分和任务分工。

为了有效管理区域间的通信,需要有一个区域作为所有区域的枢纽,负责汇总每一个区域的网络拓扑和路由到其他所有的区域,所有的区域间通信都必须通过该区域来实现,这个区域称为骨干区域(backbone area),协议规定骨干区域的区域 ID 为 0。一个 OSPF 自治系统必须有一个骨干区域。

所有非骨干区域都必须与骨干区域相连,非骨干区域之间不能直接交换数据包,非骨干区域间的链路状态同步和路由信息同步,只能通过骨干区域来完成。

路由器的所有接口都属于同一个区域的路由器,称为区域内部路由器;至少有一个接口与骨干区域相连的路由器,称为骨干路由器;连接一个或多个区域到骨干区域的路由器,称为区域边界路由器:这些路由器一般会成为区域间通信的路由网关。如果一个路由器与其他自治系统内的某路由器相连,则该路由器就称为自治系统边界路由器。

划分区域后,只有在同一个区域的路由器彼此间才能建立邻居和邻接关系。为保证区域间能正常通信,区域边界路由器必须同时加入两个或两个以上的区域,负责向它所连接的区域转发其他区域的 LSA 通告,以实现 OSPF 自治系统内部的链路状态同步和路由信息同步。

在配置 OSPF 动态路由协议时,使用单区域配置还是多区域配置,取决于网络规模的大小。如果网络规模不是太大,则可使用单区域配置;如果网络规模较大,则使用多区域配置。

8.4.2　OSPF 配置命令

1. 启用 OSPF 路由协议

配置命令如下:

```
router ospf process-id
```

命令功能:启用 OSPF 路由协议,并指定 OSPF 进程的进程号。该命令在全局配置模式下运行,运行后进入路由配置子模式。

process-id 为 OSPF 启动运行的进程号,取值范围为 1~65535,可任意配置指定。进程号仅在本地路由器内部起作用,不同路由器可使用相同的进程号。

例如,如果要启动 OSPF 路由协议,并指定 OSPF 运行的进程号为 1,则配置命令如下:

```
Router(config)#router ospf 1
Router(config-router)#
```

如果要停用 OSPF 路由协议,则执行 no router ospf *process-id* 命令来实现。

2. 配置指定参与 OSPF 动态路由学习的网络

配置命令如下:

network *network-address wildcard-mask* area *area-id*

参数说明:*network-address* 代表网络地址;*wildcard-mask* 代表网络地址的通配符掩码,即反掩码;*area-id* 代表网络所属的区域号。

假设路由器处于骨干区域中,路由器的接口连接了 2 个网络,网络地址分别为 192.168.1.0/24 和 192.168.2.0/24。这 2 个网络都要参与 OSPF 动态路由的学习,则配置命令如下:

```
Router(config)#router ospf 1
Router(config-router)#network 192.168.1.0 0.0.0.255 area 0
Router(config-router)#network 192.168.2.0 0.0.0.255 area 0
```

3. 配置路由器的 Router ID

配置命令如下:

router-id A.B.C.D

Router ID 的格式与 IP 地址相同,用于唯一标识该台路由器。该命令在路由配置子模式下执行。

例如,如果要配置指定路由器的 Router ID 值为 1.1.1.1,则配置命令如下:

```
Router(config-router)#router-id 1.1.1.1
```

如果未配置指定路由器的 Router ID,则使用本路由器上所有 loopback 接口中最大的 IP 作为 Router ID。如果 loopback 口也没有配置 IP 地址,则使用本路由器上所有物理接口中最大的 IP 地址作为 Router ID。

4. 配置路由重分发

路由重分发(route redistribution)是指当网络中使用了多种路由协议时,将一种路由协议学习到的路由,转换为另一种路由协议的路由,并通过另一种路由协议广播或组播出去,从而实现不同路由协议之间交换路由信息的目的。

静态路由、RIP、OSPF、BGP 都属于不同种类的路由协议,这些路由协议彼此间要交换路由信息,需要用到路由重分发。比如,将当前路由器上配置的静态路由信息重分发到 OSPF 或 RIP 路由协议中去,让其他路由器能通过 OSPF 或 RIP 动态路由协议的学习,获得这条静态路由的路由信息。

除了不同动态路由协议彼此间可以重分发路由信息之外,还可以将路由器上的直连路由、静态路由和默认路由,根据应用的需要,重分发到 RIP 或 OSPF 路由协议中。

路由重分发在路由配置子模式下,使用 redistribute 命令来实现,具体用法如下。

1) 重分发直连路由

配置命令如下:

```
redistribute connected[subnets]
```

将直连路由重分发到 RIP 时,使用 redistribute connected 命令。将直连路由重分发到 OSPF 协议时,使用 redistribute connected subnets 命令,即带子网掩码重分发直连路由。

2) 重分发静态路由

配置命令如下:

```
redistribute static[subnets]
```

将静态路由重分发到 RIP 时,使用 redistribute static 命令。将静态路由分发到 OSPF 协议时,使用 redistribute static subnets 命令,即带子网掩码重分发静态路由。

例如,如果要将当前路由器上的静态路由重分发到 OSPF 动态路由协议中,则实现的配置命令如下:

```
Router(config)#router ospf 1
Router(config-router)#redistribute static subnets
```

3) 重分发默认路由

配置命令如下:

```
default-information originate
```

在局域网的出口路由器中,会配置一条到因特网的默认路由。如果局域网内网采用动态路由协议配置,出口路由器的内网口加入了动态路由网络,则在出口路由器上必须配置重分发默认路由到动态路由协议中,否则局域网内的其他三层设备将缺乏到因特网的默认路由,导致内网用户无法访问因特网。

配置路由重分发时,要进入目标路由协议的配置模式中去配置路由重分发,路由重分发指令指定的是分发的来源路由。

假设局域网内的汇聚交换机、核心交换机与出口路由器之间的网络,配置使用了 OSPF 动态路由协议,则在出口路由器上,需要将默认路由重分发到 OSPF 路由协议中,实现的配置命令如下:

```
Router(config)#router ospf 1
Router(config-router)#default-information originate
```

4) 将一种动态路由协议中的路由重分发到另一种动态路由协议

配置命令如下:

```
redistribute 协议名称[进程号/自治系统号][metric 度量值][subnets]
```

该命令在要发布到的目标路由协议的路由配置模式下执行,将指定的动态路由协议的路由信息重分发到当前动态路由协议中去。

参数说明如下。

协议名称:用于指定路由信息的来源路由协议,可以是 RIP、OSPF、BGP 或 EIGRP 路由协议。

进程号/自治系统号:当要将 OSPF 路由协议的路由信息发布到其他动态路由协议时,路由协议名称要设置为 OSPF,并且后面还要带上 OSPF 协议的进程号。如果路由来源协议为 BGP,要将 BGP 路由协议中的路由信息发布到其他路由协议中去,将协议名称设置为 BGP,并且要给出来源路由信息所在的自治系统号。

metric:用于设置重分发进来的路由条目需要添加的度量值。如果没有指定该参数项,默认添加种子度量值(seed metric)所设置的度量值。OSPF 协议的种子度量值为 20。

subnets:重分发路由时考虑子网掩码,即带子网掩码重分发路由。

5. 显示与验证 OSPF 配置

show ip ospf neighbor:显示 OSPF 的邻居关系。

show ip protocols:显示路由协议配置信息。

show ip ospf:显示 OSPF 的信息。

show ip ospf interface:显示 OSPF 的接口信息。

show ip route ospf:查看路由表中通过 OSPF 协议所学习到的路由。

8.4.3 OSPF 多区域配置应用案例

1. 配置目标

对规划设计的因特网中的 AS 100 自治系统网络,采用 OSPF 多区域配置方案,以实现整个网络的互联互通。

其中的 R5 为自治系统边界路由器,R5 路由器的 G0/2/0 端口与 AS 200 自治系统的 R6 路由器的 G0/2/0 端口直接相连,这条链路运行 BGP 动态路由协议。因此,不要将 R5 路由器的 G0/2/0 端口所连接的网络(1.1.5.0/30)加入 OSPF 路由协议中。

2. 配置方法

1) 配置 R1 路由器

R1 路由器的 G0/0/0 端口与案例高校的 A 校区局域网络的出口路由器相连,是局域网用户访问因特网的出口网关。R1 路由器与 CampusA_Router 路由器之间的链路运行静态路由。在 R1 路由器上,根据 A 校区所申请到的 32 个公网地址(1.1.1.0/27)配置静态路由,路由下一跳指向 CampusA_Router 路由器的外网口地址(1.1.1.2)。在前面配置 A 校区网络时,为便于访问测试因特网中的 Web 服务器,已配置添加了该条静态路由,并完成了对 G0/0/0 和 G0/0 端口 IP 地址的配置,下面不再重复。

为了让因特网中的其他路由器能通过 OSPF 协议,学习获得到 1.1.1.0/27 网络的路由,需要在 R1 路由器上将静态路由重分发到 OSPF 路由协议中去。

对 R1 路由器的配置如下所示。

```
Router>enable
Router#config t
Router(config)#hostname R1
R1(config)#int g0/2/0
R1(config-if)#no shutdown
R1(config-if)#ip address 1.1.3.6 255.255.255.252
R1(config-if)#int g0/1/0
R1(config-if)#no shutdown
R1(config-if)#ip address 1.1.3.10 255.255.255.252
R1(config-if)#router ospf 1
R1(config-router)#network 1.1.3.4 0.0.0.3 area 1
R1(config-router)#network 1.1.3.8 0.0.0.3 area 1
R1(config-router)#network 1.1.2.0 0.0.0.255 area 1
!重分发静态路由到 OSPF 路由协议
R1(config-router)#redistribute static subnets
R1(config-router)#end
R1#write
R1#exit
```

2) 配置 R2 路由器

```
Router>enable
Router#config t
Router(config)#hostname R2
R2(config)#int g0/0/0
R2(config-if)#no shutdown
R2(config-if)#ip address 1.1.3.9 255.255.255.252
R2(config-if)#int g0/0
R2(config-if)#no shutdown
R2(config-if)#ip address 114.114.114.1 255.255.255.0
R2(config-if)#int g0/1/0
R2(config-if)#no shutdown
R2(config-if)#ip address 1.1.3.1 255.255.255.252
R2(config-if)#exit
R2(config)#router ospf 1
R2(config-router)#network 1.1.3.8 0.0.0.3 area 1
R2(config-router)#network 114.114.114.0 0.0.0.255 area 1
R2(config-router)#network 1.1.3.0 0.0.0.3 area 1
R2(config-router)#end
R2#write
R2#exit
```

3) 配置 R3 路由器

```
Router>enable
Router#config t
Router(config)#hostname R3
R3(config)#int g0/1/0
R3(config-if)#no shutdown
R3(config-if)#ip address 1.1.3.5 255.255.255.252
R3(config-if)#int g0/0/0
R3(config-if)#no shutdown
R3(config-if)#ip address 1.1.3.2 255.255.255.252
R3(config-if)#int g0/2/0
R3(config-if)#no shutdown
R3(config-if)#ip address 1.1.4.1 255.255.255.252
R3(config-if)#int g0/3/0
R3(config-if)#no shutdown
R3(config-if)#ip address 1.1.4.10 255.255.255.252
R3(config-if)#exit
R3(config)#router ospf 1
R3(config-router)#network 1.1.3.0 0.0.0.3 area 1
R3(config-router)#network 1.1.3.4 0.0.0.3 area 1
R3(config-router)#network 1.1.4.0 0.0.0.3 area 0
R3(config-router)#network 1.1.4.8 0.0.0.3 area 0
R3(config-router)#end
R3#write
R3#exit
```

4) 配置 R4 路由器

```
Router>enable
Router#config t
Router(config)#hostname R4
R4(config)#int g0/0/0
R4(config-if)#no shutdown
R4(config-if)#ip address 1.1.4.2 255.255.255.252
R4(config-if)#int g0/1/0
R4(config-if)#no shutdown
R4(config-if)#ip address 1.1.4.5 255.255.255.252
R4(config-if)#int g0/0
R4(config-if)#no shutdown
R4(config-if)#ip address 1.1.10.1 255.255.255.0
R4(config-if)#exit
R4(config)#router ospf 1
R4(config-router)#network 1.1.4.0 0.0.0.3 area 0
R4(config-router)#network 1.1.10.0 0.0.0.255 area 0
R4(config-router)#network 1.1.4.4 0.0.0.3 area 0
R4(config-router)#end
R4#write
R4#exit
```

5）配置 R5 路由器

```
Router>enable
Router#config t
Router(config)#hostname R5
R5(config)#int g0/0/0
R5(config-if)#no shutdown
R5(config-if)#ip address 1.1.4.6 255.255.255.252
R5(config-if)#int g0/1/0
R5(config-if)#no shutdown
R5(config-if)#ip address 1.1.4.9 255.255.255.252
R5(config-if)#int g0/2/0
R5(config-if)#no shutdown
R5(config-if)#ip address 1.1.5.1 255.255.255.252
R5(config-if)#exit
R5(config)#router ospf 1
R5(config-router)#network 1.1.4.4 0.0.0.3 area 0
R5(config-router)#network 1.1.4.8 0.0.0.3 area 0
R5(config-router)#end
R5#write
R5#exit
```

6）配置 DNS 服务器以及域名为 www.netacad.com 和 www.baidu.com 的 Web 服务器的 IP 地址、子网掩码和默认网关地址

主机的 DNS 服务器地址设置为 114.114.114.114。

分别编辑修改域名为 www.netacad.com 和 www.baidu.com 的 Web 服务器的网站首页文件（index.html）的源代码，增加显示网站的域名和 IP 地址。示例代码如下：

```
<br><font size=36 color=red>www.netacad.com<br>1.1.2.10</font>
```

7）在 DNS 服务器上开启 DNS 服务，并配置域名解析

案例高校 A 校区中的 1.1.1.18 服务器的域名地址为 www.cqut.edu.cn，10.0.0.10 的内网服务器配置了端口映射，将 TCP 80 端口映射到了 1.1.1.5 地址的 TCP 80，该台服务器的域名地址为 jw.cqut.edu.cn，分别编辑这 2 台服务器网站的首页文件（index.html）的源代码，增加域名地址的显示。

在 DNS 服务器上配置好域名解析的界面如图 8.10 所示。

8）检验路由配置效果

在 AS 200 自治系统中任选一台路上器，比如 R5 路由器，进入路由器的特权执行模式，然后执行 show ip route 命令查看路由表，路由表信息如图 8.11 所示。从中可见，路由学习全部成功。

在输出的信息中，重点关注 1.1.2.0/24、1.1.1.0/27、114.114.114.0/24 和 1.1.10.0/24 网络的路由是否学习成功。

9）检查 Internet 访问情况

在 A 校区局域网内网任选一台主机，使用域名地址访问因特网中的 Web 服务器，检查因特网的网络服务访问是否正常。

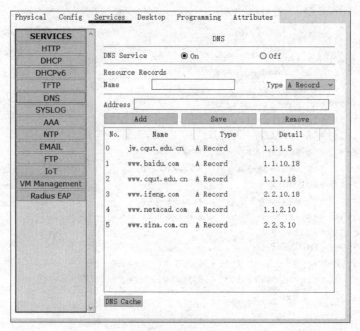

图 8.10　配置域名解析

```
R5#show ip route
Codes: L - local, C - connected, S - static, R - RIP, M - mobile, B - BGP
       D - EIGRP, EX - EIGRP external, O - OSPF, IA - OSPF inter area
       N1 - OSPF NSSA external type 1, N2 - OSPF NSSA external type 2
       E1 - OSPF external type 1, E2 - OSPF external type 2, E - EGP
       i - IS-IS, L1 - IS-IS level-1, L2 - IS-IS level-2, ia - IS-IS inter area
       * - candidate default, U - per-user static route, o - ODR
       P - periodic downloaded static route

Gateway of last resort is not set

      1.0.0.0/8 is variably subnetted, 13 subnets, 4 masks
O E2    1.1.1.0/27 [110/20] via 1.1.4.10, 00:28:25, GigabitEthernet0/1/0
O IA    1.1.2.0/24 [110/3] via 1.1.4.10, 00:28:25, GigabitEthernet0/1/0
O IA    1.1.3.0/30 [110/2] via 1.1.4.10, 00:28:25, GigabitEthernet0/1/0
O IA    1.1.3.4/30 [110/2] via 1.1.4.10, 00:28:25, GigabitEthernet0/1/0
O IA    1.1.3.8/30 [110/3] via 1.1.4.10, 00:28:25, GigabitEthernet0/1/0
O       1.1.4.0/30 [110/2] via 1.1.4.5, 00:28:25, GigabitEthernet0/0/0
                   [110/2] via 1.1.4.10, 00:28:25, GigabitEthernet0/1/0
C       1.1.4.4/30 is directly connected, GigabitEthernet0/0/0
L       1.1.4.6/32 is directly connected, GigabitEthernet0/0/0
C       1.1.4.8/30 is directly connected, GigabitEthernet0/1/0
L       1.1.4.9/32 is directly connected, GigabitEthernet0/1/0
C       1.1.5.0/30 is directly connected, GigabitEthernet0/2/0
L       1.1.5.1/32 is directly connected, GigabitEthernet0/2/0
O       1.1.10.0/24 [110/2] via 1.1.4.5, 00:28:35, GigabitEthernet0/0/0
      114.0.0.0/24 is subnetted, 1 subnets
O IA    114.114.114.0/24 [110/3] via 1.1.4.10, 00:28:25, GigabitEthernet0/1/0
```

图 8.11　R5 路由器的路由表

　　选择 PC3 主机,将 IP 地址获得方式设置为 DHCP。正确获得地址后,打开浏览器,在地址栏中分别输入 http://www.netacad.com 和 http://www.baidu.com 并按 Enter 键访问,访问结果如图 8.12 和图 8.13 所示。访问成功,因特网 AS 100 自治系统网络配置成功。

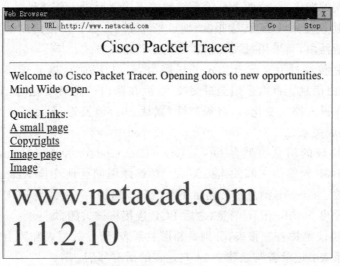

图 8.12　A 校区局域网访问网络学院网站

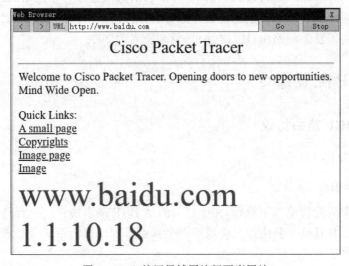

图 8.13　A 校区局域网访问百度网站

8.5　BGP 路由协议

8.5.1　BGP 路由协议简介

BGP(border gateway protocol,边界网关协议)是一种基于策略的路由选择协议,属于外部网关协议,用于在自治系统之间无环路地交换路由信息,BGP 路由器交换有关前往目标网络的路径信息。对 BGP 路由协议而言,整个因特网就是由若干自治系统为单位而构成的一个大的网络,任意两个自治系统间的连接就形成一条路径。

BGP 路由协议使用 TCP 传输报文,端口号为 179。由于传输链路是可靠的,故 BGP 不需要定期更新路由,而采用触发更新和增量更新路由方式。

BGP 路由协议通过手工配置指定邻居路由器,以便建立 TCP 连接,连接建立成功后,才能交换路由信息。首次采用全量交换,以后在路由信息有变化时,采用增量更新方式更新路由。在没有路由变化时,将周期性(默认 60s)地发送 Keepalive 消息,以保持会话有效,维持邻居关系。

BGP 路由协议的消息类型有 Open、Keepalive、Update 和 Notification 四种。Open 消息用于建立 BGP 对等体之间的连接关系。对等体周期性地交换 Keepalive 消息,以保持会话连接有效。Update 消息携带路由更新(删减、增加)信息。当 BGP 检测到错误时,就会向对等体发出 Notification 消息,之后 BGP 连接将被关闭。

BGP 路由协议维护着三张表,分别是邻居关系表、转发数据表和路由表。

- 邻居关系表:记录着与之建立 BGP 连接的所有邻居。
- 转发数据表:记录每个邻居的网络,从邻居处获得的所有路由都被加入转发表中。
- 路由表:BGP 路由选择进程从 BGP 转发表中选出前往每个网络的最佳路径,并加入路由表中。从外部自治系统获悉的 BGP 路由(EBGP 路由)管理距离为 20,从自治系统内部获悉的路由(IBGP 路由)管理距离为 200。

8.5.2 BGP 配置命令

1. 启用 BGP 路由协议

配置命令如下:

```
router bgp 自治系统号
```

该命令在全局配置模式下执行,用于启动激活 BGP 路由协议。一台路由器只能运行一个 BGP 进程,并且整个路由器只能属于一个自治系统。自治系统号是该路由器所在的自治系统的编号。

例如,如果路由器 R5 是编号为 100 的自治系统的边界路由器,要在该路由器启用 BGP 路由协议,则配置命令如下:

```
R5(config)#router bgp 100
```

2. 配置指定邻居路由器

配置命令如下:

```
neighbor ip-address remote-as AS-number
```

该命令在路由配置子模式下执行,用于指定邻居路由器的 IP 地址以及邻居路由器所在的自治系统号。

邻居路由器应与当前路由器直连,邻居 IP 地址是与当前路由器直连的接口的 IP 地址。配置指定邻居后,才能建立 BGP 连接,激活 BGP 会话,交换路由信息。

3. 通告路由信息

BGP 路由协议将自治系统内的路由信息,通告给其他自治系统内的内部网关路由协议,有两种方法,分别是用 network 指令配置指定要通告的网段和用 redistribute 路由重分发方式自动全部通告。

1) 用 network 通告

配置命令如下:

```
network 网络地址 mask 子网掩码
```

该命令在路由配置子模式下执行,用于告诉 BGP 路由进程通告哪些本地所学习到的网络。这些网络可以是直连路由、静态路由或者是通过动态路由协议学习到的路由。所通告的网络在本地路由表中必须要存在,否则通告无效。

2) 用 redistribute 通告

这种通告方式就是利用路由重发布来通告路由,其配置命令如下:

```
redistribute 路由协议 [进程号/自治系统号][subnets]
```

参数说明:路由协议是指要通告的路由源所采用的路由协议。进程号是可选项,如果路由协议有进程号,比如 OSPF,则要带上进程号;如果是 BGP,则带上自治系统编号。

如果要将 BGP 路由协议学习到的路由信息重发布到自治系统内的 OSPF 路由协议中,应带上 subnets 参数,以便在路由重发布时带上子网掩码。

假设 R5 路由器是 AS 100 自治系统的边界路由器,现要将 BGP 路由协议所学习到的路由信息,重分发给自治系统内部的 OSPF 路由协议,则配置命令如下:

```
R5(config)#router ospf 1
R5(config-router)#redistribute bgp 100 subnets
```

4. 查看 BGP 路由信息

show ip bgp summary:显示 BGP 汇总信息,可查看到与之相连的邻居信息。

show ip bgp:查看 BGP 转发表。在显示的列表中,带有" * "的代表该路由条目有效。带有">"的,代表是最佳路由,会被添加到路由表中。

show ip route bgp:查看通过 BGP 路由协议所学习到的路由。

8.5.3 BGP 应用案例

1. 配置目标

通过前面的配置,完成了因特网 AS 100 自治系统内部网络的配置,实现了自治系统内部网络的互联互通。本小节先采用单区域的 OSPF 配置方案完成 AS 200 自治系统内部网络的配置,然后利用 BGP 路由协议,进一步配置实现这两个自治系统之间的路由信息交换,实现 AS 100 和 AS 200 自治系统之间的互联互通,完成整个因特网的构建工作。

2. 配置思路

R5 路由器是 AS 100 的边界路由器,R6 是 AS 200 的边界路由器,R5 利用 G0/2/0 与 R6 的 G0/2/0 端口直连。R5 的 G0/2/0 端口与 R6 的 G0/2/0 端口以及之间的链路运行 BGP 路由协议。因此,R5 路由器和 R6 路由器也会同时运行 OSPF 路由协议和 BGP 路由协议。

在 R5 路由器上,将 AS 100 自治系统内的路由信息由 OSPF 路由协议重分发给 BGP 路由协议。R6 路由器通过 BGP 路由协议,可学习获得 AS 100 自治系统内的路由信息,然后由 BGP 路由协议重分发给 AS 200 自治系统内的 OSPF 路由协议,这样 AS 200 自治系统就可获得 AS 100 自治系统的路由信息。同理,在 R6 路由器中,将 OSPF 路由协议学习到的路由信息重分发给 BGP 路由协议,R5 路由器通过 BGP 路由协议可学习获得 AS 200 自治系统内的路由信息,然后由 BGP 路由协议重分发给 OSPF 路由协议,这样 AS 100 中的 OSPF 路由协议就可获得 AS 200 自治系统内的路由信息,从而实现 2 个自治系统间路由信息的交换。

以上实现方法是采用路由重分发的方案,将一个自治系统的路由信息全部分发给另一个自治系统。另外也可利用 network 指令,只将一个自治系统的部分目标网段的路由通告给另一个自治系统。

3. 配置方法

(1) 打开案例高校的网络拓扑文件,采用 OSPF 单区域方案配置 AS 200 自治系统内部的网络,实现网络的互联互通。

① 配置 R6 路由器的 OSPF 路由。

```
R6(config)#router ospf 1
R6(config-router)#network 2.2.1.0 0.0.0.3 area 0
R6(config-router)#network 2.2.1.16 0.0.0.3 area 0
R6(config-router)#end
R6#write
```

② 配置 R7 路由器。

```
R7(config)#router ospf 1
R7(config-router)#network 2.2.1.0 0.0.0.3 area 0
R7(config-router)#network 2.2.1.4 0.0.0.3 area 0
R7(config-router)#end
R7#write
```

③ 配置 R8 路由器。

```
R8(config)#router ospf 1
R8(config-router)#network 2.2.1.4 0.0.0.3 area 0
R8(config-router)#network 2.2.10.0 0.0.0.255 area 0
R8(config-router)#network 2.2.1.8 0.0.0.3 area 0
```

```
R8(config-router)#end
R8#write
```

④ 配置 R9 路由器。

```
R9(config)#router ospf 1
R9(config-router)#network 2.2.1.16 0.0.0.3 area 0
R9(config-router)#network 2.2.1.12 0.0.0.3 area 0
R9(config-router)#network 2.2.1.8 0.0.0.3 area 0
R9(config-router)#network 2.2.3.0 0.0.0.255 area 0
!将该路由器上配置的静态路由重分发到 OSPF 路由协议中
R9(config-router)#redistribute static subnets
R9(config-router)#end
R9#write
```

⑤ 路由信息与网络通畅性检验。在 AS 200 自治系统内任选一台路由器,比如 R7 路由器,在特权执行模式下执行 show ip route 命令查看路由表,核对通过 OSPF 协议所学习到的路由信息是否正确。R7 的路由表如图 8.14 所示,从中可见,路由信息学习全部成功。

```
R7#show ip route
Codes: L - local, C - connected, S - static, R - RIP, M - mobile, B - BGP
       D - EIGRP, EX - EIGRP external, O - OSPF, IA - OSPF inter area
       N1 - OSPF NSSA external type 1, N2 - OSPF NSSA external type 2
       E1 - OSPF external type 1, E2 - OSPF external type 2, E - EGP
       i - IS-IS, L1 - IS-IS level-1, L2 - IS-IS level-2, ia - IS-IS inter area
       * - candidate default, U - per-user static route, o - ODR
       P - periodic downloaded static route

Gateway of last resort is not set

      2.0.0.0/8 is variably subnetted, 11 subnets, 4 masks
C        2.2.1.0/30 is directly connected, GigabitEthernet0/1/0
L        2.2.1.2/32 is directly connected, GigabitEthernet0/1/0
C        2.2.1.4/30 is directly connected, GigabitEthernet0/0/0
L        2.2.1.5/32 is directly connected, GigabitEthernet0/0/0
O        2.2.1.8/30 [110/2] via 2.2.1.14, 00:08:14, GigabitEthernet0/2/0
                    [110/2] via 2.2.1.6, 00:08:14, GigabitEthernet0/0/0
C        2.2.1.12/30 is directly connected, GigabitEthernet0/2/0
L        2.2.1.13/32 is directly connected, GigabitEthernet0/2/0
O        2.2.1.16/30 [110/2] via 2.2.1.1, 00:08:24, GigabitEthernet0/1/0
                     [110/2] via 2.2.1.14, 00:08:24, GigabitEthernet0/2/0
O E2     2.2.2.0/28 [110/20] via 2.2.1.14, 00:07:54, GigabitEthernet0/2/0
O        2.2.3.0/24 [110/2] via 2.2.1.14, 00:08:04, GigabitEthernet0/2/0
O        2.2.10.0/24 [110/2] via 2.2.1.6, 00:10:30, GigabitEthernet0/0/0
```

图 8.14 R7 路由表信息

在案例高校的 B 校区内网任选一台 PC 主机,比如 PC6,打开浏览器,在地址栏中输入 http://2.2.10.18 并按 Enter 键,查看能否访问该 Web 服务。如果能访问,说明 AS 200 自治系统内部网络配置成功。经测试发现访问成功,AS 200 自治系统的 OSPF 路由协议配置成功,网络通畅。

(2) 配置 AS 100 自治系统边界路由器 R5,增加 BGP 路由协议配置,并在 BGP 与 OSPF 路由协议间交换路由信息。

```
R5>enable
R5#config t
```

```
!配置启用 BGP 路由协议
R5(config)#router bgp 100
!配置指定邻居路由器
R5(config-router)#neighbor 1.1.5.2 remote-as 200
!R1 路由器上的静态路由重分发给了 OSPF,再由 OSPF 重分发给 BGP 时无效
!用 network 指令将当前路由器通过 OSPF 学习到的该条路由通告给 BGP 路由协议
R5(config-router)#network 1.1.1.0 mask 255.255.255.224
!将 AS100 中的 OSPF 路由协议学习到的路由信息重分发给 BGP 路由协议
R5(config-router)#redistribute ospf 1
R5(config-router)#exit
!重新配置 OSPF 路由协议
R5(config)#router ospf 1
!将 BGP 路由协议学习到的路由信息重分发给 OSPF 路由协议
R5(config-router)#redistribute bgp 100 subnets
R5(config-router)#end
R5#write
R5#exit
```

(3) 配置 AS 200 自治系统边界路由器 R6,增加 BGP 路由协议配置,并在 BGP 与 OSPF 路由协议间交换路由信息。

```
R6(config)#router bgp 200
R6(config-router)#neighbor 1.1.5.1 remote-as 100
R6(config-router)#network 2.2.2.0 mask 255.255.255.240
```

R9 路由器配置了到 2.2.2.0/28 网络的静态路由,该静态路由在 R9 路由器中重分发到 OSPF 路由协议中,AS 200 自治系统中的其他路由器通过 OSPF 路由协议都能学习到这条路由信息。在 R6 路由器上将 OSPF 路由信息重分发给 BGP 路由协议时,通过重分发学习到的路由信息就不能再重分发给 BGP 了,因此,在 BGP 路由进程中,通过 network 指令将该条路由信息通告给 BGP 路由协议。

配置指定路由器的邻居之后,R5 与 R6 之间就可以建立起 TCP 连接,并利用 BGP 路由协议交换路由信息了。下面在 R6 路由器执行 do show ip route bgp 命令,查看通过 BGP 路由协议所学习到的路由信息,如图 8.15 所示。从中可见,R6 路由器通过 BGP 路由协议已全部学习到 AS 100 自治系统的路由信息。

```
R6(config-router)#do show ip route bgp
```

```
R6(config-router)#do show ip route bgp
B    1.1.1.0/27 [20/0] via 1.1.5.1, 00:00:00
B    1.1.2.0/24 [20/3] via 1.1.5.1, 00:00:00
B    1.1.3.0/30 [20/2] via 1.1.5.1, 00:00:00
B    1.1.3.4/30 [20/3] via 1.1.5.1, 00:00:00
B    1.1.3.8/30 [20/3] via 1.1.5.1, 00:00:00
B    1.1.4.0/30 [20/2] via 1.1.5.1, 00:00:00
B    1.1.4.4/30 [20/20] via 1.1.5.1, 00:00:00
B    1.1.4.8/30 [20/20] via 1.1.5.1, 00:00:00
B    1.1.10.0/24 [20/2] via 1.1.5.1, 00:00:00
B    114.114.114.0 [20/3] via 1.1.5.1, 00:00:00
```

图 8.15   R6 路由器通过 BGP 学习到的路由信息

此时在 R5 路由器上执行 show ip route bgp 命令，查看 R5 路由器通过 BGP 学习到的路由信息，查看结果如下。

```
R5#show ip route bgp
B    2.2.2.0[20/0] via 1.1.5.2, 00:00:00
```

从输出信息可见，R5 路由器通过 BGP 路由协议学习到了 R6 路由器通过 network 指令通告的路由信息。

下面在 R6 路由器上继续配置，将 R6 路由器通过 BGP 学习到的路由信息重分发给 OSPF 路由协议。R6 路由器上同时运行 BGP 和 OSPF 路由协议。

```
R6(config-router)#router ospf 1
R6(config-router)#redistribute bgp 200 subnets
```

配置以上路由重分发后，AS 200 自治系统内的其他路由器通过 OSPF 路由协议，就可以学习到 AS 100 自治系统的路由信息了。在 AS 200 自治系统内任选一台路由器，比如选择 R8 路由器，查看其路由表，看是否学习到了 AS 100 自治系统的路由信息，结果如图 8.16 所示，从中可见，路由信息学习成功。

```
         1.0.0.0/8 is variably subnetted, 9 subnets, 3 masks
O E2    1.1.1.0/27 [110/20] via 2.2.1.5, 00:03:25, GigabitEthernet0/0/0
                   [110/20] via 2.2.1.10, 00:03:25, GigabitEthernet0/1/0
O E2    1.1.2.0/24 [110/20] via 2.2.1.5, 00:03:25, GigabitEthernet0/0/0
                   [110/20] via 2.2.1.10, 00:03:25, GigabitEthernet0/1/0
O E2    1.1.3.0/30 [110/20] via 2.2.1.5, 00:03:25, GigabitEthernet0/0/0
                   [110/20] via 2.2.1.10, 00:03:25, GigabitEthernet0/1/0
O E2    1.1.3.4/30 [110/20] via 2.2.1.5, 00:03:25, GigabitEthernet0/0/0
                   [110/20] via 2.2.1.10, 00:03:25, GigabitEthernet0/1/0
O E2    1.1.3.8/30 [110/20] via 2.2.1.5, 00:03:25, GigabitEthernet0/0/0
                   [110/20] via 2.2.1.10, 00:03:25, GigabitEthernet0/1/0
O E2    1.1.4.0/30 [110/20] via 2.2.1.5, 00:03:25, GigabitEthernet0/0/0
                   [110/20] via 2.2.1.10, 00:03:25, GigabitEthernet0/1/0
O E2    1.1.4.4/30 [110/20] via 2.2.1.5, 00:03:25, GigabitEthernet0/0/0
                   [110/20] via 2.2.1.10, 00:03:25, GigabitEthernet0/1/0
O E2    1.1.4.8/30 [110/20] via 2.2.1.5, 00:03:25, GigabitEthernet0/0/0
                   [110/20] via 2.2.1.10, 00:03:25, GigabitEthernet0/1/0
O E2    1.1.10.0/24 [110/20] via 2.2.1.5, 00:03:25, GigabitEthernet0/0/0
                    [110/20] via 2.2.1.10, 00:03:25, GigabitEthernet0/1/0
         2.0.0.0/8 is variably subnetted, 11 subnets, 4 masks
O       2.2.1.0/30 [110/2] via 2.2.1.5, 00:40:54, GigabitEthernet0/0/0
C       2.2.1.4/30 is directly connected, GigabitEthernet0/0/0
L       2.2.1.6/32 is directly connected, GigabitEthernet0/0/0
C       2.2.1.8/30 is directly connected, GigabitEthernet0/1/0
L       2.2.1.9/32 is directly connected, GigabitEthernet0/1/0
O       2.2.1.12/30 [110/2] via 2.2.1.5, 00:38:30, GigabitEthernet0/0/0
                    [110/2] via 2.2.1.10, 00:38:30, GigabitEthernet0/1/0
O       2.2.1.16/30 [110/2] via 2.2.1.10, 00:38:30, GigabitEthernet0/1/0
O E2    2.2.2.0/28 [110/20] via 2.2.1.10, 00:38:08, GigabitEthernet0/1/0
O       2.2.3.0/24 [110/2] via 2.2.1.10, 00:38:18, GigabitEthernet0/1/0
C       2.2.10.0/24 is directly connected, GigabitEthernet0/1/0
L       2.2.10.1/32 is directly connected, GigabitEthernet0/0
         114.0.0.0/24 is subnetted, 1 subnets
O E2    114.114.114.0/24 [110/20] via 2.2.1.5, 00:03:25, GigabitEthernet0/0/0
                         [110/20] via 2.2.1.10, 00:03:25, GigabitEthernet0/1/0
```

图 8.16　R8 路由器的路由表信息

通过以上配置，实现了将 AS 100 自治系统的路由信息向 AS 200 自治系统的单向传递。下面在 R6 路由器上将 AS 200 自治系统中 OSPF 路由协议学习到的路由信息重分发给 BGP 路由协议，R5 路由器通过 BGP 路由协议就可以学习到 AS 200 自治系统的路由信息，再将从 BGP 路由协议学习到的路由信息重分发给 OSPF，这样就可实现 AS 200

自治系统的路由信息向 AS 100 自治系统传递,从而最终实现两个自治系统间路由信息的交换。

```
R6(config)#router bgp 200
R6(config-router)#redistribute ospf 1
```

配置以上路由重分发指令后,在 R5 路由器上执行 show ip route bgp 命令,查看通过 BGP 学习到的路由信息,如图 8.17 所示。从中可见,R5 路由器对 AS 200 自治系统中的路由信息全部学习成功。

```
R5>en
R5#show ip route bgp
B    2.2.1.0/30 [20/20] via 1.1.5.2, 00:00:00
B    2.2.1.4/30 [20/2] via 1.1.5.2, 00:00:00
B    2.2.1.8/30 [20/2] via 1.1.5.2, 00:00:00
B    2.2.1.12/30 [20/2] via 1.1.5.2, 00:00:00
B    2.2.1.16/30 [20/20] via 1.1.5.2, 00:00:00
B    2.2.2.0/28 [20/0] via 1.1.5.2, 00:00:00
B    2.2.3.0/24 [20/2] via 1.1.5.2, 00:00:00
B    2.2.10.0/24 [20/3] via 1.1.5.2, 00:00:00
```

图 8.17　R5 路由器通过 BGP 学习到的路由

对 R6 路由器的路由配置工作结束,最后存盘保存配置。到此为止,BGP 路由协议配置完毕,整个模拟的因特网配置完成。

在 AS 100 自治系统任选一台路由器,比如 R2 路由器,查看路由表,检查是否学习到了 AS 200 自治系统的路由信息,R2 的路由表如图 8.18 所示,从中可见,对 AS 200 自治系统的路由信息全部学习成功。

```
R2#show ip route
Codes: L - local, C - connected, S - static, R - RIP, M - mobile, B - BGP
       D - EIGRP, EX - EIGRP external, O - OSPF, IA - OSPF inter area
       N1 - OSPF NSSA external type 1, N2 - OSPF NSSA external type 2
       E1 - OSPF external type 1, E2 - OSPF external type 2, E - EGP
       i - IS-IS, L1 - IS-IS level-1, L2 - IS-IS level-2, ia - IS-IS inter area
       * - candidate default, U - per-user static route, o - ODR
       P - periodic downloaded static route

Gateway of last resort is not set

      1.0.0.0/8 is variably subnetted, 11 subnets, 4 masks
O E2     1.1.1.0/27 [110/20] via 1.1.3.10, 01:46:47, GigabitEthernet0/0/0
O        1.1.2.0/24 [110/2] via 1.1.3.10, 01:46:47, GigabitEthernet0/0/0
C        1.1.3.0/30 is directly connected, GigabitEthernet0/1/0
L        1.1.3.1/32 is directly connected, GigabitEthernet0/1/0
O        1.1.3.4/30 [110/2] via 1.1.3.10, 01:46:47, GigabitEthernet0/0/0
                    [110/2] via 1.1.3.2, 01:46:47, GigabitEthernet0/1/0
C        1.1.3.8/30 is directly connected, GigabitEthernet0/0/0
L        1.1.3.9/32 is directly connected, GigabitEthernet0/0/0
O IA     1.1.4.0/30 [110/2] via 1.1.3.2, 01:46:37, GigabitEthernet0/1/0
O IA     1.1.4.4/30 [110/3] via 1.1.3.2, 01:46:37, GigabitEthernet0/1/0
O IA     1.1.4.8/30 [110/2] via 1.1.3.2, 01:46:37, GigabitEthernet0/1/0
O IA     1.1.10.0/24 [110/3] via 1.1.3.2, 01:46:37, GigabitEthernet0/1/0
      2.0.0.0/8 is variably subnetted, 8 subnets, 3 masks
O E2     2.2.1.0/30 [110/20] via 1.1.3.2, 00:20:11, GigabitEthernet0/1/0
O E2     2.2.1.4/30 [110/20] via 1.1.3.2, 00:20:11, GigabitEthernet0/1/0
O E2     2.2.1.8/30 [110/20] via 1.1.3.2, 00:20:11, GigabitEthernet0/1/0
O E2     2.2.1.12/30 [110/20] via 1.1.3.2, 00:20:11, GigabitEthernet0/1/0
O E2     2.2.1.16/30 [110/20] via 1.1.3.2, 00:20:11, GigabitEthernet0/1/0
O E2     2.2.2.0/28 [110/20] via 1.1.3.2, 00:44:27, GigabitEthernet0/1/0
O E2     2.2.3.0/24 [110/20] via 1.1.3.2, 00:20:11, GigabitEthernet0/1/0
O E2     2.2.10.0/24 [110/20] via 1.1.3.2, 00:20:11, GigabitEthernet0/1/0
      114.0.0.0/8 is variably subnetted, 2 subnets, 2 masks
C        114.114.114.0/24 is directly connected, GigabitEthernet0/0
L        114.114.114.1/32 is directly connected, GigabitEthernet0/0
```

图 8.18　R2 路由器的路由表

（4）因特网通畅性测试。

在 A 校区局域网任选一台 PC，比如 PC8，将 IP 地址获得方式修改为 DHCP，然后打开浏览器，在地址栏中输入 http:// www.ifeng.com 或 http://www.sina.com.cn 并按 Enter 键访问，访问成功。

在 B 校区局域网任选一台 PC，比如 PC3，打开浏览器，在浏览器地址栏中分别输入 www.baidu.com、www.netacad.com、www.cqut.edu.cn、jw.cqut.edu.cn 访问相应的网站，检查是否能正常访问。网站访问全部成功，对位于 A 校区内网中的 Web 服务器 www.cqut.edu.cn 的访问结果如图 8.19 所示。

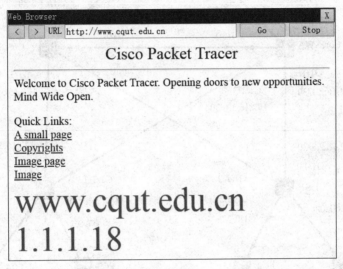

图 8.19　B 校区内网用户访问 A 校区 Web 服务

至此，因特网构建成功，A 校区和 B 校区内网用户均可以正常访问因特网，因特网中的用户也可以正常访问局域网中提供的 Web 服务。

实训 1　配置 RIP 路由协议

【实训目的】　熟悉和掌握 RIP 路由协议的配置与应用方法。

【实训环境】　Cisco Packet Tracer 8.0.x。

【实训内容与要求】

有某单位的局域网络的拓扑结构如图 8.20 所示。局域网的汇聚交换机、双核心交换机与出口路由器 R1 之间的网络运行动态路由，路由协议采用 RIPv2，R2 为因特网服务商的路由器。该单位申请到 8 个公网地址，地址段为 1.1.1.0/29，局域网内网使用的私网地址为 10.8.0.0/16，各三层设备的互联接口地址规划如图 8.20 所示，按以下要求配置该局域网络，实现整个局域网络的互联互通。

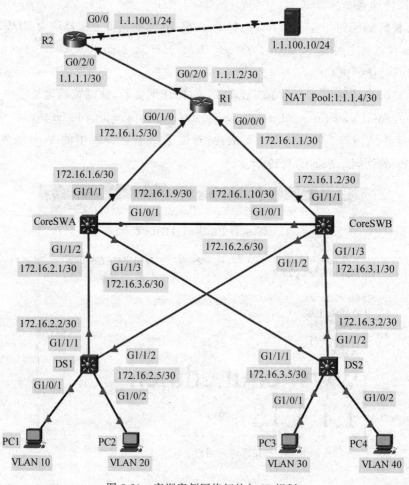

图 8.20　实训案例网络拓扑与 IP 规划

　　(1) 在 DS1 和 DS2 汇聚交换机上创建 VLAN 并分配端口 VLAN,各 VLAN 使用的网段地址和网关地址如下所示。

　　VLAN 10 使用 10.8.1.0/24 网段地址,网关地址为 10.8.1.1/24;VLAN 20 使用 10.8.2.0/24 网段地址,网关地址为 10.8.2.1/24;VLAN 30 使用 10.8.16.0/24 网段地址,网关地址为 10.8.16.1/24;VLAN 40 使用 10.8.17.0/24 网段地址,网关地址为 10.8.17.1/24。

　　(2) 配置 R2 路由器的互联接口地址和到 1.1.1.0/29 网络的静态路由,配置 Web 服务器的 IP 地址和网关地址,并配置修改 Web 服务器网站首页文件的源代码,增加显示网站的 IP 地址信息。

　　(3) 配置 R1 路由器的 NAT 功能,NAT 地址池为 1.1.1.4/30。

　　(4) 根据网络拓扑和 IP 地址规划,采用 RIPv2 路由协议配置局域网络,实现局域网络内网的互联互通,并能利用 R1 路由器的 NAT 功能访问因特网。

实训 2 配置 OSPF 路由协议

【实训目的】 熟悉和掌握 OSPF 路由协议的配置与应用方法,以及路由协议间的重分发方法与应用。

【实训环境】 Cisco Packet Tracer 8.0.x。

【实训内容与要求】

(1) 对图 8.20 所示的案例网络,采用 OSPF 单区域方案重新配置实现。可以在三层设备的全局配置模式,执行 no router rip 命令删除原来配置的 RIP 路由协议,然后改用 OSPF 配置实现。

(2) 对教材所讲的模拟因特网的 AS 100 和 AS 200 自治系统的内部网络,分别采用多区域配置方案和单区域配置方案实现网络互联互通。

实训 3 配置 BGP 路由协议

【实训目的】 熟悉和掌握 BGP 路由协议的配置与应用方法,以及 BGP 路由协议与 OSPF 路由协议间的重分发方法与应用。

【实训环境】 Cisco Packet Tracer 8.0.x。

【实训内容与要求】

仍以本书所讲的模拟因特网为实训对象,在实训 2 配置的基础上,对 AS 100 自治系统的边界路由器 R5 和 AS 200 自治系统的边界路由器 R6 增加 BGP 路由协议的配置,实现两个自治系统间路由信息的交换,最终实现整个因特网的互联互通。

第 9 章　构建高可靠局域网络

对于银行、证券等金融服务公司,其网络的可靠性要求非常高。本章利用端口聚合、网络设备冗余等技术,详细介绍高可靠局域网络的规划设计与配置实现方法。

9.1　规划设计高可靠局域网络

9.1.1　网络高可靠技术简介

1. 可靠性的概念

网络的高可靠性是指当设备或者链路出现故障时,网络提供服务的不间断性。高可靠性要求网络的可靠性达到 99.999% 及以上,即每年故障时间不得超过 5 分钟。可靠性＝MTBF/(MTBF＋MTTR),其中 MTBF 代表平均无故障时间,该指标衡量网络的稳定程度;MTTR 代表网络故障平均修复时间,该指标衡量故障响应修复速度。

2. 高可靠性技术

目前常用的高可靠性技术主要有链路备份技术、设备备份技术和堆叠技术三种。

1) 链路备份技术

链路备份技术用于避免单链路出故障时导致网络通信中断。当主链路中断后,备用链路会自动成为新的主用链路接替工作,从而保证网络通信不中断,提高网络的可靠性。

端口聚合是最常用的链路备份技术,网络设备采用两个或多个端口来级联,然后将级联端口通过端口聚合生成一个逻辑端口来使用,这样既可以提高网络设备间的级联带宽,又可以提高级联链路的可靠性。从链路角度来看,采用端口聚合技术后,两台互联的设备间就有了两条或多条物理的级联链路,然后将多条物理链路聚合成一条逻辑链路来使用,所以端口聚合有时也称链路聚合。

2) 设备备份技术

端口聚合能在一定程度上提高网络的可靠性,当网络设备出故障时,端口聚合技术无法保障网络的正常通信。

设备备份技术就是采用冗余的设备来避免由于单台设备出故障导致的网络通信中断。比如,采用单台核心交换机设计的局域网络,当核心交换机出现故障时,将导致整个局域网络的瘫痪,为此可采用双核心交换机来设计局域网络,以提高网络的可靠性。这两台核心交换机可采用主备模式工作,也可以采用负载均衡模式工作。

在主备模式工作时,平时只有主设备工作,承担网络流量的转发任务,备用设备处于待机备用状态,当主设备出故障失效后,备用设备会立即成为主设备,接替网络流量的转发任务。

负载均衡模式就是两台设备同时工作,各自分担一部分网络流量的转发。

为提高设备自身的可靠性,通常采用模块化的网络设备,比如模块化的交换机或路由器,并配置冗余电源和冗余的主控板。

3）堆叠技术

堆叠技术是将多台交换机通过堆叠端口和堆叠线缆连接起来构成一个堆叠单元。可将堆叠单元视为一台逻辑设备,从而提供更大的端口密度和更高的性能,堆叠单元的多台成员交换机之间冗余备份,可实现设备级的 1：N 备份。

成员交换机之间的物理堆叠口支持端口聚合功能,堆叠系统与上、下层设备之间的物理链路通常也支持端口聚合功能,通过多链路备份从而大大提高堆叠系统的可靠性。

9.1.2　高可靠网络的设计方案

对高可靠性网络的规划设计,可根据业务对可靠性要求的高低和工程造价预算,从链路备份技术和设备备份技术两方面进行综合考虑。采用高可靠设计会增加网络设备(含光模块)和链路网线的使用量,网络工程造价会增加很多。下面针对不同程度的可靠性,介绍几种高可靠性网络的设计方法。

1. 链路备份设计方案

该方案是利用端口聚合技术,为网络的关键链路,提供链路冗余备份,并同时提高级联链路的带宽,该方案的网络拓扑如图 9.1 所示。

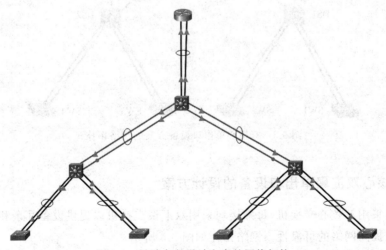

图 9.1　链路备份设计方案的网络拓扑

　　由于不需要增配冗余的网络设备,增加的建设费用不高,增加的费用主要用在汇聚交换机与核心交换机之间级联链路所增加的光模块上,光模块的使用量将翻番。

　　除了链路冗余设计之外,建议对单一的核心交换机增配一块主控板,主控板以主备模式工作,防止主控板损坏后导致整个网络瘫痪。

2. 双核心单出口设备的设计方案

　　该方案采用双核心交换机,避免单台核心交换机出故障后导致整个网络瘫痪。为降低工程造价,该方案的出口路由器和每幢楼的汇聚交换机均采用单台设备,没有考虑冗余备份。出口设备虽然是单台,但可以配置双出口或多出口链路,提高出口链路的可靠性。网络拓扑如图 9.2 所示,为使网络拓扑简洁,汇聚层和接入层只用了 2 幢楼作为代表。汇聚交换机与接入交换机采用端口聚合技术提高链路的可靠性和级联带宽。

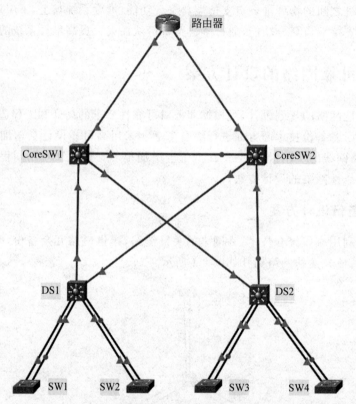

图 9.2　双核心单出口设备方案的网络拓扑

3. 双核心双汇聚单出口设备的设计方案

　　本方案采用双核心交换机,每幢楼均采用双汇聚交换机以提供设备冗余和链路冗余,从而进一步提高网络的可靠性。网络拓扑如图 9.3 所示。

　　出口设备仍然采用单台设备,为避免使用一条出口链路容易导致单点故障的问题,在出口设备上可考虑使用双出口链路或多出口链路的应用方案,以增强出口链路的可靠性。

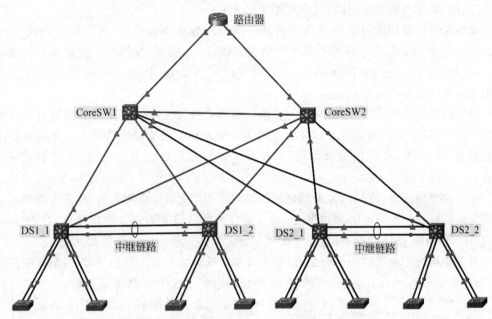

图 9.3　双核心双汇聚单出口设备方案的网络拓扑

比如,同时申请接入中国电信出口链路、中国联通出口链路或者教育网出口链路,结合策略路由配置,可实现局域网内不同用户访问因特网时的分流功能,如教职工用户访问因特网时通过中国电信链路出去访问,学生用户和教学机房用户访问因特网时通过中国联通链路出去访问。或者配置成针对不同的目标网络,通过不同的链路出去访问。比如,如果局域网用户访问的是中国电信网络中的资源,则通过中国电信链路出去访问;如果访问的是中国联通网络中的资源,则通过中国联通链路出去访问;如果访问的是教育网中的资源,则通过中国教育网链路出去访问。

　　如果出口设备采用双出口设备,则网络拓扑结构就更复杂一些,在出口设备上的配置难度也会更高一些。配置冗余设备后,自然就形成了冗余链路,此时局域网内的路由就要采用动态路由,而不宜配置静态路由。

9.2　用端口聚合提高网络的可靠性

9.2.1　端口聚合简介

　　端口聚合也称端口汇聚或者链路聚合,端口聚合是指将两个或两个以上的同类端口聚合成一个端口组来使用,聚合后会生成一个逻辑端口,称为 port-channel。

　　通过端口聚合,一方面,连接在聚合端口上的物理链路被整体视为一条逻辑链路,从而增加设备间的级联带宽。另一方面,同一汇聚组的各个成员端口之间彼此动态备份,提高了可靠性。Cisco 将端口聚合后形成的逻辑链路称为以太通道(EtherChannel)。

只有相同类型的端口,并且工作在相同模式下才能进行聚合。

端口聚合所使用的协议有思科专有协议和国际标准协议两种,端口聚合协议(port aggregation protocol,PAgP)是思科专有协议,只适用于 Cisco 交换机。链路聚合控制协议(link aggregate control protocol,LACP)是国际标准协议,协议编号为 IEEE 802.3ad,适用于各个厂商生产的网络设备。

根据链路的工作模式,端口聚合的具体应用形式分为二层端口聚合和三层端口聚合两种,对于二层端口的聚合又可划分为访问端口聚合和中继端口聚合两种应用形式。不管是哪种应用形式,在端口聚合之前,应将端口配置为最终的工作模式,然后配置端口聚合。

对于中继端口聚合配置,首先对要参与聚合的端口配置中继封装协议,配置端口工作模式为中继模式。然后配置端口聚合,端口聚合后会自动生成一个逻辑端口,称为 port-channel。最后在 port-channel 接口下配置中继封装协议和中继工作模式。

对于交换机三层端口的聚合配置,首先将端口配置为三层工作模式,然后配置端口聚合,最后在生成的 port-channel 下配置 IP 地址。也可以先手工创建端口聚合组,创建后会生成对应的 port-channel 接口,将该接口设置为三层工作模式,并配置 IP 地址。接下来在配置要聚合的端口时,一定要先执行 no switchport 命令,将端口设置为三层工作模式,再配置聚合协议和将端口加入该聚合组,否则将因 port-channel 接口工作在三层,而聚合端口工作在二层,工作模式不同而报错,无法配置。

9.2.2 端口聚合配置命令

1. 创建端口聚合组

配置命令如下:

```
interface port-channel 聚合组编号
```

该命令在全局配置模式下执行,创建指定编号的端口聚合组,并生成对应编号的 port-channel 接口。

例如,如果要创建编号为 1 的端口聚合组,工作模式为三层,port-channel 1 接口的 IP 地址为 172.16.1.1/30,则配置命令如下:

```
Switch(config)#int port-channel 1
Switch(config-if)#no switchport
Switch(config-if)#ip address 172.16.1.1 255.255.255.252
```

2. 对参与聚合的端口配置指定聚合协议

配置命令如下:

```
channel-protocol lacp|pagp
```

该命令在接口配置模式下执行,为可选配置。不同的聚合协议,聚合端口所使用的端口协商参数不相同,在配置聚合端口的协商模式时,也就明确了所使用的聚合协议,因此,该项可以不用配置指定。

例如,假设要聚合的端口是 Cisco 3560 交换机的 G0/1 和 G0/2 端口,聚合协议采用 PAgP,则配置命令如下:

```
Switch(config)#int range G0/1-2
Switch(config-if-range)#channel-protocol pagp
```

3. 将参与聚合的端口加入聚合组,并配置指定协商模式

配置命令如下:

```
channel-group 聚合组编号 mode 协商模式
```

该命令在接口配置模式下执行,将当前端口加入指定的聚合组,并指定端口的协商模式是主动还是被动。

对于 PAgP,协商模式有 Auto 和 Desirable 两种;对于 LACP,有 Active 和 Passive 两种。除此之外,还有手工激活模式 On。

- Auto:通过 PAgP 协商激活端口,被动协商,不主动发送协商消息,只接收协商消息。物理链路对端必须配置为 Desirable 模式。
- Desirable:通过 PAgP 协商激活端口,主动协商,既主动发送协商消息,也会接收协商消息。物理链路对端可以是 Desirable 模式或 Auto 模式。
- Active:通过 LACP 协商激活端口,主动协商,既主动发送协商消息,也会接收协商消息。物理链路对端可以是 Active 或 Passive 模式。
- Passive:通过 LACP 协商激活端口,被动协商,不主动发送协商消息,只接收协商消息。物理链路对端必须配置为 Active 模式。
- On:手工激活模式,不使用端口聚合协议,两端都必须是 On 模式。Cisco 路由器配置端口聚合时要采用手工激活模式。

例如,如果要将 Cisco 3560 的 G0/1 和 G0/2 加入聚合组 1,协商模式采用 Active,则配置命令如下:

```
Switch(config)#int range G0/1-2
Switch(config-if-range)#channgel-group 1 mode active
```

4. 配置聚合链路的负载均衡

配置命令如下:

```
port-channel load-balance method
```

该命令在全局配置模式下执行,其中 method 代表负载均衡的策略,可选参数及含义如下。

src-ip:源 IP 地址,即对源 IP 地址相同的数据包进行负载均衡。

dst-ip:目的 IP 地址,即对目的 IP 地址相同的数据包进行负载均衡。

src-dst-ip：对源和目的 IP 地址均相同的数据包进行负载均衡。

src-mac：源 MAC 地址,即对源 MAC 地址相同的数据包进行负载均衡。

dst-mac：目的 MAC 地址,即对目的 MAC 地址相同的数据包进行负载均衡。

src-dst-mac：对源和目的 MAC 地址均相同的数据包进行负载均衡。

src-port：源端口号,即对源端口相同的数据包进行负载均衡。

dst-port：目的端口号,即对目的端口相同的数据包进行负载均衡。

src-dst-port：对源和目的端口号均相同的数据包进行负载均衡。

例如,如果要采用基于目的 IP 地址的负载均衡策略,则配置命令如下：

```
port-channel load-balance dst-ip
```

5. 查看以太通道配置信息

show etherchannel port-channel：查看以太通道配置信息。

show etherchannel load-balance：查看负载均衡配置信息。

show etherchannel summary：查看以太通道的汇总信息。

9.2.3 用端口聚合构建高可靠局域网络

1. 设计高可靠局域网络

在不增加网络设备的情况下,利用端口聚合技术提高局域网络的可靠性,为此,汇聚交换机与核心交换机之间,核心交换机与出口路由器之间,全部采用双端口聚合提供级联链路,以提高链路的可靠性,同时提高设备间的通信带宽。局域网络的拓扑结构设计如图 9.4 所示。

局域网内网用户主机使用的私网地址段规划为 10.8.0.0/16,各 VLAN 的网络地址规划如下。

VLAN 10 使用 10.8.1.0/24 网段地址,网关地址为 10.8.1.1；VLAN 20 使用 10.8.2.0/24 网段地址,网关地址为 10.8.2.1；VLAN 30 使用 10.8.3.0/24 网段地址,网关地址为 10.8.3.1；VLAN 40 使用 10.8.4.0/24 网段地址,网关地址为 10.8.4.1；VLAN 50 使用 10.8.5.0/24 网段地址,网关地址为 10.8.5.1。

2. 网络的配置与实现

1) 配置 DS1 汇聚交换机

```
Switch>enable
Switch#config t
Switch(config)#hostname DS1
DS1(config)#ip routing
DS1(config)#vlan 10
DS1(config-vlan)#vlan 20
DS1(config-vlan)#vlan 30
```

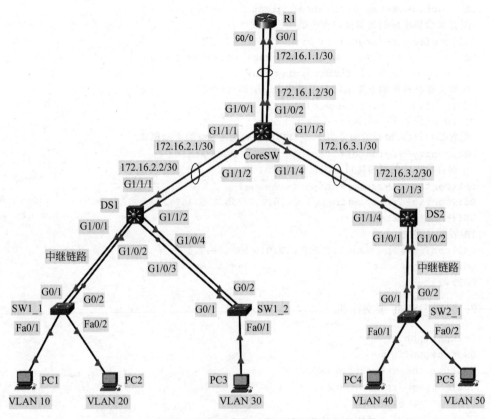

图 9.4　用端口聚合构建高可靠局域网络的拓扑结构

```
DS1(config-vlan)#int vlan 10
DS1(config-if)#ip address 10.8.1.1 255.255.255.0
DS1(config-if)#int vlan 20
DS1(config-if)#ip address 10.8.2.1 255.255.255.0
DS1(config-if)#int vlan 30
DS1(config-if)#ip address 10.8.3.1 255.255.255.0
```
!配置聚合端口的工作模式为中继模式
```
DS1(config-vlan)#int range g1/0/1-2
DS1(config-if-range)#switchport trunk encapsulation dot1q
DS1(config-if-range)#switchport mode trunk
```
!配置端口聚合,聚合组编号为 1,端口协商模式为 LACP 的主动模式
```
DS1(config-if-range)#channel-group 1 mode active
```
!配置聚合后生成的逻辑接口为中继工作模式
```
DS1(config-if-range)#int port-channel 1
DS1(config-if)#switchport trunk encapsulation dot1q
DS1(config-if)#switchport mode trunk
```
!配置另一组聚合端口的工作模式为中继模式
```
DS1(config)#int range g1/0/3-4
DS1(config-if-range)#switchport trunk encapsulation dot1q
DS1(config-if-range)#switchport mode trunk
```
!配置端口聚合,聚合组编号为 2,端口协商模式为 LACP 的主动模式

```
DS1(config-if-range)#channel-group 2 mode active
!配置聚合后生成的逻辑接口为中继工作模式
DS1(config-if-range)#int port-channel 2
DS1(config-if)#switchport trunk encapsulation dot1q
DS1(config-if)#switchport mode trunk
!配置汇聚交换机的上连端口工作模式为三层路由模式
DS1(config-if)#int range g1/1/1-2
DS1(config-if-range)#no switchport
!配置端口聚合,聚合组编号为 3,端口协商模式为 LACP 的主动模式
DS1(config-if-range)#channel-group 3 mode active
!在聚合后生成的逻辑接口上配置接口的 IP 地址
DS1(config-if-range)#intport-channel 3
DS1(config-if)#ip address 172.16.2.2 255.255.255.252
DS1(config-if)#exit
!配置默认路由
DS1(config)#ip route 0.0.0.0 0.0.0.0 172.16.2.1
DS1(config)#exit
DS1#write
```

2) 配置 DS2 汇聚交换机

```
Switch>enable
Switch#config t
Switch(config)#hostname DS2
DS2(config)#ip routing
DS2(config)#vlan 40
DS2(config-vlan)#vlan 50
DS2(config-vlan)#int vlan 40
DS2(config-if)#ip address 10.8.4.1 255.255.255.0
DS2(config-if)#int vlan 50
DS2(config-if)#ip address 10.8.5.1 255.255.255.0
DS2(config)#int range g1/0/1-2
DS2(config-if-range)#switchport trunk encapsulation dot1q
DS2(config-if-range)#switchport mode trunk
!配置端口聚合,聚合组编号为 1,端口协商模式为 LACP 的主动模式
DS2(config-if-range)#channel-group 1 mode active
!配置端口聚合后生成的逻辑端口的工作模式为中继模式
DS2(config-if-range)#int port-channel 1
DS2(config-if)#switchport trunk encapsulation dot1q
DS2(config-if)#switchport mode trunk
!配置汇聚交换机的上连端口的工作模式为三层路由模式
DS2(config-if)#int range g1/1/3-4
DS2(config-if-range)#no switchport
!配置端口聚合,聚合组编号为 2,端口协商模式为 LACP 的主动模式
DS2(config-if-range)#channel-group 2mode active
!在生成的逻辑端口配置 IP 地址
DS2(config-if-range)#int port-channel 2
DS2(config-if)#ip address 172.16.3.2 255.255.255.252
!配置默认路由
DS2(config)#ip route 0.0.0.0 0.0.0.0 172.16.3.1
```

```
DS2(config)#exit
DS2#write
```

3）配置核心交换机 CoreSW

```
Switch>enable
Switch#config t
Switch(config)#hostname CoreSW
CoreSW(config)#ip routing
```
!配置要聚合的端口的工作模式为三层路由模式
```
CoreSW(config)#int range g1/1/1-2
CoreSW(config-if-range)#no switchport
```
!配置端口聚合,聚合组编号为 3
```
CoreSW(config-if-range)#channel-group 3 mode active
```
!在生成的逻辑端口下配置 IP 地址
```
CoreSW(config-if-range)#int port-channel 3
CoreSW(config-if)#ip address 172.16.2.1 255.255.255.252
```
!配置另一组聚合端口的工作模式为三层路由模式
```
CoreSW(config-if)#int range g1/1/3-4
CoreSW(config-if-range)#no switchport
```
!配置端口聚合,聚合组编号为 2,端口协商模式为 LACP 的被动模式
```
CoreSW(config-if-range)#channel-group 2 mode passive
```
!配置接口的 IP 地址
```
CoreSW(config-if-range)#int port-channel 2
CoreSW(config-if)#ip address 172.16.3.1 255.255.255.252
```
!配置核心交换机上连端口的工作模式为三层路由模式
```
CoreSW(config-if)#int range g1/0/1-2
CoreSW(config-if-range)#no switchport
```
!配置端口聚合,聚合组编号为 1,端口协商模式为手动
```
CoreSW(config-if-range)#channel-group 1 mode on
```
!配置聚合后生成的逻辑接口的 IP 地址
```
CoreSW(config-if-range)#int port-channel 1
CoreSW(config-if)#ip address 172.16.1.2 255.255.255.252
CoreSW(config-if)#exit
```
!配置出去的默认路由
```
CoreSW(config)#ip route 0.0.0.0 0.0.0.0 172.16.1.1
```
!配置回楼宇网络的回程路由
```
CoreSW(config)#ip route 10.8.0.0 255.255.252.0 172.16.2.2
CoreSW(config)#ip route 10.8.4.0 255.255.254.0 172.16.3.2
CoreSW(config)#exit
CoreSW#write
```

4）配置出口路由器 R1

```
Router>enable
Router#config t
Router(config)#hostname R1
```
!创建端口聚合组 1。路由器不能自动创建,需要在聚合前先创建好
```
R1(config)#int port-channel 1
```
!配置接口的 IP 地址

```
R1(config-if)#ip address 172.16.1.1   255.255.255.252
!选择要聚合的端口
R1(config-if)#int range g0/0-1
R1(config-if-range)#no shutdown
!将选择的端口加入端口聚合组 1
R1(config-if-range)#channel-group 1
R1(config-if-range)#exit
!配置回局域网内网的回程路由
R1(config)#ip route 10.8.0.0 255.255.0.0 172.16.1.2
R1(config)#exit
R1#write
```

5）配置 SW1_1 交换机

```
Switch>enable
Switch#config t
Switch(config)#hostname SW1_1
SW1_1(config)#vlan 10
SW1_1(config-vlan)#vlan 20
SW1_1(config-vlan)#vlan 30
SW1_1(config-vlan)#int range g0/1-2
SW1_1(config-if-range)#switchport mode trunk
SW1_1(config-if-range)#channel-group 1 mode passive
SW1_1(config-if-range)#int port-channel 1
SW1_1(config-if)#switchport mode trunk
SW1_1(config-if)#int fa0/1
SW1_1(config-if)#switchport access vlan 10
SW1_1(config-if)#int fa0/2
SW1_1(config-if)#switchport access vlan 20
SW1_1(config-if)#end
SW1_1#write
```

6）配置 SW1_2 交换机

```
Switch>enable
Switch#config t
Switch(config)#hostname SW1_2
SW1_2(config)#vlan 30
SW1_2(config-vlan)#int range g0/1-2
SW1_2(config-if-range)#channel-group 2 mode passive
SW1_2(config-if-range)#int port-channel 2
SW1_2(config-if)#switchport mode trunk
SW1_2(config-if)#int fa0/1
SW1_2(config-if)#switchport access vlan 30
SW1_2(config-if)#end
SW1_2#write
```

7）配置 SW2_1 交换机

```
Switch>enable
Switch#config t
```

232

```
Switch(config)#hostname SW2_1
SW2_1(config)#vlan 40
SW2_1(config-vlan)#vlan 50
SW2_1(config-vlan)#int range g0/1-2
SW2_1(config-if-range)#switchport mode trunk
SW2_1(config-if-range)#channel-group 1 mode passive
SW2_1(config-if-range)#int port-channel 1
SW2_1(config-if)#switchport mode trunk
SW2_1(config-if)#int fa0/1
SW2_1(config-if)#switchport access vlan 40
SW2_1(config-if)#int fa0/2
SW2_1(config-if)#switchport access vlan 50
SW2_1(config-if)#end
SW2_1#write
```

8）配置 IP 地址和网关地址

根据 VLAN 划分，配置各 PC 的 IP 地址和网关地址。

9）网络通畅性测试

在 PC1 主机命令行 ping PC5 主机的 IP 地址，检查能否 ping 通。测试结果为能 ping 通，如图 9.5 所示，说明跨楼宇的网络互联互通成功。

```
C:\>ping 10.8.5.10

Pinging 10.8.5.10 with 32 bytes of data:

Reply from 10.8.5.10: bytes=32 time=19ms TTL=125
Reply from 10.8.5.10: bytes=32 time=42ms TTL=125
Reply from 10.8.5.10: bytes=32 time=11ms TTL=125
Reply from 10.8.5.10: bytes=32 time=12ms TTL=125

Ping statistics for 10.8.5.10:
    Packets: Sent = 4, Received = 4, Lost = 0 (0%
loss),
Approximate round trip times in milli-seconds:
    Minimum = 11ms, Maximum = 42ms, Average = 21ms
```

图 9.5　PC1 主机 ping PC5 主机

在 PC1 主机命令行继续 ping 出口路由器的内网口地址，检查能否 ping 通。测试结果为能 ping 通，如图 9.6 所示，说明内网到出口路由器的网络通畅，所有聚合链路通畅，端口聚合配置成功。

```
C:\> ping 172.16.1.1

Pinging 172.16.1.1 with 32 bytes of data:

Reply from 172.16.1.1: bytes=32 time<1ms TTL=253
Reply from 172.16.1.1: bytes=32 time<1ms TTL=253
Reply from 172.16.1.1: bytes=32 time<1ms TTL=253
Reply from 172.16.1.1: bytes=32 time=1ms TTL=253

Ping statistics for 172.16.1.1:
    Packets: Sent = 4, Received = 4, Lost = 0 (0%
loss),
Approximate round trip times in milli-seconds:
    Minimum = 0ms, Maximum = 1ms, Average = 0ms
```

图 9.6　PC1 主机 ping 路由器内网口

项目保存退出后,下次重新打开会发现三层聚合链路不通了,二层聚合链路仍是通畅的。这可能是 Cisco Packet Tracer 模拟器的一个缺陷,导致该问题的原因是保存后三层端口的端口聚合配置丢失,所以链路不通,重新配置端口聚合后网络就通畅了。

9.3 构建 C 校区高可靠局域网络

本节采用设备冗余的高可靠设计方案,规划设计并配置实现案例高校的 C 校区局域网络的建设工作。

9.3.1 规划设计 C 校区高可靠局域网络

1. 网络工程建设需求与目标

C 校区局域网络对可靠性要求较高,要求采用高可靠局域网络方案进行组建,实现内网互联互通并能高可靠运行,局域网能访问因特网,因特网用户能访问局域网中的服务器。核心交换机和每幢楼的汇聚交换机均采用双设备,出口路由器采用单台路由器。

汇聚交换机要求实现基于二层的负载均衡。整个局域网络的三层网络部分全部采用 OSPF 动态路由协议,并采用单区域的配置方案配置实现网络的互联互通。

C 校区部署有服务器群,共申请到 64 个公网地址,地址段为 2.2.8.0/26。校内用户规模在 1 万人左右。局域网内网使用 10.16.0.0/13 地址段;三层设备互联接口使用 172.18.0.0/16 地址段;用于与 A 校区和 B 校区实现内网互联互通的 VPN 链路是单独的一条链路,互联接口地址段为 2.2.9.0/30。

2. 网络拓扑设计与 IP 地址规划

根据应用需求与建设目标,网络拓扑结构与 IP 地址规划如图 9.7 所示。为使网络拓扑简洁清晰,只展示了一幢楼宇的网络(接入层与汇聚层),其他楼宇内部的网络拓扑结构与所展示的楼宇网络完全相同。C 校区与因特网互联部分网络拓扑如图 9.8 所示。案例高校的 A 校区、B 校区和 C 校区以及因特网的整体网络拓扑如图 9.9 所示。

C 校区共申请到 64 个公网 IP 地址,根据不同用途,对其进行子网划分使用。由于上网用户数量较多,NAT 地址池使用 16 个地址的子网,网络地址为 2.2.8.16/28;服务器群使用 32 个地址的子网,网络地址为 2.2.8.32/27,网关地址为 2.2.8.33/27;端口映射使用 8 个地址的子网,网络地址为 2.2.8.8/29;出口路由器与因特网服务商互联的接口使用 4 个地址的子网,网络地址为 2.2.8.0/30,网关地址为 2.2.8.1/30;网络地址 2.2.8.4/30 暂未使用,保留备用。VPN 出口链路使用 2.2.9.0/30 子网的地址。

C 校区局域网内网使用 10.16.0.0/13 的网络地址,全网采用 DHCP 自动分配 IP 地址,DHCP 服务器地址为 10.16.250.11/24。DMZ 中使用私网地址的服务器使用 10.16.250.0/24 和 10.16.251.0/24 网段地址,网关地址均为该网段第一个可用的 IP 地址。

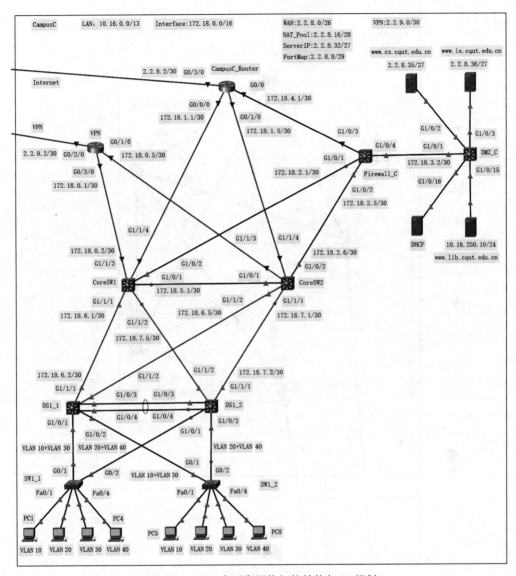

图 9.7 C校区高可靠网络拓扑结构与 IP 规划

C校区局域网内网三层设备互联接口使用 172.18.0.0/16 网络地址,通过子网划分使用。

各 VLAN 网段地址规划如下。

VLAN 10 网络地址为 10.16.0.0/24,网关地址为 10.16.0.1,DHCP 地址池地址为 10.16.0.20~10.16.0.240。

VLAN 20 网络地址为 10.16.1.0/24,网关地址为 10.16.1.1,DHCP 地址池地址为 10.16.1.20~10.16.1.240。

VLAN 30 网络地址为 10.16.2.0/24,网关地址为 10.16.2.1,DHCP 地址池地址为 10.16.2.20~10.16.2.240。

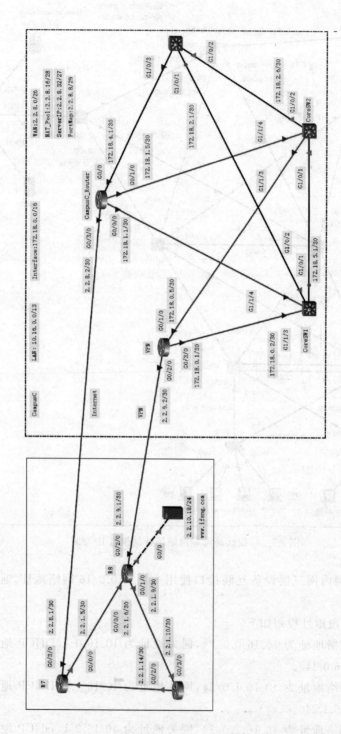

图 9.8　C 校区出口与因特网互联的网络拓扑

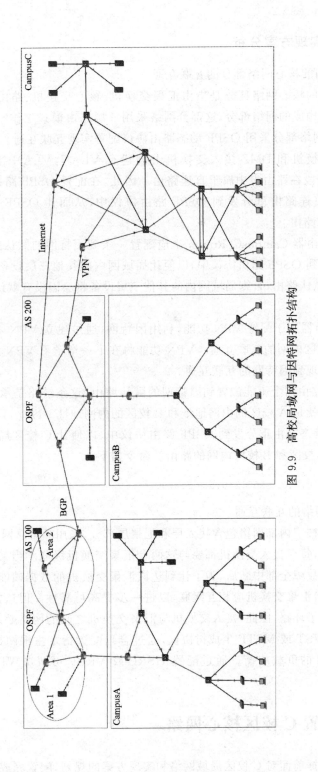

图 9.9　高校局域网与因特网拓扑结构

VLAN 40 网络地址为 10.16.3.0/24,网关地址为 10.16.3.1,DHCP 地址池地址为 10.16.3.20～10.16.3.240。

3. 配置实现方案分析

1)局域网的核心网络部分的互联互通

局域网络的核心网络部分是指由汇聚交换机、核心交换机、路由器、防火墙和 DMZ 接入交换机所构成的网络部分,这部分网络采用三层路由模式工作。根据网络工程的建设要求,核心网络部分采用 OSPF 动态路由协议配置实现互联互通。

在汇聚交换机和 DMZ 接入交换机上创建有 VLAN,VLAN 接口与交换机直连,VLAN 对应网段在路由表中属于直连路由。因此,在配置 OSPF 路由协议时,在汇聚交换机上,可将直连路由重分发到 OSPF 路由协议中,从而让 OSPF 路由协议学习到各 VLAN 网段的路由。

在出口路由器 CampusC_Router 上应配置一条到因特网的默认路由,并且要将该默认路由重分发到 OSPF 路由协议中,以便让局域网内的其他三层设备能通过 OSPF 路由协议,学习到默认路由,否则局域网内的其他三层设备将会因没有默认路由而无法访问因特网。

VPN 路由器用于配置 VPN 功能,利用因特网,通过建立 VPN 隧道,实现 C 校区与 A 校区和 B 校区内网的互联互通。VPN 功能将在下一章学习 VPN 之后再配置实现,本小节先配置实现到因特网的互联互通。

在 VPN 路由器上不能配置到因特网的默认路由,这条链路是承载 VPN 流量的,访问的目标网络就是 A 校区的内网地址和 B 校区的内网地址。因此,只能添加以下静态路由,然后将该静态路由重分发到 OSPF 路由协议中,以便让 C 校区局域网内的其他三层设备获得到 A 校区和 B 校区内网的路由。命令如下:

```
ip route 10.0.0.0 255.240.0.0 2.2.9.1
```

2)楼宇网络的互联互通

每幢楼的楼宇内部网络包含接入层和汇聚层部分,采用高可靠网络设计方案后,汇聚交换机有 2 台,每台接入交换机都要与这两台汇聚交换机级联。当某一台汇聚交换机的上行链路因为故障全部中断后,为了让到达该汇聚交换机的数据帧能通过另一台汇聚交换机出去,两台汇聚交换机应相互级联,以进一步提高可靠性。但这样一来,在二层工作的网络就出现了环路,因此,接入交换机与汇聚交换机之间的网络必须启用生成树协议。采用 Rapid-PVST 或 MSTP 生成树协议,通过合理配置指定主根网桥和次根网桥,可实现基于 VLAN 的负载均衡。通过配置 HSRP 或 VRRP 可解决 VLAN 网关不唯一的问题。

9.3.2 配置 C 校区核心网络

本小节根据前面对 C 校区局域网络和实现方案的规划,配置完成 C 校区局域网络的核心部分。楼宇内部网络的功能实现要依赖生成树协议和 HSRP,待学习了这部分内容之后,再逐一配置完成。

1. 配置出口路由器 CampusC_Router 与因特网中的 R7 路由器

1) 配置出口路由器 CampusC_Router

```
Router>enable
Router#config t
Router(config)#hostname CampusC_Router
CampusC_Router(config)#int g0/3/0
CampusC_Router(config-if)#no shutdown
CampusC_Router(config-if)#ip address 2.2.8.2 255.255.255.252
CampusC_Router(config-if)#ip nat outside
CampusC_Router(config-if)#int g0/0/0
CampusC_Router(config-if)#no shutdown
CampusC_Router(config-if)#ip address 172.18.1.1 255.255.255.252
CampusC_Router(config-if)#ip nat inside
CampusC_Router(config-if)#int g0/1/0
CampusC_Router(config-if)#no shutdown
CampusC_Router(config-if)#ip address 172.18.1.5 255.255.255.252
CampusC_Router(config-if)#ip nat inside
CampusC_Router(config-if)#int g0/0
CampusC_Router(config-if)#no shutdown
CampusC_Router(config-if)#ip address 172.18.4.1 255.255.255.252
CampusC_Router(config-if)#ip nat inside
CampusC_Router(config-if)#exit
!配置到因特网的默认路由
CampusC_Router(config)#ip route 0.0.0.0 0.0.0.0 2.2.8.1
!配置 OSPF 动态路由
CampusC_Router(config)#router ospf 1
CampusC_Router(config-router)#network 172.18.1.0 0.0.0.3 area 0
CampusC_Router(config-router)#network 172.18.1.4 0.0.0.3 area 0
CampusC_Router(config-router)#network 172.18.4.0 0.0.0.3 area 0
!重分发默认路由到 OSPF
CampusC_Router(config-router)#default-information originate
CampusC_Router(config-router)#exit
!定义 NAT 用的 ACL 规则。使用公网地址的服务器不进行 NAT 操作
CampusC_Router(config)#access-list 1 deny 2.2.8.32 0.0.0.31
CampusC_Router(config)#access-list 1 permit any
!定义 NAT 地址池并配置 NAT
CampusC_Router(config)#ip nat pool CampusC_pool 2.2.8.16 2.2.8.31 netmask 255.
255.255.240
CampusC_Router(config)#ip nat inside source list 1 pool CampusC_pool overload
CampusC_Router(config)#exit
CampusC_Router#write
CampusC_Router#exit
```

2) 配置因特网中的 R7 路由器,增加对 G0/3/0 接口 IP 地址和路由配置

```
R7>enable
R7#config t
R7(config)#int g0/3/0
R7(config-if)#no shutdown
R7(config-if)#ip address 2.2.8.1 255.255.255.252
R7(config-if)#exit
!根据该单位所申请到的公网地址配置静态路由,下一跳指向该单位路由器外网口地址
R7(config)#ip route 2.2.8.0 255.255.255.192 2.2.8.2
!重分发静态路由到 OSPF 协议
R7(config)#router ospf 1
R7(config-router)#redistribute static subnets
R7(config-router)#end
R7#write
R7#exit
```

2. 配置 VPN 路由器以及因特网中的 R8 和 R6 路由器

1) 配置 VPN 路由器

```
Router>enable
Router#config t
Router(config)#hostname VPN
VPN(config)#int g0/1/0
VPN(config-if)#no shutdown
VPN(config-if)#ip address 172.18.0.5 255.255.255.252
VPN(config-if)#int g0/2/0
VPN(config-if)#no shutdown
VPN(config-if)#ip address 2.2.9.2 255.255.255.252
VPN(config-if)#int g0/3/0
VPN(config-if)#no shutdown
VPN(config-if)#ip address 172.18.0.1 255.255.255.252
VPN(config-if)#exit
!配置到 A 校区内网和 B 校区内网的静态路由
VPN(config)#ip route 10.0.0.0 255.240.0.0 2.2.9.1
!配置 OSPF 路由协议
VPN(config)#router ospf 1
VPN(config-router)#network 172.18.0.4 0.0.0.3 area 0
VPN(config-router)#network 172.18.0.0 0.0.0.3 area 0
!重分发静态路由到 OSPF 路由协议
VPN(config-router)#redistribute static subnets
VPN(config-router)#end
VPN#write
VPN#exit
```

2) 配置因特网中的 R8 路由器

```
R8>enable
R8#config t
R8(config)#int g0/2/0
R8(config-if)#no shutdown
R8(config-if)#ip address 2.2.9.1 255.255.255.252
R8(config-if)#exit
R8(config)#router ospf 1
!重分发直连路由。2.2.9.0/30 在 R8 路由器中有直连路由
R8(config-router)#redistribute connected subnets
R8(config-router)#end
R8#write
R8#exit
```

3) 配置 R6 路由器，在 BGP 路由协议中用 network 指令通告 2.2.8.0/26 和 2.2.9.0/30 网络

R6 路由器是 AS 200 的边界路由器，运行 BGP 和 OSPF 路由协议。重分发到 OSPF 路由协议的网络，不能通过 OSPF 再重分发给 BGP 路由协议，需要在 BGP 路由配置中使用 network 指令将其通告给 BGP 路由协议。

在进行以下配置之前，在 AS 100 自治系统任选一台路由器，查看其路由表，会发现路由表中没有 2.2.9.0/30 和 2.2.8.0/26 网络的路由信息。在 R6 路由器增加以下配置后，再次在 AS 100 自治系统内的路由器中查看路由表，会发现有到 2.2.9.0/30 和 2.2.8.0/26 网络的路由信息了。

```
R6>enable
R6#config t
R6(config)#router bgp 200
R6(config-router)#network 2.2.8.0 mask 255.255.255.192
R6(config-router)#network 2.2.9.0 mask 255.255.255.252
R6(config-router)#end
R6#write
R6#exit
```

4) 网络通畅性测试

进行以上配置之后，整个因特网就有了到 2.2.9.0/30 和 2.2.8.0/26 网络的路由信息。在 C 校区的出口路由器 CampusC_Router 的特权执行模式下，用 ping 命令 ping 114.114.114.114 主机，查看能否 ping 通，如果能 ping 通，则说明因特网有到 2.2.8.0/26 网络的路由信息，C 校区访问因特网成功。测试结果为能 ping 通，如图 9.10 所示。

```
CampusC_Router#ping 114.114.114.114

Type escape sequence to abort.
Sending 5, 100-byte ICMP Echos to 114.114.114.114,
timeout is 2 seconds:
!!!!!
Success rate is 100 percent (5/5), round-trip min/
avg/max = 11/25/85 ms
```

图 9.10　C 校区出口路由器 ping 因特网 DNS 服务器

3. 配置 2 台核心交换机

1）配置 CoreSW1 核心交换机

```
Switch>enable
Switch#config t
Switch(config)#hostname CoreSW1
CoreSW1(config)#ip routing
CoreSW1(config)#int g1/1/1
CoreSW1(config-if)#no switchport
CoreSW1(config-if)#ip address 172.18.6.1 255.255.255.252
CoreSW1(config-if)#int g1/1/2
CoreSW1(config-if)#no switchport
CoreSW1(config-if)#ip address 172.18.7.5 255.255.255.252
CoreSW1(config-if)#int g1/1/3
CoreSW1(config-if)#no switchport
CoreSW1(config-if)#ip address 172.18.0.2 255.255.255.252
CoreSW1(config-if)#int g1/1/4
CoreSW1(config-if)#no switchport
CoreSW1(config-if)#ip address 172.18.1.2 255.255.255.252
CoreSW1(config-if)#int g1/0/1
CoreSW1(config-if)#no switchport
CoreSW1(config-if)#ip address 172.18.5.1 255.255.255.252
CoreSW1(config-if)#int g1/0/2
CoreSW1(config-if)#no switchport
CoreSW1(config-if)#ip address 172.18.2.2 255.255.255.252
CoreSW1(config-if)#exit
CoreSW1(config)#router ospf 1
CoreSW1(config-router)#network 172.18.6.0 0.0.0.3 area 0
CoreSW1(config-router)#network 172.18.7.4 0.0.0.3 area 0
CoreSW1(config-router)#network 172.18.0.0 0.0.0.3 area 0
CoreSW1(config-router)#network 172.18.1.0 0.0.0.3 area 0
CoreSW1(config-router)#network 172.18.2.0 0.0.0.3 area 0
CoreSW1(config-router)#network 172.18.5.0 0.0.0.3 area 0
CoreSW1(config-router)#end
CoreSW1#write
CoreSW1#exit
```

2）配置 CoreSW2 核心交换机

```
Switch>enable
Switch#config t
Switch(config)#hostname CoreSW2
CoreSW2(config)#ip routing
CoreSW2(config)#int g1/1/1
CoreSW2(config-if)#no switchport
CoreSW2(config-if)#ip address 172.18.7.1 255.255.255.252
CoreSW2(config-if)#int g1/1/2
CoreSW2(config-if)#no switchport
```

```
CoreSW2(config-if)#ip address 172.18.6.5 255.255.255.252
CoreSW2(config-if)#int g1/1/3
CoreSW2(config-if)#no switchport
CoreSW2(config-if)#ip address 172.18.0.6 255.255.255.252
CoreSW2(config-if)#int g1/1/4
CoreSW2(config-if)#no switchport
CoreSW2(config-if)#ip address 172.18.1.6 255.255.255.252
CoreSW2(config-if)#int g1/0/1
CoreSW2(config-if)#no switchport
CoreSW2(config-if)#ip address 172.18.5.2 255.255.255.252
CoreSW2(config-if)#int g1/0/2
CoreSW2(config-if)#no switchport
CoreSW2(config-if)#ip address 172.18.2.6 255.255.255.252
CoreSW2(config-if)#exit
CoreSW2(config)#router ospf 1
CoreSW2(config-router)#network 172.18.7.0 0.0.0.3 area 0
CoreSW2(config-router)#network 172.18.6.4 0.0.0.3 area 0
CoreSW2(config-router)#network 172.18.0.4 0.0.0.3 area 0
CoreSW2(config-router)#network 172.18.1.4 0.0.0.3 area 0
CoreSW2(config-router)#network 172.18.5.0 0.0.0.3 area 0
CoreSW2(config-router)#network 172.18.2.4 0.0.0.3 area 0
CoreSW2(config-router)#end
CoreSW2#write
CoreSW2#exit
```

4. 配置防火墙与 DMZ 接入交换机

1) 配置防火墙

```
Switch>enable
Switch#config t
Switch(config)#hostname Firewall_C
Firewall_C(config)#ip routing
Firewall_C(config)#int g1/0/1
Firewall_C(config-if)#no switchport
Firewall_C(config-if)#ip address 172.18.2.1 255.255.255.252
Firewall_C(config-if)#int g1/0/2
Firewall_C(config-if)#no switchport
Firewall_C(config-if)#ip address 172.18.2.5 255.255.255.252
Firewall_C(config-if)#int g1/0/3
Firewall_C(config-if)#no switchport
Firewall_C(config-if)#ip address 172.18.4.2 255.255.255.252
Firewall_C(config-if)#int g1/0/4
Firewall_C(config-if)#no switchport
Firewall_C(config-if)#ip address 172.18.3.1 255.255.255.252
Firewall_C(config-if)#exit
Firewall_C(config)#router ospf 1
Firewall_C(config-router)#network 172.18.2.0 0.0.0.3 area 0
Firewall_C(config-router)#network 172.18.2.4 0.0.0.3 area 0
Firewall_C(config-router)#network 172.18.4.0 0.0.0.3 area 0
```

```
Firewall_C(config-router)#network 172.18.3.0 0.0.0.3 area 0
Firewall_C(config-router)#end
Firewall_C#write
Firewall_C#exit
```

2）配置 DMZ 接入交换机

```
Switch>enable
Switch#config t
Switch(config)#hostname DMZ_C
DMZ_C(config)#ip routing
DMZ_C(config)#int g1/0/1
DMZ_C(config-if)#no switchport
DMZ_C(config-if)#ip address 172.18.3.2 255.255.255.252
!创建服务器群所要使用的 VLAN
DMZ_C(config)#vlan 10
DMZ_C(config-vlan)#vlan 20
DMZ_C(config-vlan)#vlan 30
!配置 VLAN 接口 IP 地址
DMZ_C(config-vlan)#int vlan 10
DMZ_C(config-if)#ip address 2.2.8.33 255.255.255.224
DMZ_C(config-if)#int vlan 20
DMZ_C(config-if)#ip address10.16.250.1 255.255.255.0
DMZ_C(config-if)#int vlan 30
DMZ_C(config-if)#ip address 10.16.251.1 255.255.255.0
!划分端口 VLAN
DMZ_C(config-if)#int range g1/0/2-3
DMZ_C(config-if-range)#switchport access vlan 10
DMZ_C(config-if-range)#int range g1/0/15-16
DMZ_C(config-if-range)#switchport access vlan 20
!VLAN 30 目前未连接主机,对应网段的网络地址不会出现在路由表中
DMZ_C(config-if-range)#int range g1/0/23-24
DMZ_C(config-if-range)#switchport access vlan 30
DMZ_C(config-if-range)#exit
!配置 OSPF 动态路由
DMZ_C(config)#router ospf 1
DMZ_C(config-router)#network 172.18.3.0 0.0.0.3 area 0
DMZ_C(config-router)#network 10.16.250.0 0.0.0.255 area 0
DMZ_C(config-router)#network 10.16.251.0 0.0.0.255 area 0
DMZ_C(config-router)#network 2.2.8.32 0.0.0.31 area 0
DMZ_C(config-router)#end
DMZ_C#write
DMZ_C#exit
```

5. 配置 2 台汇聚交换机

1）配置 DS1_1 汇聚交换机

```
Switch>enable
Switch#config t
```

```
Switch(config)#hostname DS1_1
DS1_1(config)#ip routing
DS1_1(config)#int g1/1/1
DS1_1(config-if)#no switchport
DS1_1(config-if)#ip address 172.18.6.2 255.255.255.252
DS1_1(config-if)#int g1/1/2
DS1_1(config-if)#no switchport
DS1_1(config-if)#ip address 172.18.6.6 255.255.255.252
DS1_1(config-if)#exit
DS1_1(config)#router ospf 1
DS1_1(config-router)#network 172.18.6.0 0.0.0.3 area 0
DS1_1(config-router)#network 172.18.6.4 0.0.0.3 area 0
```
!重分发直连路由到 OSPF 协议,让其他三层设备获得 VLAN 网段的路由
```
DS1_1(config-router)#redistribute connected subnets
DS1_1(config-router)#end
DS1_1#write
DS1_1#exit
```

2) 配置 DS1_2 汇聚交换机

```
Switch>enable
Switch#config t
Switch(config)#hostname DS1_2
DS1_2(config)#ip routing
DS1_2(config)#int g1/1/1
DS1_2(config-if)#no switchport
DS1_2(config-if)#ip address 172.18.7.2 255.255.255.252
DS1_2(config-if)#int g1/1/2
DS1_2(config-if)#no switchport
DS1_2(config-if)#ip address 172.18.7.6 255.255.255.252
DS1_2(config-if)#exit
DS1_2(config)#router ospf 1
DS1_2(config-router)#network 172.18.7.0 0.0.0.3 area 0
DS1_2(config-router)#network 172.18.7.4 0.0.0.3 area 0
```
!重分发直连路由到 OSPF 协议,让其他三层设备获得 VLAN 网段的路由
```
DS1_2(config-router)#redistribute connected subnets
DS1_2(config-router)#end
DS1_2#write
DS1_2#exit
```

6. 配置服务器 IP 地址并修改网站首页文件的显示内容

依次配置各服务器的 IP 地址、子网掩码、默认网关和 DNS 服务器地址,然后依次修改 3 台 Web 服务器网站首页文件源代码,增加显示网站的域名地址和 IP 地址信息,示例代码如下:

```
<br><font size=36 color=red>www.cs.cqut.edu.cn<br>2.2.8.35</font>
```

7. 路由检验与网络通畅性测试

1) 查看路由信息是否正确

在 C 校区局域网内的任意一台三层设备上查看路由表,检查获得的路由信息是否正确。比如在 DS1_2 汇聚交换机上查看路由表信息,核对路由信息是否正确。

DS1_2 汇聚交换机的路由表如图 9.11 所示,从中可见,路由信息学习全部成功。其中 10.0.0.0/12 是到 A 校区和 B 校区内网的路由,10.16.250.0/24 和 2.2.8.32 路由条目是到内网服务器的路由,最后的 0.0.0.0/0 是学习到的默认路由。

```
Gateway of last resort is 172.18.7.1 to network 0.0.0.0

     2.0.0.0/27 is subnetted, 1 subnets
O       2.2.8.32 [110/4] via 172.18.7.1, 00:01:20, GigabitEthernet1/1/1
                 [110/4] via 172.18.7.5, 00:01:20, GigabitEthernet1/1/2
     10.0.0.0/8 is variably subnetted, 2 subnets, 2 masks
O E2   10.0.0.0/12 [110/20] via 172.18.7.1, 00:16:37, GigabitEthernet1/1/1
                   [110/20] via 172.18.7.5, 00:16:37, GigabitEthernet1/1/2
O      10.16.250.0/24 [110/4] via 172.18.7.1, 00:01:20, GigabitEthernet1/1/1
                      [110/4] via 172.18.7.5, 00:01:20, GigabitEthernet1/1/2
     172.18.0.0/30 is subnetted, 13 subnets
O      172.18.0.0 [110/2] via 172.18.7.5, 00:16:37, GigabitEthernet1/1/2
O      172.18.0.4 [110/2] via 172.18.7.1, 00:16:37, GigabitEthernet1/1/1
O      172.18.1.0 [110/2] via 172.18.7.5, 00:16:37, GigabitEthernet1/1/2
O      172.18.1.4 [110/2] via 172.18.7.1, 00:16:37, GigabitEthernet1/1/1
O      172.18.2.0 [110/2] via 172.18.7.5, 00:16:37, GigabitEthernet1/1/2
O      172.18.2.4 [110/2] via 172.18.7.1, 00:16:37, GigabitEthernet1/1/1
O      172.18.3.0 [110/3] via 172.18.7.1, 00:01:30, GigabitEthernet1/1/1
                  [110/3] via 172.18.7.5, 00:01:30, GigabitEthernet1/1/2
       172.18.4.0 [110/3] via 172.18.7.1, 00:16:37, GigabitEthernet1/1/1
                  [110/3] via 172.18.7.5, 00:16:37, GigabitEthernet1/1/2
O      172.18.5.0 [110/2] via 172.18.7.1, 00:16:37, GigabitEthernet1/1/1
                  [110/2] via 172.18.7.5, 00:16:37, GigabitEthernet1/1/2
O      172.18.6.0 [110/2] via 172.18.7.5, 00:16:37, GigabitEthernet1/1/2
O      172.18.6.4 [110/2] via 172.18.7.1, 00:16:37, GigabitEthernet1/1/1
C      172.18.7.0 is directly connected, GigabitEthernet1/1/1
C      172.18.7.4 is directly connected, GigabitEthernet1/1/2
O*E2 0.0.0.0/0 [110/1] via 172.18.7.1, 00:16:37, GigabitEthernet1/1/1
              [110/1] via 172.18.7.5, 00:16:37, GigabitEthernet1/1/2
```

图 9.11　DS1_2 汇聚交换机的路由表

2) 网络通畅性测试

在 DS1_2 交换机的特权执行模式下,用 ping 命令依次 ping 2.2.8.36、2.2.8.2、172.18.0.5、172.18.0.1、114.114.114.114 等主机或网络接口的 IP 地址,检查能否 ping 通,如果能 ping 通,则相应的网络通畅。测试结果为全部能 ping 通,对 114.114.114.114 和 172.18.0.5 地址的 ping 测试结果如图 9.12 所示。

在 DNS(114.114.114.114) 服务器上增加以下域名解析。

```
www.cs.cqut.edu.cn→2.2.8.35
www.ie.cqut.edu.cn→2.2.8.36
```

然后在 C 校区的 2.2.8.35(www.cs.cqut.edu.cn)服务器上打开浏览器,在浏览器地址栏输入 http://www.cqut.edu.cn 并按 Enter 键访问 A 校区内网的 Web 服务,查看访问能否成功。测试结果为访问成功。

在 C 校区的 10.16.250.10 服务器上打开浏览器,在地址栏中输入 http://jw.cqut.

```
DS1_2#ping 114.114.114.114

Type escape sequence to abort.
Sending 5, 100-byte ICMP Echos to 114.114.114.114,
timeout is 2 seconds:
!!!!!
Success rate is 100 percent (5/5), round-trip min/
avg/max = 10/15/33 ms

DS1_2#ping 172.18.0.5

Type escape sequence to abort.
Sending 5, 100-byte ICMP Echos to 172.18.0.5,
timeout is 2 seconds:
!!!!!
Success rate is 100 percent (5/5), round-trip min/
avg/max = 0/17/85 ms
```

图 9.12　网络通畅性测试结果

edu.cn 并按 Enter 键访问,查看访问能否成功。测试结果为访问成功。

在 A 校区内网任选一台 PC,打开浏览器,在地址栏中输入 http://www.cs.cqut.edu. cn 并按 Enter 键访问,查看访问能否成功。测试结果为访问成功,如图 9.13 所示。

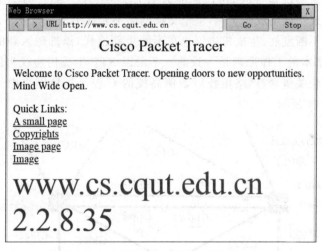

图 9.13　A 校区内网访问 C 校区服务器

在 B 校区内网任选一台 PC,打开浏览器,在地址栏中输入 http://www.ie.cqut.edu. cn 并按 Enter 键访问,查看访问能否成功。测试结果为访问成功。

通过以上 ping 测试和网络服务访问测试,证明 C 校区局域网络的核心网络部分配置成功。

9.3.3　生成树协议及配置应用

1. 生成树协议的功能与作用

生成树协议(spanning tree protocol,STP)用于在数据链路层消除网络环路,防止数据帧在网络环路中不断增生和无限循环,形成广播风暴,导致交换设备不堪重负而瘫痪。

交换机(网桥)运行生成树协议后,各交换机通过发送和交换网桥协议数据单元(bridge protocol data unit,BPDU),发现可能存在的网络环路,选举出根网桥设备,并根据其他网桥设备到根网桥设备的路径开销(path cost)大小,有选择地阻塞路径开销大的端口,从而实现将有环路的网络结构,修剪为无环路的树形网络结构。

BPDU 是运行生成树协议的交换机之间交换的协议数据帧,BPDU 有两种类型的协议数据帧:一种是配置 BPDU,用于生成树的计算;另一种是拓扑变更通告(topology change notification,TCN)BPDU,用于通告网络拓扑的变化。

配置 BPDU 数据帧中包含了 STP 所需的路径开销、网桥 ID、端口优先级/端口 ID 等信息,STP 就是利用这些信息来确定根网桥、根端口和指定端口,从而完成生成树的计算和生成树的形成。

2. 生成树协议的工作原理

最早的生成树协议是 STP,协议标准为 IEEE 802.1D。STP 为单生成树协议,对整个交换网络只生成一棵生成树实例,整个交换网络不允许出现二层环路。

随着网络的不断发展,生成树协议也在不断更新换代,添加融入新的功能特性,但不管怎么发展,其基本的工作原理是一致的。下面以 STP 生成树协议为例,简要介绍生成树的工作原理和相关概念,网络拓扑以案例高校的 C 校区局域网络中的楼宇网络为例,拓扑结构如图 9.14 所示。

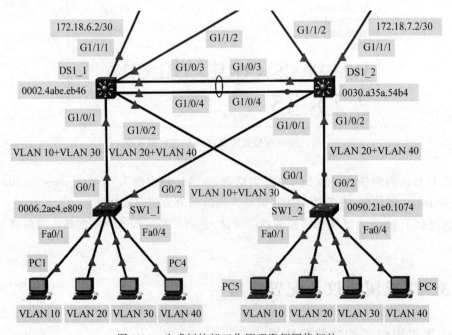

图 9.14　生成树协议工作原理案例网络拓扑

在图 9.14 中,汇聚交换机 DS1_1 和 DS1_2 的 G1/1/1 和 G1/1/2 端口为上行端口,工作在三层路由模式,生成树协议工作在二层网络,在解析生成树协议的工作原理和工作过程时,忽略这些上行端口。

DS1_1 和 DS1_2 交换机的 G1/0/3 和 G1/0/4 端口用于设备级联,最终的配置是要进行端口聚合,以提高级联链路的可靠性和通信带宽。端口聚合还未配置,连线后在这 4 个端口间就形成了网络环路,所以在生成树协议的作用下,将 DS1_2 交换机的 G1/0/4 端口阻塞,从而打断这个环路。交换机默认开启了生成树协议,图 9.14 展示的状态是生成树协议作用后的最终状态,下面逐步解析生成树协议的工作原理和工作过程。

生成树协议算法按以下四个步骤进行计算,确定生成树。

1) 选举产生根网桥

在所有运行 STP 的交换机中,选举产生出一个根网桥(root bridge)。选举方法如下。

根据各交换机发出的 BPDU 数据帧中的网桥 ID 字段值,获得各交换机的网桥 ID,网桥 ID 值最小的,选举成为根网桥。

网桥 ID 由 8 字节组成,前 2 字节为网桥优先级,后 6 字节为网桥的 MAC 地址。对于交换机而言,网桥 MAC 地址就是交换机的 VLAN 1 接口的 MAC 地址,可使用 show int vlan 1 命令查看获得。

网桥优先级采用 2 字节编码表示,对应的十进制取值范围为 $0 \sim 65535$,默认值为 32768,是一个可配置修改的参数。在比较网桥 ID 大小时,首先比较网桥优先级的大小,优先级值最小的,将成为根网桥。如果优先级相同,再比较网桥的 MAC 地址,MAC 地址小的将选举成为根网桥。

在图 9.14 所示的网络中,各交换机的网桥优先级均是默认的 32768,优先级相同。因此,接下来比较 MAC 地址的大小,DS1_1 汇聚交换机的 MAC 地址最小,故选举成为根网桥。

2) 选举产生根端口

根网桥确定后,其他非根网桥交换机必须和根网桥交换机建立起连接。因此,接下来将在非根网桥交换机上,进行根端口(root port)的选举。根端口存在于非根网桥上,每个非根网桥交换机选举产生出一个根端口。

选举根端口的依据和顺序如下,只要比较出结果,则不再进行后续的比较。

(1) 计算非根网桥交换机与根网桥相连的端口到根网桥的根路径开销(root path cost),根路径开销小的端口,成为根端口。

(2) 比较与非根网桥交换机直连的交换机的网桥 ID,与网桥 ID 小的交换机相连的端口,成为根端口。

(3) 与直连交换机的最小端口 ID 相连的端口为根端口。

STP 生成树协议使用路径开销(路径成本)来衡量链路的"强壮性",选择使用"强壮"的链路,阻塞路径开销大的冗余链路,实现将环路网络修剪为无环路的树形结构。IEEE 802.1D(STP)的路径开销值如表 9.1 所示。

表 9.1 STP 生成树协议的路径开销

链路带宽	路径开销值	链路带宽	路径开销值
10Gb/s	2	100Mb/s	19
1Gb/s	4	10Mb/s	100

根路径开销是非根网桥交换机到根网桥交换机之间所经过的链路的路径开销之和。交换机的端口 ID 由 2 字节组成,第一字节为端口优先级,第二字节为端口的编号。端口优先级是一个可配置修改的参数,其值必须是 16 的倍数,取值范围为 0~255,默认值为 128,值越小,端口优先级越高,越有可能成为根端口。

在图 9.14 所示的网络中,网络设备互联的链路均是千兆,路径开销值为 4。前一步已选举 DS1_1 为根网桥,根端口只存在于非根网桥交换机中,每台交换机选举产生一个根端口,下面分析根端口的选举产生过程。

SW1_1 到根网桥有两条路径,从 G0/1 端口出去的路径开销为 4,从 G0/2 端口出去的路径开销为 8(4+4),路径开销小的成为根端口,因此,SW1_1 的 G0/1 端口成为根端口。

SW1_2 的情况与 SW1_1 相同,因此,SW1_2 的 G0/1 端口成为根端口。

DS1_2 到根网桥有四条路径,从 G1/0/1 和 G1/0/2 端口出去的路径开销均为 8(4+4),从 G1/0/3 和 G1/0/4 端口出去的路径开销均为 4。通过第一轮的路径开销大小比较,G1/0/3 和 G1/0/4 端口胜出,接下来在 G1/0/3 和 G1/0/4 端口间再进行第二轮选举。

第二轮选举比较的依据是"比较与非根网桥交换机直连的交换机的网桥 ID,与网桥 ID 小的交换机相连的端口,成为根端口"。由于与 DS1_2 交换机的 G1/0/3 和 G1/0/4 端口相连的交换机是同一台交换机,因此,第二轮比较分不出胜负,接下来进入第三轮选举比较。

第三轮选举比较的依据的"与直连交换机的最小端口 ID 相连的端口为根端口"。端口 ID 由端口优先级和端口编号两部分构成,端口优先级在本案例中没有配置修改,则端口优先级都是默认优先级,所以接下来比较端口编号的大小,端口号小的将成为根端口。与 DS1_2 直连的交换机是 DS1_1,DS1_1 有 G1/0/3 和 G1/0/4 两个端口与非根网桥交换机 DS1_2 直连。根据第三轮的比较规则,DS1_1 的 G1/0/3 端口号小,在非根网桥交换机 DS1_2 上,与 DS1_1 的小号端口 G1/0/3 相连的是 G1/0/3,故非根网桥交换机 DS1_2 的 G1/0/3 成为根端口。根网桥和根端口如图 9.15 所示。

3) 选举产生指定端口

选举指定端口(designated port)的依据和顺序与选举根端口相同,按顺序依次如下。

(1) 根路径开销小的端口为指定端口。

(2) 端口所在交换机的网桥 ID 小的为指定端口。

(3) 端口 ID 值小的端口为指定端口。

下面分析指定端口的产生过程。

根网桥交换机 DS1_1 的 G1/0/1、G1/0/2、G1/0/3 和 G1/0/4 这四个端口到根网桥

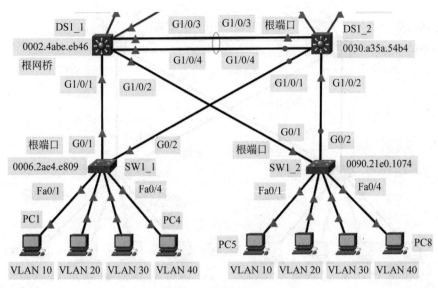

图 9.15　根网桥与根端口

的路径开销为 0,全部为指定端口。从中可见,根网桥自己的端口都是指定端口。由于根端口一定是与根网桥相连的,因此,根端口的对端是指定端口。

　　SW1_1 只有 G0/1 和 G0/2 这两个端口连接该二层网格,G0/1 已选举成为根端口,因此,对于 SW1_1 交换机只需判断 G0/2 端口是否能选举成为指定端口。非根交换机与非根交换机互联的链路两端,必定有一个端口是指定端口。SW1_1 的 G0/2 端口到根网桥的路径开销为 8,同样 DS1_2 的 G1/0/1 端口到根网桥的路径开销也是 8,第一轮比较不出胜负,接下来进入第二轮比较。SW1_1 交换机的 G0/2 端口所在的交换机(SW1_1)的网桥 ID 比 DS1_2 的 G1/0/1 端口所在的交换机(DS1_2)的网桥 ID 小,因此,SW1_1 的 G0/2 端口成为指定端口。

　　SW1_2 交换机也只有 G0/1 和 G0/2 这两个端口连接该二层网格,G0/1 已选举成为根端口,只需判断 G0/2 能否选举成为指定端口。SW1_2 的 G0/2 端口到根网桥的路径开销为 8,DS1_2 的 G1/0/2 端口到根网桥的路径开销也是 8,第一轮比较不出胜负。接下来进入第二轮选举比较,看端口所在交换机的网桥 ID 值的大小,小的将成为指定端口。DS1_2 交换机的网桥 ID 小于 SW1_2 交换机,因此,DS1_2 交换机的 G1/0/2 成为指定端口。

　　指定端口选举完毕,结果如图 9.16 所示。

　　4)阻塞非根端口和非指定端口

　　一个端口既不是指定端口也不是根端口,则此端口为预备端口,预备端口将被阻塞。选举确定根端口和指定端口之后,将剩下的非根端口和非指定端口进行阻塞(blocking)。处于阻塞状态的端口只能接收 BPDU 数据帧,不能接收和转发数据。通过对端口阻塞,让链路不允许业务数据帧通过,从而实现消除网络环路,将环路网络修剪为无环路的树形结构。

　　从中可见,STP 生成树协议的端口角色(port role)有根端口(root poot)、指定端口

251

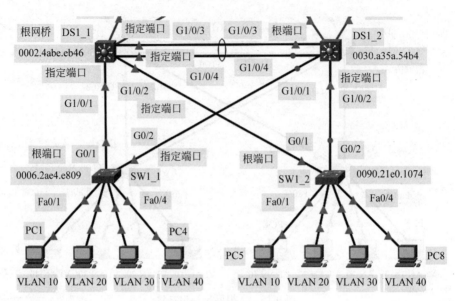

图 9.16   根端口与指定端口

(design port)和预备端口(alternate port)三种。

查看生成树的相关配置信息,可在交换机的特权执行模式下执行 show spanning-tree 命令来实现。例如,在 DS1_2 交换机中查看生成树的相关配置信息,结果如图 9.17 所示。

```
DS1_2#show spanning-tree
VLAN0001
  Spanning tree enabled protocol ieee
  Root ID    Priority    32769
             Address     0002.4ABE.EB46
             Cost        4
             Port        3(GigabitEthernet1/0/3)
             Hello Time  2 sec  Max Age 20 sec  Forward Delay 15 sec

  Bridge ID  Priority    32769  (priority 32768 sys-id-ext 1)
             Address     0030.A35A.54B4
             Hello Time  2 sec  Max Age 20 sec  Forward Delay 15 sec
             Aging Time  20

Interface        Role Sts Cost      Prio.Nbr Type
---------------- ---- --- --------- -------- --------------------
Gi1/0/3          Root FWD 4         128.3    P2p
Gi1/0/2          Desg FWD 4         128.2    P2p
Gi1/0/1          Altn BLK 4         128.1    P2p
Gi1/0/4          Altn BLK 4         128.4    P2p
```

图 9.17   查看生成树的相关信息

3. 生成树协议的端口状态

生成树协议的端口状态有以下四种。

1) 阻塞(blocking)

处于该状态的端口只能接收 BPDU 数据帧,不能接收和转发业务数据帧,也不能进行 MAC 地址的学习。

一个处于阻塞状态的端口,如果在一个最大生存时间(max age time,默认为 20s)内没有接收到邻居的 BPDU 数据帧,端口状态将转换为监听状态。

2) 监听(listening)

可以接收和发送 BPDU 数据帧,但不能接收和转发业务数据帧,也不能进行 MAC 地址的学习。处于该状态的端口可以主动发送 BPDU 数据帧,也可以向其他交换机通告自己的端口信息,因此,可以参与根端口或指定端口的选举。

当交换机加电启动后,所有端口从初始化状态进入阻塞状态,经过最大老化时间(20s)后,进入监听状态。根端口和指定端口的选举在端口的监听状态下进行,选举结束后,根端口和指定端口经过一个转发延迟(forward delay,默认为 15s)后进入学习状态。选举结束后,一个端口如果没有成为根端口或指定端口,则端口状态将重新回到阻塞状态。

3) 学习(learning)

可以接收和发送 BPDU 数据帧以及学习 MAC 地址,并将学习到的 MAC 地址加入 MAC 地址表,为即将到来的转发状态做准备。处于该状态的端口仍不能接收和转发业务数据帧。

如果一个端口在学习状态(再经过一个转发延迟的时间)结束后仍是根端口或指定端口,则端口进入转发状态,否则重回阻塞状态。

4) 转发(forwarding)

该状态为端口的正常状态,能接收和转发业务数据帧,学习 MAC 地址以及发送和接收 BPDU 数据帧。

当生成树协议收敛稳定后(默认为 50s),端口要么处于转发状态,要么处于阻塞状态。之后,网桥将定时(默认每隔 2s)发送 BPDU 协议数据帧,以维护链路状态。当网络拓扑发生变化时,生成树将会重新计算,端口状态也将随之改变。

4. 生成树协议的计时器

1) Hello Time(呼叫时间)

Hello Time 是运行 STP 的交换机周期性地发送配置 BPDU 数据帧的时间间隔,默认为 2s。交换机每隔 Hello Time 时间会向周围的邻居交换机发送配置 BPDU 数据帧,以检测链路是否存在故障。该计时器只有在根网桥上修改才有效。

2) Forward Delay(转发延迟)

Forward Delay 是网桥端口在 Listening 和 Learning 阶段进行状态迁移的延迟时间。默认值为 15s。

3) Message Age(消息生存期)

Message Age 是配置 BPDU 数据帧在网络传播中的生存期。如果配置 BPDU 是根网桥发出的,则 Message Age 值为 0,否则 Message Age 是从根网桥发出到当前网桥接收到 BPDU 的总时间,包括传输时延。配置 BPDU 数据帧每经过一台交换机,Message Age 值递增 1。

4) Max Age Time(最大生存时间)

Max Age Time 是配置 BPDU 数据帧在网桥设备中能够生存的最大生存时间,默认为20s。可在根网桥配置修改该值。非根网桥设备收到配置BPDU数据帧后,会将数据帧中的Message Age和Max Age进行比较,如果Message Age小于或等于Max Age,则该非根网桥设备会继续转发配置BPDU报文;如果Message Age大于Max Age,则该配置BPDU数据帧将被老化,非根网桥设备将直接丢弃该配置BPDU数据帧。

5. 生成树协议的种类与发展史

1) STP生成树协议

STP是最早的生成树协议,协议标准为IEEE 802.1D,前面介绍的生成树协议的工作原理就是以STP为例,新的生成树协议是在STP生成树协议基础上,增加了一些新的功能特性,基本的工作原理是一致的。

2) PVST与PVST+生成树协议

随着虚拟局域网(VLAN)技术的流行和应用的普及,STP单生成树实例已不再适用于虚拟局域网络。STP将一条链路阻塞后,也就阻断了所有VLAN流量经过该条链路,无法充分利用冗余链路实现VLAN流量的负载均衡。为此,Cisco公司推出了私有的PVST(per-VLAN spanning tree,每VLAN生成树)协议。

PVST协议以VLAN为单位,为每一个VLAN创建和维护一个生成树实例。这种解决方案允许每个VLAN使用不同的逻辑拓扑结构,有利于实现基于二层的负载均衡。对于链路而言,一条链路对于某些VLAN阻塞,不允许其流量经过该链路,但对于另一些VLAN,则允许其流量经过,如图9.18所示。

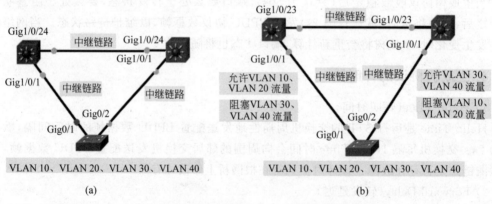

图9.18 STP与PVST使用效果对比

在图9.18(a)所示的网络中,使用了STP生成树协议,接入交换机与汇聚交换机的两条级联链路中,始终会有一条处于阻塞状态,以消除二层环路。被阻塞的链路不允许所有VLAN流量经过,所有VLAN流量只能选择另一条处于转发状态的链路,这两条链路处于主备状态工作。

在图9.18(b)所示的网络中,使用了PVST生成树协议,通过在汇聚交换机上针对不同VLAN配置交换机具有不同的生成树优先级,可以让图9.19(a)中的DS1汇聚交换机成为VLAN 10和VLAN 20的根网桥,让DS2汇聚交换机成为VLAN 30和VLAN 40

的根网桥。这样,对于不同的 VLAN,通过阻塞一条链路消除环路后,就能形成不同的生成树实例。对于 VLAN 10 和 VLAN 20,消除二层环路后的生成树实例如图 9.19(a)所示,对于 VLAN 30 和 VLAN 40,消除二层环路后的生成树实例如图 9.19(b)所示。处于阻塞状态的链路图 9.19 中未显示。

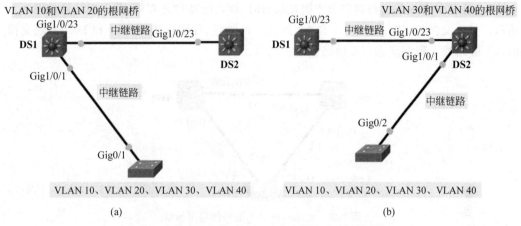

图 9.19 针对不同 VLAN 生成不同的生成树实例

从图 9.19 中可见,对于不同的 VLAN 可以生成不同的生成树实例,在本案例中,VLAN 10 和 VLAN 20 的流量经过左侧的级联链路,VLAN 30 和 VLAN 40 的流量经过右侧的级联链路,从而实现了基于 VLAN 的负载均衡功能,两条链路互为备份。

PVST 的 VLAN 中继使用 Cisco 私有的 ISL 协议,而 STP 的 VLAN 中继使用 IEEE 802.1Q 协议,因此,PVST 协议与 STP 不兼容。为此,Cisco 对 PVST 进行了改进,推出了 PVST+(per-VLAN spanning tree Plus,增强型 PVST)协议。PVST+协议的 VLAN 中继支持 IEEE 802.1Q 协议,解决了协议兼容性问题,PVST+可以与 STP 互相通信。使用 PVST+协议时;对于 VLAN 1,运行的是 STP;对于其他 VLAN,则运行 PVST 协议。由于交换机的所有端口默认均属于 VLAN 1,因此,STP 相当于运行在 VLAN 1 上。

3) 快速 PVST+与 RSTP

当网络链路出现故障时,STP 的收敛速度较慢,其收敛算法需要一些时间来选择和确定一条可替代的链路。默认情况下,交换机的端口状态由阻塞状态(blocking)切换为转发状态(forwarding),需要 50s,即 20s(blocking→listening)+15s(listening→learning)+15s(learning→forwarding)。对于大型网络而言,这个时间太长了,为了提高生成树协议的收敛速度,Cisco 创新性地推出了 PortFast、UplinkFast 和 BackboneFast 三个生成树功能特性。

(1) PortFast。具有 PortFast 功能特性的端口,在连接终端设备后,其端口状态直接进入转发状态。PortFast 功能特性只能配置在接入交换机上,并只能配置在用于连接终端设备的端口上,不能配置在级联端口上,否则 STP 就失去意义,会形成网络环路。

例如,如果 SW1 为接入交换机,Fa0/1~Fa0/24 口用于连接用户主机,G0/1 和 G0/2 为级联端口。为了提高生成树的收敛速度,可将 Fa0/1~Fa0/24 口定义为 PortFast 端

口,配置命令如下:

```
SW1(config)#int range Fa0/1-24
SW1(config-if-range)#spanning-tree portfast
```

（2）UplinkFast。该功能特性通常应用在接入交换机的级联端口上,并且要具有冗余链路,且至少有一条上行链路处于阻塞状态时,该功能特性才有效,其应用场景如图 9.20所示。接入交换机 SW1 通过 L1 和 L2 两条上行链路,分别连接到 DS1 和 DS2 汇聚交换机,L1 链路处于阻塞状态,L2 链路处于活动状态。

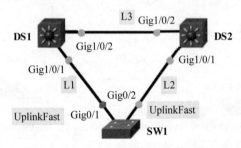

图 9.20　UplinkFast 功能特性应用场景

在 SW1 交换机的 G0/1 和 G0/2 端口没有开启 UplinkFast 功能特性时,当 L2 链路失效后,L1 链路要经过 30s 才能切换为活动链路,这是因为 SW1 上原处于阻塞状态的G0/1 端口,要经过 15s(listening→learning)＋15s(learning→forwarding)才能切换为转发状态。

在 SW1 交换机上开启 UplinkFast 功能特性后,当 L2 链路失效后,SW1 交换机会立即检测到,UplinkFast 功能特性立即将原处于阻塞状态的 G0/1 端口,直接切换为转发状态,而不用从监听和学习状态进行过渡,状态切换时间为 1～5s,从而实现快速将 L1 链路恢复为活动链路。

UplinkFast 功能特性配置命令如下:

```
SW1(config)#spanning-tree uplinkfast
```

UplinkFast 功能特性是全局性的,对所有 VLAN 都生效,因此,如果要配置 VLAN生成树优先级,则不能启用该特性。

（3）BackboneFast。该功能特性用于诊断发现非直连链路故障,加快收敛速度。UplinkFast 功能特性只能检测到与自己直连的链路故障,并进行快速收敛。

仍以图 9.20 所示的网络为例,如果 L3 链路出现故障中断,SW1 交换机的UplinkFast 功能特性是检测不到该链路故障的,DS1 交换机与网络的连接全部中断,只有等待(50s)SW1 交换机的 G0/1 端口由阻塞状态过渡切换到转发状态之后,L1 链路才会恢复为活动链路。

如果要让非直连链路的故障让其他交换机能及时检测到,及时为发生了链路中断故障的交换机打开一条新的链路通道,需要在网络中的所有交换机上开启 BackboneFast 功能特性。开启方法是在全局配置模式下执行 spanning-tree backbonefast 命令来实现。

当 DS1 交换机开启了 BackboneFast 功能特性后,如果使用中的 L3 链路出故障中断,交换机又没有处于阻塞状态的端口可以立即启用来代替出故障的活动链路,此时 DS1 交换机就以自己为根交换机,向网络发出 Inferior BPDU 协议数据帧,宣告自己的链路中断。SW1 交换机从处于阻塞状态的 G0/1 端口收到 Inferior BPDU 数据帧,发现和之前的根网桥(DS2)不相同,如果 SW1 也开启了 BackboneFast 功能,此时 SW1 就会向之前的根网桥交换机 DS2 发出 RLQ(root link query,根链路查询)数据帧。开启了 BackboneFast 功能特性的根交换机 DS2 在收到 RLQ 数据帧后会做出响应,表明自己仍然有效,SW1 收到根网桥交换机的应答后,将通知 DS1 根网桥仍然有效,同时立即将原处于阻塞状态的 G0/1 端口进行状态转换(listening→learning→forwarding),用时 30s。G0/1 切换到转发状态后,链路 L1 恢复为活动链路,DS1 交换机通过 L1 链路接入网络。

从整个过程可见,所有交换机都要启用 BackboneFast 功能特性,收敛时间减少 20s,因为节省了从阻塞状态到学习状态的转换时间(20s)。

Cisco 将具有 PortFast、UplinkFast 和 BackboneFast 功能特性的 PVST＋协议,称为 rapid-PVST＋。之后,电气与电子工程师协会(IEEE)在 IEEE 802.1D 基础上增加了类似 Cisco 的生成树功能特性,推出了 IEEE 802.1W 标准,称为快速生成树协议(rapid spanning tree protocol,RSTP)。RSTP 与 STP 一样,仍是单生成树协议。

RSTP 加快了生成树的收敛速度,新增了预备端口(alternate port)和备份端口(backup port)两种端口角色,端口状态减少为以下三种。

- 丢弃(discarding):对应于 STP 的阻塞、监听状态。
- 学习(learning):对应于 STP 的学习状态。
- 转发(forwarding):对应于 STP 的转发状态。

另外,RSTP 还新增了边缘端口(edge port)和链路类型(link type)的概念。RSTP 的边缘端口类似于 Cisco 的 PortFast 功能特性,使用 spanning-tree portfast 命令配置指定。边缘端口只能用于连接终端设备,由于协议本身无法判断哪些端口是边缘端口,因此,边缘端口需要手工配置指定,边缘端口的状态能直接切换到转发状态,以加快端口的状态迁移速度。link-type 定义了链路是 point-to-point(点对点),还是 shared(共享)。如果链路两端的端口处于全双工模式,则链路类型为 point-to-point,如果端口处于半双工模式,则链路类型为 shared。配置指定链路类型有助于 RSTP 的高效运行。在接口配置模式下,使用 spanning-tree link-type point-to-point|shared 命令进行配置指定。

4) MSTP

STP 和 RSTP 为单生成树协议,整个交换网络只生成一个生成树实例。而 Cisco 的 PVST/PVST＋和 rapid-PVST＋是每个 VLAN 生成一个生成树实例。这些生成树协议走了两个极端,一个是生成树实例太少,另一个是生成树实例太多。维护太多的生成树实例会占用交换机 CPU 过多的计算资源,影响交换机的交换处理性能和速度。为此,IEEE 制定发布了新的生成树协议标准 IEEE 802.1S,称为多生成树协议(multiple spanning trees protocol,MSTP)。

多生成树协议将一个交换网络划分为若干个生成树域,每个域内可以生成多棵生成树,生成树彼此间相互独立。可以将多个 VLAN 对应到一个生成树实例中,实现多个

VLAN,生成一棵生成树,从而减少生成树的数量。MSTP 是目前最优的生成树协议,向下兼容 STP 和 RSTP。

6. PVST＋与快速 PVST＋配置命令

1) 开启/停止生成树协议

Cisco 交换机的 PVST/PVST＋和快速 PVST＋都是基于 VLAN 的生成树协议,可以基于 VLAN 开启或停止生成树功能,其配置命令如下:

```
spanning-tree vlan vlan-list
```

vlan-list 代表要开启生成树功能的 VLAN 列表。各 VLAN 号之间用逗号分隔,连续的 VLAN 范围用连字符表示,比如 VLAN 10 至 VLAN 20,可表达为 10-20。

例如,如果要针对 VLAN 1、VLAN 10、VLAN 20、VLAN 30～VLAN 35 开启生成树协议,则配置命令如下:

```
Switch(config)#spanning-tree vlan 1,10,20,30-35
```

Cisco 交换机默认开启了生成树协议,如果要停止生成树协议,则配置命令如下:

```
no spanning-tree vlan vlan-list
```

2) 配置生成树协议的类型

配置命令如下:

```
spanning-tree mode STP|RSTP|MSTP|PVST|rapid-PVST
```

对于 Cisco Packet Tracer 模拟器,仅支持 PVST 和 rapid-PVST 协议,其 PVST 实际上是 PVST＋,rapid-PVST 实际上是 rapid-PVST＋协议。

3) 配置交换机的网桥优先级

配置命令如下:

```
spanning-tree vlan vlan-list priority value
```

配置交换机对于指定的 VLAN 的网桥优先级。优先级默认值为 32768,优先级的取值范围为 0～65535,增幅为 4096。优先级值最小的交换机将成为指定 VLAN 的根网桥。

例如,如果要配置当前交换机对于 VLAN 10 和 VLAN 20 的网桥优先级为 4096,则配置命令如下:

```
Switch(config)#spanning-tree vlan 10,20 priority 4096
```

4) 配置指定根网桥/次根网桥

配置命令如下:

```
spanning-tree vlan vlan-list root primary|secondary
```

配置指定交换机作为指定 VLAN 的根网桥或次根网桥。该条配置命令的功能与配置交换机网桥优先级的功能相同,配置时这两种方式二选一。

直接配置交换机作为某些 VLAN 的根网桥后,在保存配置时,实际上也是转换为网桥优先级保存在配置文件中的,即最终还是通过网桥优先级来实现将某台交换机配置为根网桥或次根网桥。

5) 查看生成树协议配置信息

show spanning-tree:显示所有生成树的配置信息。

show spanning-tree active:显示活动的生成树的配置信息。

show spanning-tree detail:显示所有生成树的详细信息。

show spanning-tree summary:显示生成树端口状态的统计信息。

7. 生成树协议配置应用案例

1) 配置案例与配置目标

以案例高校的 C 校区局域网络的楼宇内部网络作为配置对象,网络拓扑如图 9.14 所示。要求对该网络进行生成树配置,实现基于 VLAN 的负载均衡功能,接入交换机的 VLAN 10 和 VLAN 30 的流量通过 DS1_1 汇聚交换机转发,VLAN 20 和 VLAN 40 的流量通过 DS1_2 汇聚交换机转发。如果 DS1_1 汇聚交换机出故障,则 VLAN 10 和 VLAN 30 的流量自动切换到通过 DS1_2 汇聚交换机转发;同理,如果 DS1_2 交换机出故障,则 VLAN 20 和 VLAN 40 的流量自动切换为通过 DS1_1 交换机转发。

为提高 DS1_1 和 DS1_2 之间级联链路的可靠性,两台交换机之间的级联链路采用双链路并配置端口聚合。

2) 配置分析

为了实现让 VLAN 10 和 VLAN 30 的流量通过 DS1_1 交换机转发,可以配置指定 DS1_1 交换机作为 VLAN 10 和 VLAN 30 的根网桥,配置指定 DS1_2 作为 VLAN 10 和 VLAN 30 的次根网桥。同理,配置指定 DS1_2 作为 VLAN 20 和 VLAN 40 的根网桥,配置 DS1_1 作为 VLAN 20 和 VLAN 40 的次根网桥,这样当根网桥出故障时,次根网桥将自动成为新的根网桥,接替网络流量的转发任务。这样在实现基于 VLAN 的负载均衡的同时,DS1_1 交换机和 DS1_2 交换机还能实现互为备份。

本幢楼宇目前只有 VLAN 10、VLAN 20、VLAN 30 和 VLAN 40 四个网段,根据前面对 IP 地址的规划,这四个 VLAN 的网段地址和网关地址规划如下所示。

- VLAN 10 网络地址为 10.16.0.0/24,网关地址为 10.16.0.1。
- VLAN 20 网络地址为 10.16.1.0/24,网关地址为 10.16.1.1。
- VLAN 30 网络地址为 10.16.2.0/24,网关地址为 10.16.2.1。
- VLAN 40 网络地址为 10.16.3.0/24,网关地址为 10.16.3.1。

由于有两台汇聚层交换机,因此,在这两台汇聚层交换机上都要创建相同的 VLAN,并且都要配置 VLAN 接口地址,但这两个 VLAN 接口地址不能配置成相同的,否则会有 IP 冲突。在 DS1_1 汇聚交换机上,VLAN 接口地址使用对应网段的 2 号地址;在 DS1_2 汇聚交换机上,VLAN 接口地址使用对应网段的 3 号地址,这样就不会有 IP 冲突。但这样一来又产生了 VLAN 网关地址不唯一的问题,用户主机只能设置一个网关地址,这个问题使用生成树协议无法解决,必须采用 HSRP 或者 VRRP,将两个汇聚层交换机上的相同的 VLAN 接口虚拟化成一个虚拟的 VLAN 接口,并给虚拟的 VLAN 接口指定一个 IP 地址,该 IP 地址就可以作为该 VLAN 用户的网关地址使用,从而解决网关不唯一的问题。因此,每个网段为 1 的地址留给虚拟 VLAN 接口使用,这个功能将在 9.3.4 小节学习了 HSRP 之后配置完成。

3) 配置方法

(1) 配置 DS1_1 汇聚层交换机。

```
DS1_1>enable
DS1_1#config t
DS1_1(config)#vlan 10
DS1_1(config-vlan)#vlan 20
DS1_1(config-vlan)#vlan 30
DS1_1(config-vlan)#vlan 40
!配置各 VLAN 接口的 IP 地址和 DHCP 服务器地址
DS1_1(config-vlan)#int vlan 10
DS1_1(config-if)#ip address 10.16.0.2 255.255.255.0
DS1_1(config-if)#ip helper-address 10.16.250.11
DS1_1(config-if)#int vlan 20
DS1_1(config-if)#ip address 10.16.1.2 255.255.255.0
DS1_1(config-if)#ip helper-address 10.16.250.11
DS1_1(config-if)#int vlan 30
DS1_1(config-if)#ip address 10.16.2.2 255.255.255.0
DS1_1(config-if)#ip helper-address 10.16.250.11
DS1_1(config-if)#int vlan 40
DS1_1(config-if)#ip address 10.16.3.2 255.255.255.0
DS1_1(config-if)#ip helper-address 10.16.250.11
!配置端口为中继模式
DS1_1(config-if)#int range g1/0/1-4
DS1_1(config-if-range)#switchport trunk encapsulation dot1q
DS1_1(config-if-range)#switchport mode trunk
!配置端口聚合
DS1_1(config-if-range)#int range g1/0/3-4
DS1_1(config-if-range)#channel-group 1 mode active
DS1_1(config-if-range)#int port-channel 1
DS1_1(config-if)#switchport trunk encapsulation dot1q
DS1_1(config-if)#switchport mode trunk
DS1_1(config-if)#exit
!配置开启生成树协议的 VLAN
DS1_1(config)#spanning-tree vlan 1,10,20,30,40
!配置使用的生成树协议
DS1_1(config)#spanning-tree mode rapid-pvst
!针对不同的 VLAN,配置交换机具有不同的网桥优先级
DS1_1(config)#spanning-tree vlan 10,30 priority 4096
DS1_1(config)#spanning-tree vlan 20,40 priority 8192
DS1_1(config)#end
DS1_1#write
DS1_1#exit
```

（2）配置 DS1_2 汇聚层交换机。

```
DS1_2>enable
DS1_2#config t
DS1_2(config)#vlan 10
DS1_2(config-vlan)#vlan 20
DS1_2(config-vlan)#vlan 30
DS1_2(config-vlan)#vlan 40
!配置 VLAN 接口 IP 地址
DS1_2(config-vlan)#int vlan 10
DS1_2(config-if)#ip address 10.16.0.3 255.255.255.0
DS1_2(config-if)#ip helper-address 10.16.250.11
DS1_2(config-if)#int vlan 20
DS1_2(config-if)#ip address 10.16.1.3 255.255.255.0
DS1_2(config-if)#ip helper-address 10.16.250.11
DS1_2(config-if)#int vlan  30
DS1_2(config-if)#ip address 10.16.2.3 255.255.255.0
DS1_2(config-if)#ip helper-address 10.16.250.11
DS1_2(config-if)#int  vlan 40
DS1_2(config-if)#ip address 10.16.3.3 255.255.255.0
DS1_2(config-if)#ip helper-address 10.16.250.11
!配置端口工作模式为中继模式
DS1_2(config-if)#int range g1/0/1-4
DS1_2(config-if-range)#switchport trunk encapsulation dot1q
DS1_2(config-if-range)#switchport mode trunk
!配置端口聚合
DS1_2(config-if-range)#int range g1/0/3-4
DS1_2(config-if-range)#channel-group 1 mode passive
DS1_2(config-if-range)#int port-channel1
DS1_2(config-if)#switchport trunk encapsulation dot1q
DS1_2(config-if)#switchport mode trunk
DS1_2(config-if)#exit
!配置生成树协议
DS1_2(config)#spanning-tree vlan 1,10,20,30,40
DS1_2(config)#spanning-tree mode rapid-pvst
!针对不同 VLAN,配置交换机具有不同的网桥优先级
DS1_2(config)#spanning-tree vlan 10,30 priority 8192
DS1_2(config)#spanning-tree vlan 20,40 priority 4096
DS1_2(config)#exit
DS1_2#write
DS1_2#exit
```

（3）配置 SW1_1 交换机。

```
Switch>enable
Switch#config t
Switch(config)#hostname SW1_1
SW1_1(config)#vlan 10
SW1_1(config-vlan)#vlan20
SW1_1(config-vlan)#vlan 30
```

```
SW1_1(config-vlan)#vlan 40
SW1_1(config-vlan)#exit
!配置级联端口为中继工作模式
SW1_1(config)#int range g0/1-2
SW1_1(config-if-range)#switchport mode trunk
!划分 VLAN 端口
SW1_1(config-if-range)#int fa0/1
SW1_1(config-if)#switchport access vlan 10
SW1_1(config-if)#int fa0/2
SW1_1(config-if)#switchport access vlan 20
SW1_1(config-if)#int fa0/3
SW1_1(config-if)#switchport access vlan 30
SW1_1(config-if)#int fa0/4
SW1_1(config-if)#switchport access vlan  40
SW1_1(config-if)#exit
!配置生成树协议
SW1_1(config)#spanning-tree vlan 1,10,20,30,40
SW1_1(config)#spanning-tree mode rapid-pvst
!将用户主机所连接的端口启用 portfast 功能特性,加快端口进入转发状态的速度
SW1_1(config)#int range fa0/1-4
SW1_1(config-if-range)#spanning-tree portfast
SW1_1(config-if-range)#end
SW1_1#write
SW1_1#exit
```

（4）配置 SW1_2 交换机。

```
Switch>enable
Switch#config t
SW(config)#hostname SW1_2
SW1_2(config)#vlan 10
SW1_2(config-vlan)#vlan 20
SW1_2(config-vlan)#vlan 30
SW1_2(config-vlan)#vlan 40
SW1_2(config-vlan)#int range g0/1-2
SW1_2(config-if-range)#switchport mode trunk
SW1_2(config-if-range)#int fa0/1
SW1_2(config-if)#switchport access vlan 10
SW1_2(config-if)#int fa0/2
SW1_2(config-if)#switchport access vlan 20
SW1_2(config-if)#int fa0/3
SW1_2(config-if)#switchport access vlan 30
SW1_2(config-if)#int fa0/4
SW1_2(config-if)#switchport access vlan 40
SW1_2(config-if)#int range fa0/1-4
SW1_2(config-if-range)#spanning-tree portfast
SW1_2(config)#spanning-tree vlan 1,10,20,30,40
SW1_2(config)#spanning-tree mode rapid-pvst
SW1_2(config)#exit
SW1_2#write
```

```
SW1_2#exit
```

完成以上配置后,整个链路都进入正常运行状态,生成树协议配置成功,如图 9.21 所示。

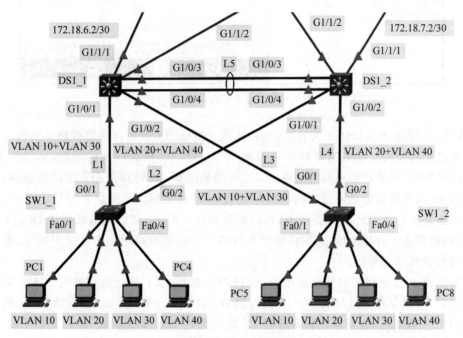

图 9.21　配置好生成树协议的网络拓扑

(5) 手工配置各 PC 的 IP 地址、子网掩码、默认网关和 DNS 服务器地址。对于每一个 VLAN,在 DS1_1 和 DS1_2 汇聚交换机上都有 VLAN 接口,分别配置了不同的 IP 地址,因此,每个 VLAN 有 2 个网关地址,用户主机可二选一设置,网络都能通。

将 PC1～PC4 主机的 IP 地址、子网掩码和网关地址设置如下。

- PC1 主机 IP 地址为 10.16.0.20,子网掩码为 255.255.255.0,网关地址为 10.16.0.2。
- PC2 主机 IP 地址为 10.16.1.20,子网掩码为 255.255.255.0,网关地址为 10.16.1.3。
- PC3 主机 IP 地址为 10.16.2.20,子网掩码为 255.255.255.0,网关地址为 10.16.2.3。
- PC4 主机 IP 地址为 10.16.3.20,子网掩码为 255.255.255.0,网关地址为 10.16.3.2。
- PC5～PC8 主机的 IP 地址、子网掩码和网关地址可参照设置。

(6) 数据帧走向验证。单击模拟器主界面右下角的 Simulation 按钮,将运行模式切换到模拟运行模式,接着单击 Show All/None 按钮,取消对全部协议的勾选,然后单击 Edit Filters 按钮,在弹出的对话框中选择 IPv4 选项卡,只勾选 ICMP 复选框。操作界面如图 9.22 所示。

然后在 PC1 主机的命令行用 ping 命令去 ping 因特网中的 www.baidu.com 服务器,输入命令并按 Enter 键执行后,单击 ▶ 按钮,可让数据包前进一步,通过反复单击该按钮,可观察到 ICMP 数据包的走向。

通过对数据包的追踪,可以发现 PC1 主机发出的 ICMP 数据包到达 SW1_1 交换机

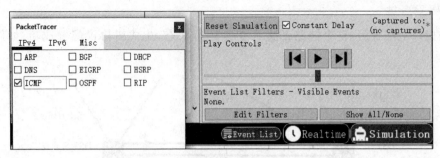

图 9.22　设置要追踪的协议类型

后,通过 L1 链路到达 DS1_1 交换机,然后从该交换机的上行出口链路被路由出去。为什么会走这条路径呢?这是因为 PC1 主机属于 VLAN 10,根据前面的配置,VLAN 10 的根网桥是 DS1_1,最后形成的生成树中,L2 链路被阻塞,L1 链路是正常的活跃链路,所以 VLAN 10 的流量肯定是通过 L1 链路出去。PC1 主机的网关地址设置的是 10.16.0.2,而该网关地址正好在 DS1_1 交换机上,所以数据帧从 SW1_1 交换机出发到达 DS1_1 交换机后,也就到达了目标地址,之后就通过上行的三层链路被路由出去。从中可见,数据的走向与配置预期相符。

如果将 PC1 主机的网关地址改为 10.16.0.3,然后进行 ping 测试并对 ICMP 数据包进行追踪,可以发现数据帧从 PC1 主机的网卡发出到达 SW1_1 交换机,通过 L1 链路到达 DS1_1 交换机后,会被再次转发通过 L5 链路到达 DS1_2 交换机,然后通过 DS1_2 交换机的上行链路被路由出去。为什么到达 DS1_1 之后还会被转发到 DS1_2 交换机呢?这是因为 PC1 主机的网关地址在 DS1_2 交换机上,所以数据帧会被转发到网关地址所在的交换机。

在 PC2 主机中进行 ping 测试和 ICMP 数据包追踪,会发现数据的走向是从 L2 链路到达 DS1_2 交换机,然后被路由出去,这与配置相符。

根据生成树协议的配置,VLAN 10 和 VLAN 30 是通过 L1 链路到达 DS1_1 交换机,因此,VLAN 10 和 VLAN 30 的主机最好是设置使用在 DS1_1 交换机上的网关地址。而 VLAN 20 和 VLAN 40 则是通过 L2 链路到达 DS1_2 交换机,因此,VLAN 20 和 VLAN 40 的主机最好是设置使用在 DS1_2 交换机上的网关地址。

通过以上的追踪测试,数据帧的走向与配置预期相符,生成树协议配置正确,功能有效。

(7) 网络通畅性测试。在 PC1 主机的命令行 ping www.cqut.edu.cn,检查能否 ping通,如果能 ping 通,则楼宇网络配置成功。测试结果为能 ping 通。打开浏览器访问因特网和 A 校区内网中的服务器,检查能否成功访问。测试结果为全部都能正常访问。

(8) 网络有待改进的地方。到此为止,C 校区内网基本配置成功。但有一处需要改进的地方,那就是 VLAN 网关不唯一,一个 VLAN 存在 2 个网关地址,虽然任意设置一个网关地址也能访问网络,但在两台汇聚交换机中的某一台出故障无法正常工作时,网络不能自动切换避开故障点,无法高可靠地保障网络通信不中断。为此,需要进一步配置使用 HSRP 来解决网关不唯一的问题,并实现出故障时网络能自动切换避开故障点,保障网络通信不中断。

9.3.4　HSRP 及配置应用

1. HSRP 概述

1）路由冗余与路由器冗余协议

为提高网络通信的可靠性，到达目的网络的路径不应该是唯一的，应该提供多条路径供选择，这样当一条链路失效时，网络设备可选择其他路径到达目标网络，这种设计方案，就是所谓的路由冗余。

路由冗余通过配置冗余的三层设备（路由器或三层交换机）来实现。为了实现对冗余的网络设备进行协调管理、控制和故障时自动切换，应在冗余的网络设备上配置启用路由器冗余协议。

路由器冗余协议能将多台物理设备的端口（物理端口或 VLAN 接口），通过创建热备份组，将端口虚拟化成一个对应的虚拟端口来使用，这个虚拟端口可以配置指定 IP 地址。比如在图 9.21 所示的网络应用案例中，DS1_1 和 DS1_2 汇聚交换机中都有 VLAN 10 接口，并且接口上都配置有不同的 IP 地址，这导致了 VLAN 网关地址不唯一。此时就可配置应用路由器冗余协议，通过创建一个热备份组，将 DS1_1 和 DS1_2 汇聚层交换机中的 VLAN 10 接口虚拟化成一个对应的虚拟 VLAN 接口，并为虚拟 VLAN 接口配置指定一个 IP 地址，以后该 IP 地址就可当作 VLAN 10 的网关地址来使用，从而解决 VLAN 网关不唯一的问题。同理，VLAN 20 接口可通过创建另一个热备份组，将两个设备的 VLAN 20 接口虚拟化成另一个虚拟接口并配置指定 IP 地址。

除了 VLAN 接口可以虚拟化之外，物理接口也可以。图 9.23 所示的网络采用的是双核心单汇聚层交换机的设计方案，如果局域网络不采用动态路由，而采用静态路由，则对于汇聚层交换机（DS1）而言，其出口网关有 2 个（172.16.1.2 和 172.16.1.3），网关不唯一，汇聚层交换机上的默认路由的下一跳地址不好配置指定。

此时可在两台核心交换机上同时配置应用路由器冗余协议，在 CoreSW1 交换机的 G1/1/1 端口下和 CoreSW2 交换机的 G1/1/2 端口下创建相同的热备份组，将这两个端口虚拟化成一个虚拟端口并配置指定一个 IP 地址，比如 172.16.1.1，以后 172.16.1.1 就可当作 DS1 汇聚层交换机的出口网关。

网络设备运行路由器冗余协议后，各网络设备会通过发送 Hello 消息进行相互通信，并选举出一台优先级最高的作为活动设备，另选举出一台作为备份设备。活动设备承担网络流量的路由工作。当活动设备出现故障时，备份设备自动转为活动设备，接替网络流量的路由工作，保障整个网络通信不中断。

常用的路由器冗余协议有 HSRP（hot standby router protocol，热备份路由器协议）和 VRRP（virtual router redundancy protocol，虚拟路由器冗余协议）两种。HSRP 是 Cisco 公司的专有协议，只有 Cisco 的路由器和三层交换机支持。VRRP 是一个国际标准的协议，功能与 HSRP 相同，但在具体配置上有一些细小的差别，其主要体现在：

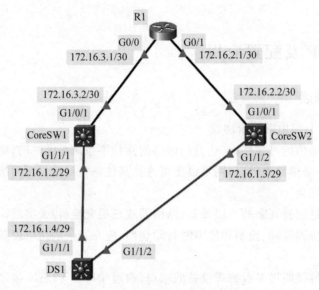

图 9.23 双核心单汇聚网络应用案例

- VRRP 可以用一台物理设备的接口地址来作为虚拟设备的 IP 地址,而 HSRP 不允许,必须指定同网段的另外的 IP 地址作为虚拟设备的 IP 地址。
- VRRP 路由器状态比 HSRP 少。HSRP 的路由器状态有 6 种,而 VRRP 的路由器状态只有 3 种。

2) HSRP 的工作原理

以路由器为例,阐述 HSRP 的工作原理。HSRP 将多台物理路由器视为一个热备份路由器组,将其虚拟化成一台虚拟路由器来使用,并给该虚拟路由器配置指定一个 IP 地址和 MAC 地址(自动生成)。

每台物理路由器可配置指定自己在该组中的优先级,HSRP 选出优先级最高的路由器作为活动路由器,并由它来承担路由转发工作。一个组内只有一个路由器是活动路由器,另一台路由器作为备份路由器,处于备份状态。在一个组中,最多有一个活动路由器和一个备份路由器。如果活动路由器发生故障,优先级高的备份路由器将自动成为活动路由器以接替工作,从而保证网络通信不中断。

运行 HSRP 后,默认每 3s 发送一个 Hello 消息,各路由器利用 Hello 消息来互相监听各自的存在。当路由器长时间没有接收到 Hello 消息时,就认为活动路由器出故障,备份路由器就会成为活动路由器。HSRP 利用优先级决定哪个路由器成为活动路由器。如果一个路由器的优先级比其他路由器的优先级高,则该路由器成为活动路由器。路由器的默认优先级是 100。

HSRP 使用组播地址(V1 版组播地址为 224.0.0.2,V2 版组播地址为 224.0.0.102)发送消息,消息主要有以下三种。

Hello:将发送者的 HSRP 优先级和状态信息通告给其他路由器。HSRP 默认每 3s 发送一个 Hello 消息。

Coup(政变)：当一个备用路由器变为一个活动路由器时发送一个 Coup 消息。

Resign(辞职)：当活动路由器将要当机或者有优先级更高的路由器发送 Hello 消息时，主动发送一个 Resign 消息。

3）HSRP 路由器的 6 个状态

Initial：初始化状态。指还没准备好，或者还不能参与到 HSRP 组中的路由器。

Learn：学习状态。指没有从活动路由器学习到虚拟 IP 地址且没有发现认证的 Hello 消息的路由器。在这种状态下，该路由器将继续等待从活动路由器中学习虚拟 IP 地址和接收 Hello 消息。

Listen：监听状态。指正在接收 Hello 消息的路由器。

Speak：对话状态。指正在发送和接收 Hello 消息的路由器。

Standby：备份状态。当活动路由器失效时，它将成为活动路由器。

Active：活动状态。活动路由器定时发出 Hello 消息，并负责路由转发工作。

2. HSRP 配置命令

1）将三层设备的接口加入热备份组，并指定虚拟设备的 IP 地址

配置命令如下：

```
standby 组号 ip 虚拟设备 IP 地址
```

功能：启用 HSRP，创建热备份组，并指定虚拟设备的接口 IP 地址。

该命令在接口配置模式下执行，即在要虚拟化的接口下面配置，通常为三层交换机或路由器的内网口。指定的 IP 地址就是虚拟的三层交换机或路由器的内网口地址。

相同组号的路由器或三层交换机属于同一个 HSRP 组，所有属于同一个 HSRP 组的路由器或三层交换机，其配置的虚拟 IP 地址必须一致，且该 IP 地址不能是物理路由器或三层交换机的接口地址。

在图 9.23 所示的案例网络中，要对 CoreSW1 交换机的 G1/1/1 端口和 CoreSW2 交换机的 G1/1/2 端口创建一个热备份组，热备份组号为 1，虚拟的核心交换机的 IP 地址为 172.16.1.1，则配置命令如下：

```
CoreSW1(config)#int G1/1/1
CoreSW1(config-if)#no switchport
CoreSW1(config-if)#ip address 172.16.1.2 255.255.255.248
CoreSW1(config-if)#standby 1 ip 172.16.1.1
CoreSW2(config)#int G1/1/2
CoreSW2(config-if)#no switchport
CoreSW2(config-if)#ip address 172.16.1.3 255.255.255.248
CoreSW2(config-if)#standby 1 ip 172.16.1.1
```

2）配置设备在该热备份组中的优先级

配置命令如下：

```
standby 组号 priority 优先级
```

在同一个热备份组中,优先级最高的,成为活动设备。优先级的取值范围为 $0 \sim 255$,默认值为 100。

如果要配置 CoreSW1 交换机在热备份组中具有更高的优先级,优先级配置为 105,让其成为活跃设备,则配置命令如下:

```
CoreSW1(config-if)#standby 1 priority 105
```

CoreSW2 交换机在热备份组 1 中的优先级如果使用默认的 100,则可以不用配置指定。

3)配置抢占模式

配置命令如下:

```
standby 组号 preempt
```

功能:开启抢占模式,优先级高的将成为活动设备。如果没有开启抢占模式,当原来的活动设备出故障后,备用设备将变为活动设备。在故障设备恢复后,虽然优先级比当前活动设备的优先级要高,但不会成为活动设备。如果开启了抢占模式,故障设备恢复后,由于优先级高,将立即抢夺成为活动设备。

当两个网络设备的优先级相同时,IP 地址大的将成为活动设备。当活动设备和备份设备同时失效时,如果组中还有其他设备,则其他设备将参与活动设备和备份设备的选举,成为新的活动设备或备份设备。

在 CoreSW1 和 CoreSW2 交换机上分别开启抢占模式,则配置命令如下:

```
CoreSW1(config-if)#standby 1 preempt
CoreSW2(config-if)#standby 1 preempt
```

4)配置 HSRP 的计时器

配置命令如下:

```
standby 组号 timers hello 间隔时间 hold 保持时间
```

功能:配置指定 hello 和 hold 计时器的时间,单位为秒,为可选配置项。

hello 间隔时间:代表设备定时发送 Hello 消息的间隔时间,即定义设备间交换信息的频率。如果该参数没配置,则从活动设备上学习获得,其默认值为 3s。

hold 保持时间:定义经过多长时间没有收到设备发送的 Hello 消息,则活动设备或者备用设备就会被宣告为失效,将重新进行活动设备和备用设备的选举,其值至少是 hello 间隔时间的 3 倍,hold 保持时间默认为 10s。

如果要配置修改默认值,则同一个热备份组中的所有设备的配置值必须保持一致。计时器越小,则出现网络故障时的切换时间越短,但在配置计时器时,也不是越小越好。

例如,如果要配置 hello 间隔时间为 4s,hold 保持时间为 12s,则配置命令如下:

```
standby 1 timers 4 12
```

5)配置认证密码

这是为了防止其他非法设备加入热备份组中,以保障网络的安全性,为可选配置项。

同一个热备份组中的认证密码必须一致,认证密码字符串的最大长度为 8 字符,默认密码为 cisco。

配置命令如下:

```
standby 组号 authentication md5 key-string 密码
```

例如,如果要配置认证密码为 NbSRiner,则配置命令如下:

```
standby 1 authentication md5 key-string NbSRiner
```

6) 配置接口状态跟踪

配置命令如下:

```
standby 组号 track 接口类型 接口号 优先级变化值
```

功能:配置接口状态(up/down)跟踪后,可使设备的优先级根据接口的状态变化,增加或减少优先级变化值。如果活动设备被跟踪的接口状态变为 down,则该设备的优先级将被减少优先级变化值。优先级调低后,其他高优先级的设备就会成为活动设备,以实现出故障时活动设备能自动切换。

当设备被跟踪接口的状态由 down 变为 up 时,该设备的优先级将增加优先级变化值,从而抢回活动设备的角色。优先级变化值的默认值为 10。Cisco Packet Tracer 不支持配置优先级变化值,使用默认值 10。因此,在模拟器中配置优先级时不能配置得太高,要保证在出故障时优先级减去 10 后,比备份设备的优先级低,以保证备份设备能成为活动设备以接替工作。

通常跟踪设备的上行链路的接口状态,比如出口路由器的外网口、核心交换机的上行级联口。如果上行链路状态变为 down,则这条出口链路就出故障了,通信已中断,必须要切换活动设备,以更换出口链路,从而保证通信不中断。

在 CoreSW1 和 CoreSW2 交换机中,上行的出口链路所使用的端口都是 G1/0/1,因此,要在 CoreSW1 和 CoreSW2 交换机上配置对 G1/0/1 端口状态的跟踪,其配置命令如下:

```
CoreSW1(config-if)#standby 1 track g1/0/1
CoreSW2(config-if)#standby 1 track g1/0/1
```

对于采用双出口路由器的网络,核心交换机的上行出口有 2 个,比如 G1/0/1 和 G1/0/2,此时可通过重复该命令,添加对这两个上行端口的状态跟踪,实现的配置命令如下:

```
standby 1 track G1/0/1
standby 1 track G1/0/2
```

7) 版本设置

配置命令如下:

```
standby version 1|2
```

HSRP 有 version 1 和 version 2 两个版本,默认为版本 1,两个版本不兼容。在同一个接口下不能同时配置使用版本 1 和版本 2,但在同一台设备的不同接口,可以配置使用不同的版本。版本 1 支持的组号为 0～255,版本 2 支持的组号范围为 0～4095。

8)显示 HSRP 配置信息和状态信息

配置命令如下:

```
show standby[接口类型 接口号][brief]
```

功能:显示 HSRP 的配置信息和状态信息,具体用法如下。

- show standby:查看当前设备上配置的所有 HSRP 组的详细信息。
- show standby brief:查看当前设备上配置的所有 HSRP 组的简要信息。
- show standby 接口类型 接口号:查看指定接口所属的 HSRP 组的详细信息。

例如,如果要在 CoreSW1 交换机上查看热备份组 1 的配置信息和状态信息,则可在特权执行模式下执行 show standby 或 show standby brief 命令,显示结果如图 9.24 所示。

```
CoreSW1# show standby brief
                     P indicates configured to preempt.
                     |
Interface   Grp Pri P State   Active      Standby         Virtual IP
Gig1/1/1    1   105 P Active  local       172.16.1.3      172.16.1.1
CoreSW1#show standby
GigabitEthernet1/1/1 - Group 1
  State is Active
    5 state changes, last state change 00:25:18
  Virtual IP address is 172.16.1.1
  Active virtual MAC address is 0000.0C07.AC01
    Local virtual MAC address is 0000.0C07.AC01 (v1 default)
  Hello time 3 sec, hold time 10 sec
    Next hello sent in 1.807 secs
  Preemption enabled
  Active router is local
  Standby router is 172.16.1.3
  Priority 105 (configured 105)
    Track interface GigabitEthernet1/0/1 state Up decrement 10
  Group name is hsrp-Gig1/1/1-1 (default)
```

图 9.24　查看热备份组的配置与状态信息

3. HSRP 配置应用案例

在 9.3.3 小节,对案例高校的 C 校区楼宇内部网络配置应用了生成树协议,解决了网络环路问题,并实现了基于 VLAN 的负载均衡功能,配置后的网络还存在 VLAN 出口网关不唯一的问题。为解决该问题,下面对该网络配置应用 HSRP。

1)实现方案分析

对于汇聚交换机上的每一个 VLAN 接口,创建一个热备份组,并为生成的虚拟设备接口配置指定一个 IP 地址。该 IP 地址就可用作该 VLAN 用户的网关地址,从而实现 VLAN 网关的唯一性,并利用 HSRP 实现出故障时活动设备的自动切换,以保障网络通信不中断,提高网络的可靠性。

2)配置 DS1_1 汇聚交换机

```
DS1_1>enable
```

```
DS1_1#config t
!对 VLAN 10 接口创建热备份组 1,配置为高优先级
DS1_1(config)#int vlan 10
DS1_1(config-if)#standby 1 ip 10.16.0.1
DS1_1(config-if)#standby 1 priority 105
DS1_1(config-if)#standby 1 preempt
DS1_1(config-if)#standby 1 track G1/1/1
DS1_1(config-if)#standby 1 track G1/1/2
!对 VLAN 20 接口创建热备份组 2
DS1_1(config-if)#int vlan 20
DS1_1(config-if)#standby 2 ip 10.16.1.1
DS1_1(config-if)#standby 2 preempt
DS1_1(config-if)#standby 2 track
DS1_1(config-if)#standby 2 track G1/1/2
!对 VLAN 30 接口创建热备份组 3,配置为高优先级
DS1_1(config-if)#int vlan 30
DS1_1(config-if)#standby 3 ip 10.16.2.1
DS1_1(config-if)#standby 3 priority 105
DS1_1(config-if)#standby 3 preempt
DS1_1(config-if)#standby 3 track G1/1/1
DS1_1(config-if)#standby 3 track G1/1/2
!对 VLAN 40 接口创建热备份组 4
DS1_1(config-if)#int vlan 40
DS1_1(config-if)#standby 4 ip 10.16.3.1
DS1_1(config-if)#standby 4 preempt
DS1_1(config-if)#standby 4 track G1/1/1
DS1_1(config-if)#standby 4 track G1/1/2
DS1_1(config-if)#end
DS1_1#write
DS1_1#
```

3) 配置 DS1_2 汇聚层交换机

```
DS1_2>enable
DS1_2#config t
DS1_2(config)#int vlan 10
DS1_2(config-if)#standby 1 ip 10.16.0.1
DS1_2(config-if)#standby 1 preempt
DS1_2(config-if)#standby 1 track G1/1/1
DS1_2(config-if)#standby 1 track G1/1/2
!对 VLAN 20 接口创建热备份组 2,配置为高优先级
DS1_2(config-if)#int vlan 20
DS1_2(config-if)#standby 2 ip 10.16.1.1
DS1_2(config-if)#standby 2 priority 105
DS1_2(config-if)#standby 2 preempt
DS1_2(config-if)#standby 2 track G1/1/1
DS1_2(config-if)#standby 2 track G1/1/2
DS1_2(config-if)#int vlan 30
DS1_2(config-if)#standby 3 ip 10.16.2.1
DS1_2(config-if)#standby 3 preempt
```

```
DS1_2(config-if)#standby 3 track G1/1/1
DS1_2(config-if)#standby 3 track G1/1/2
!对 VLAN 40 接口创建热备份组 4,配置为高优先级
DS1_2(config-if)#int vlan 40
DS1_2(config-if)#standby 4 ip 10.16.3.1
DS1_2(config-if)#standby 4 priority 105
DS1_2(config-if)#standby 4 preempt
DS1_2(config-if)#standby 4 trackG1/1/1
DS1_2(config-if)#standby 4 track G1/1/2
DS1_2(config-if)#end
DS1_2#write
DS1_2#exit
```

4) 查看热备份组的配置与状态信息

在 DS1_2 汇聚层交换机的特权执行模式下,执行 show standby brief 命令查看,其结果如图 9.25 所示,从图 9.25 中可见,各热备份组中的活动设备和备份设备与配置相符。

```
DS1_2#show standby brief
                     P indicates configured to preempt.
                     |
Interface   Grp  Pri P State    Active      Standby     Virtual IP
Vl10        1    100 P Standby  10.16.0.2   local       10.16.0.1
Vl20        2    105 P Active   local       10.16.1.2   10.16.1.1
Vl30        3    100 P Standby  10.16.2.2   local       10.16.2.1
Vl40        4    105 P Active   local       10.16.3.2   10.16.3.1
```

图 9.25　各热备份组的配置与状态信息

5) 配置 C 校区局域网络的 DHCP 服务器

为每一个网段配置 DHCP 作用域,相关配置如图 9.26 所示。

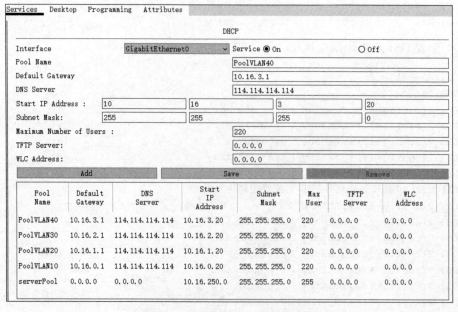

图 9.26　配置 C 校区 DHCP 服务器

6) 将 C 校区的用户主机 IP 地址获得方式修改为 DHCP,检查能否成功获得 IP 地址 测试结果为全部获得成功,说明局域网内网络通畅。

7) 网络高可靠测试

(1) 进入模拟运行模式,在 PC1 主机的命令行 ping 2.2.8.2,追踪数据帧和数据包在 C 校区局域网内的走向。通过追踪可以发现数据帧到达 DS1_1 汇聚层交换机后,通过 G1/1/1 端口出去,到达 CoreSW1 核心交换机,然后从核心交换机的 G1/1/4 端口出去, 到达出口路由器。

(2) 人为设置故障点,将 DS1_1 汇聚层交换机的 G1/1/1 端口禁用(shutdown),设置 故障点后,稍等一会儿,让热备份组完成新的活动设备的切换。再次在 PC1 主机的命令 行 ping 2.2.8.2,追踪数据帧和数据包在 C 校区局域网内的走向。通过追踪可以发现, 数据帧到达 DS1_1 汇聚层交换机后,不再经过出故障的链路,而改为经过聚合链路到达 DS1_2 汇聚层交换机,如图 9.27 所示,然后从 DS1_2 交换机的 G1/1/2 或 G1/1/1 端口出 去,到达核心交换机。

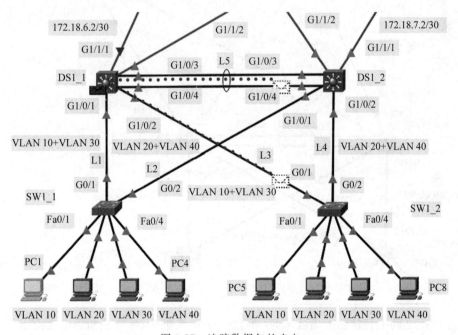

图 9.27　追踪数据包的走向

在 DS1_1 交换机的特权执行模式下,执行 show standby brief 命令查看热备份组的 配置和状态信息,如图 9.28 所示。

```
DS1_1#show standby brief
                     P indicates configured to preempt.
                     |
Interface   Grp Pri P State   Active      Standby     Virtual IP
V110        1   95  P Standby 10.16.0.3   local       10.16.0.1
V120        2   90  P Standby 10.16.1.3   local       10.16.1.1
V130        3   95  P Standby 10.16.2.3   local       10.16.2.1
V140        4   90  P Standby 10.16.3.3   local       10.16.3.1
```

图 9.28　DS1_1 上行链路出现中断时热备份组的配置与状态信息

273

从图 9.28 可见,只要上行链路出现中断,该交换机在各热备份组中的优先级均被降低 10,导致 VLAN 10 和 VLAN 30 的活动设备被改变为 DS1_2 汇聚交换机,所以数据帧到达 DS1_1 之后,会通过聚合链路到达 DS1_2,然后通过 DS1_2 的上行链路出去。

继续设置故障点,将 DS1_2 汇聚交换机的 G1/1/2 端口也禁用。设置故障点后,稍等一会儿,让热备份组完成新的活动设备的切换。再次在 PC1 主机的命令行 ping 2.2.8.2,追踪数据帧或数据包在 C 校区局域网内的走向。通过追踪可见,此时数据帧到达 DS1_1 之后,将通过 G1/1/2 端口出去,到达 CoreSW2 核心交换机,如图 9.29 所示,然后通过 CoreSW2 核心交换机的 G1/1/4 出去,到达出口路由器。

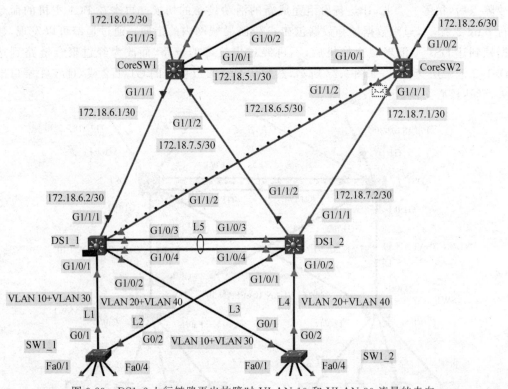

图 9.29　DS1_2 上行链路再出故障时 VLAN 10 和 VLAN 30 流量的走向

当 DS1_2 的上行链路也出故障时,在 DS1_2 交换机中,该交换机在各热备份组中的优先级均被降低 10,如图 9.30 所示。DS1_2 交换机优先级被降低后,DS1_1 交换机在热备份组 1 和热备份组 3 中具有更高的优先级,故重新成为热备份组 1 和热备份组 3 中的

```
DS1_2#show standby brief
                     P indicates configured to preempt.
                     |
Interface   Grp  Pri P State    Active        Standby       Virtual IP
Vl10        1    90  P Standby  10.16.0.2     local         10.16.0.1
Vl20        2    95  P Active   local         10.16.1.2     10.16.1.1
Vl30        3    90  P Standby  10.16.2.2     local         10.16.2.1
Vl40        4    95  P Active   local         10.16.3.2     10.16.3.1
```

图 9.30　DS1_2 上行链路出现中断时热备份组的配置与状态信息

活动设备,承担 VLAN 10 和 VLAN 30 流量的转发任务,所以 VLAN 10 的数据帧到达 DS1_1 之后,从 G1/1/2 端口被路由出去。

通过以上的测试可知,网络的可靠性得到大大提升,当链路出现故障时,会自动避免故障链路,能保证网络通信不中断。到此为止,C 校区局域网络组建成功。

9.3.5　VRRP 路由器冗余协议

1. VRRP 简介

VRRP 的功能与 HSRP 相同,工作原理也基本相同,只有一些细微的差别。HSRP 有 6 种状态,而 VRRP 只有 3 种状态,分别是 Initial(初始化)、Master(主状态)和 Backup (备份状态)。Master 状态对应于 HSRP 的 Active(活动)状态,Backup 状态对应于 HSRP 的 Standby(备份)状态。

VRRP 和 HSRP 默认优先级均为 100,都是将优先级高的选举为活动设备。VRRP 的优先级取值范围为 0～255,可配置的范围为 1～254,0 被系统保留,当虚拟 IP 地址与物理接口 IP 地址相同时,优先级被自动设置为 255。

Cisco Packet Tracer 模拟器不支持 VRRP,要做 VRRP 配置实验,可选择 EVE-NG (emulated virtual environment-nextgeneration)仿真虚拟平台。

2. VRRP 的配置命令

1) 创建热备份组,并配置指定虚拟 IP 地址。
配置命令如下:

vrrp 组号 ip 虚拟 IP 地址

该命令在接口配置模式下执行,创建指定的热备份组,并将当前设备加入该组。与 HSRP 不同的是,VRRP 的虚拟 IP 地址可以使用物理接口的 IP 地址。组号范围为 0～255,未指定组号时,默认为 0。

2) 配置设备的优先级
配置命令如下:

vrrp 组号 priority 优先级数值

在接口配置模式下执行,优先级数值的取值范围为 1～254,默认值为 100。优先级数值越大,抢占成为活动设备的优先权越高。

如果热备份组的虚拟 IP 地址与某个物理接口的 IP 地址相同,则该设备在该热备份组的优先级自动设置为 255,为最高优先级,将成为主状态设备。

3) 配置抢占模式
配置命令如下:

vrrp 组号 preempt [delay *delay-time*]

在接口配置模式下执行,配置使用抢占模式。delay 为可选参数项,用于配置抢占延迟时间,即设备发现自己的优先级大于 Master 设备的优先级后,经过抢占延迟时间后才开始抢占。*delay-time* 的取值范围为 0～3600,单位为 s,默认值为 0,即设备发现自己的优先级比 Master 设备高时,立即开始抢夺成为 Master 设备。

4)配置接口状态跟踪

(1)首先定义要跟踪的接口对象。

配置命令如下:

```
track track-num interface interface-type port-number line-protocol
```

该命令在全局配置模式下执行,用于定义要跟踪协议状态(up/down)的接口对象。*track-num* 代表要跟踪的接口对象的对象编号,取值范围为 1～256;*interface-type port-number* 代表要跟踪的接口的类型和接口编号。

例如,如果要跟踪路由器或三层交换机的上行端口 G0/0/0,并定义接口对象的编号为 10,则配置命令如下:

```
Router(config)#track 10 G0/0/0 line-protocol
```

(2)在接口配置模式下,配置接口状态变为不可用时优先级的变化值。

配置命令如下:

```
vrrp 组号 track track-num [decrement priority-value]
```

track-num 代表前面定义的要跟踪的接口对象;*priority-value* 代表优先级的变化值,取值范围为 1～254。当被跟踪的接口由 Up 状态变为 Down 状态时,优先级减少 *priority-value* 定义的值;当状态由 Down 变为 Up 状态时,优先级增加 *priority-value* 定义的值。decrement 为可选参数项,如果没有配置,则优先级变化值默认为 10。

例如,假设路由器的内网口为 G0/1/0,接口 IP 地址为 172.16.3.2/29,要将该路由器配置到 VRRP 组 1,虚拟 IP 地址配置为 172.16.3.5,上行端口为 G0/0/0,跟踪 G0/0/0 端口的状态,优先级变化值定义为 30,则配置命令如下:

```
Router(config)#track 10 G0/0/0 line-protocol
Router(config)#int G0/1/0
Router(config-if)#ip address 172.16.3.2 255.255.255.248
Router(config-if)#no shutdown
Router(config-if)#vrrp 1 ip 172.16.3.5
Router(config-if)#vrrp 1 priority 120
Router(config-if)#vrrp 1 preempt
Router(config-if)#vrrp 1 track 10 decrement 30
```

同一热备组中的另一台路由器的配置方法相同,只是优先级定义不同,要跟踪的上行链路接口有可能也不相同。

5）配置 VRRP 通告时间间隔

配置命令如下：

vrrp 组号 advertise［msec］［*interval*］

该命令在接口配置模式下执行。msec 为可选项：如果使用该选项，则表示时间间隔的单位为毫秒；如果不使用该选项，则默认单位为秒。*interval* 代表 Master 设备发送 VRRP 通告消息的时间间隔：单位为秒时，取值范围为 1～255；单位为毫秒时，取值范围为 100～1000。如果不配置该项，默认值为 1s。

6）查看 VRRP 配置信息

配置命令如下：

show vrrp［组号|brief| interface 接口类型 接口编号|all］

命令的相关用法如下所示。

- show vrrp：显示所有 VRRP 组的配置信息。
- show vrrp all：显示所有 VRRP 组（包括没有配置虚拟 IP 地址的组）的配置信息。
- show vrrp brief：显示所有 VRRP 组的简要配置信息。
- show vrrp interface 接口类型 接口编号：查看 VRRP 接口配置信息。
- show track *track-num*：显示指定 *track-num* 的 track 配置信息。

实训 1　实际构建双核心单汇聚局域网络

【实训目的】　理解和掌握 HSRP 的功能与应用场景，熟悉和掌握 HSRP 的配置与应用方法。

【实训环境】　Cisco Packet Tracer V8.0.0.x。

【实训内容与要求】

假设某单位的局域网络，采用双核心、单汇聚、单出口路由器的方案组网，整个局域网络采用静态路由。局域网用户主机使用 10.8.0.0/16 的地址段，其网络拓扑如图 9.31 所示。DS1 交换机的 G1/1/1 和 G1/1/2 端口所属 VLAN 的接口地址为 172.16.3.4/29，DS2 交换机的 G1/1/1 和 G1/1/2 端口所属 VLAN 的接口地址为 172.16.4.4/29。

DS1 和 DS2 为两幢楼宇的汇聚层交换机，VLAN 10 使用 10.8.0.0/24 的网段地址，网关地址为 10.8.0.1；VLAN 20 使用 10.8.1.0/24 的网段地址，网关地址为 10.8.1.1；VLAN 30 使用 10.8.8.0/24 的网段地址，网关地址为 10.8.8.1；VLAN 40 使用 10.8.9.0/24 的网段地址，网关地址为 10.8.9.1。

根据以上组网需求以及对 IP 地址和网络拓扑结构的规划设计，采用静态路由方案配置实现整个局域网络内网的互联互通，并实现在链路出现故障时，能自动避开故障链路，保障网络通信不中断。

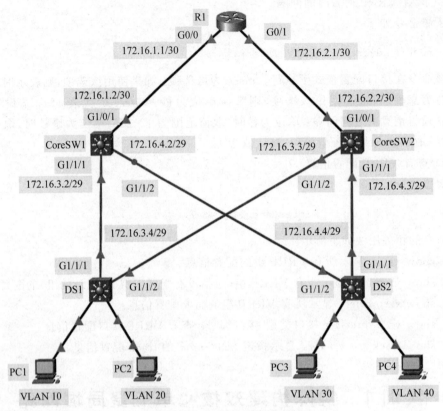

图 9.31 案例网络工程拓扑结构

实训 2 构建高可靠局域网络

【实训目的】 理解和掌握 HSRP 的功能与应用场景,熟悉和掌握 HSRP 的配置与应用方法。

【实训环境】 Cisco Packet Tracer V8.0.0.x。

【实训内容与要求】

根据 9.3 节所讲的方法,配置完成案例高校 C 校区高可靠局域网络的组建工作,网络拓扑如图 9.7 所示。

第 10 章　VPN 配置与应用

远距离的局域网内网之间的互联互通,通常采用 VPN 来实现。本章主要介绍 VPN 的概念与应用场景,并重点介绍 IPSec VPN 的配置与应用。

10.1　VPN 概述

1. VPN 的概念

VPN(virtual private network,虚拟专用网络)是一种联网技术,利用开放共享的因特网,通过隧道封装协议在因特网中建立起一条虚拟的私有数据传输通道,将需要接入该虚拟网络的网络或终端,通过隧道连接起来,构成一个专用的、具有一定安全性的网络。

利用 VPN 实现将分布在两地的局域网络互联起来,实现局域网内网的互联互通,从使用效果上看,就好像在两地局域网之间有一条数据传输专线一样。

如果一个企事业单位有多个分部,而且相隔距离较远,要实现局域网内网的互联互通,有两种解决办法:一是租用光纤专线实现互联互通;二是使用 VPN 技术来实现互联互通。租用光纤专线方案,由于是链路独享,带宽和稳定性能得到保障,但费用十分高昂。使用 VPN 技术,分布在两地的单位只需各自租用一条接入当地因特网服务商(ISP)的出口链路,然后在各自的用于 VPN 互联的路由器上进行 VPN 配置,即可实现内网间的互联互通,费用较低,因此,远距离的局域网内网间的互联互通,一般都采用 VPN 技术来实现。

2. VPN 的分类

1) 根据实现 VPN 的隧道封装协议所属的网络层次分类

根据实现 VPN 的隧道封装协议所属的网络层次,VPN 分为采用二层隧道协议的 VPN、采用三层隧道协议的 VPN 和 SSL VPN 三类。

(1) 采用二层隧道协议的 VPN。采用二层隧道协议的 VPN 对数据的封装在数据链路层完成,常用的 VPN 封装协议主要有 PPTP(point to point tunneling protocol,点对点隧道协议)、L2TP(layer 2 tunneling protocol,第二层隧道协议)、L2FP(level 2 forwarding protocol,第二层转发协议)以及 MPLS(multi-protocol label switch,多协议标签交换)。

PPTP 和 L2TP 主要用于实现基于拨号的 VPN 连接。通过 VPN 拨号,借助因特网实现远程接入企事业单位的内部网络。MPLS VPN 主要用于实现专线 VPN 业务。

（2）采用三层隧道协议的 VPN。采用三层隧道协议的 VPN 对数据的封装在网络层完成，其 VPN 封装协议主要有 GRE(generic routing encapsulation，通用路由封装)协议和 IPSec(Internet protocol security，IP 安全协议)两种。GRE VPN 采用明文传输数据，没有安全性。IPSec VPN 采用加密方式传输数据，安全性有保障。因此，本章针对 IPSec VPN 介绍其配置与应用方法。

（3）SSL VPN。SSL VPN 采用 SSL(secure socket layer，安全套接层)协议来对数据进行封装。SSL 协议工作在 TCP/IP 模型的传输层与应用层之间，从 OSI 的七层模型来看，SSL 协议工作在会话层和表示层。

SSL 协议的体系结构中包含以下两个协议子层。

① SSL 记录协议层(SSL record protocol layer)：建立在可靠的传输协议(TCP)之上，为高层协议提供基本的安全服务，具体实施数据压缩/解压缩、加解密等与安全有关的操作。

② SSL 握手协议层(SSL handshake protocol layer)：建立在 SSL 记录协议之上，用于在实际数据传输开始前，对通信双方进行身份认证，协商加密算法，生成和交换加密密钥等。

2）根据连接对象的类型分类

根据连接对象的类型，VPN 可分为远程访问 VPN(access VPN)、内联网 VPN(intranet VPN)和外联网 VPN(extranet VPN)三类。

（1）远程访问 VPN：企事业单位员工在家或在外地出差时，利用因特网，通过 VPN 拨号接入企事业单位局域网络，对内网资源进行访问的一种 VPN 连接方式，是主机到网络的连接访问。

（2）内联网 VPN：企事业单位的总部局域网络与分支机构的局域网络，利用因特网，通过建立 VPN 隧道，实现企事业单位局域网内网互联互通的一种 VPN 连接方式，是网络与网络间的互联互通。

（3）外联网 VPN：一个企业的局域网络与合作伙伴企业的局域网络之间，或者一个企业与兼并的企业的局域网络之间，利用因特网，通过建立 VPN 隧道，实现企业内网的互联互通的一种 VPN 连接方式。从技术上看，其与内联网 VPN 相同，只是在访问和安全策略上有所不同，即网络与网络之间是以不对等的方式连接起的。

10.2 数据安全技术

为保证数据在网络传输过程中的安全性，必须解决数据传输的机密性、完整性、身份的可鉴别性和抗抵赖性问题。IPSec VPN 是一种非常安全的 VPN，在传输过程中，要进行身份认证和校验，并对数据进行加密和封装，以保证数据在开放共享的因特网中传输的安全性。在配置 IPSec VPN 时，会涉及很多与安全相关的概念与知识，因此，在学习 IPSec VPN 之前，首先学习数据的安全技术。

10.2.1　数据加密技术

为防止交易数据和其他重要而敏感的信息在网络收集和传输过程中被人窃听造成泄密,可在收集、传输和存储过程中,对数据进行加密。

加密是指使用密码算法对数据做变换,使得只有密钥持有者才能恢复数据的原貌。加密的主要目的是防止信息的非授权泄漏。现代密码学的基本原则是:一切密码寓于密钥之中,即算法公开,密钥保密。根据密码算法的不同,加密方式分为对称密钥加密和非对称密钥加密两种。

1. 对称密钥加密

对称密钥加密即加密和解密的密钥相同的一种加密技术,密钥必须妥善保管,通常也称为单密钥加密。

优点:计算开销小,处理速度快,保密强度高。

缺点:密钥分发和管理困难。数据的保密性主要取决于对密钥的安全发布和管理。

对称密钥加密时,加密密钥 K_E 和解密密钥 K_D 相同,其加解密过程如图 10.1 所示。

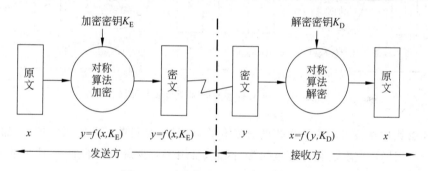

图 10.1　对称加密的加密与解密过程

对称密钥加密的典型算法是 DES(data encryption standard,数据加密标准),该算法的密钥较短(56bit),随着计算机运算能力的不断增强,容易被暴力破解,安全性受到质疑。

3DES(又称 triple DES)为三重数据加密算法,是 DES 加密算法的一种应用模式,使用 3 个 56 位的密钥对数据进行三次加密,相当于通过增加 DES 密钥长度的办法来提升加密强度,提高抗攻击能力。3DES 是 DES 向 AES 加密算法过渡的加密算法。

AES(advanced encryption standard,高级加密标准)是目前公认最安全的对称密钥加密算法,该加密算法支持 128bit、192bit 和 256bit 密钥长度。

2. 非对称密钥加密技术

非对称密钥加密技术是指加密密钥和解密密钥不相同的加密算法,又称公开密钥加密(public key encryption)。使用该种加密算法时,应首先产生出彼此间存在一定相关性的唯一密钥对,该密钥对满足不可能由加密密钥推算出解密密钥,且可使用其中任意一个密钥,对数据进行加密,使用另一个密钥对加密后的数据进行解密的特点。用于加密的密钥,可对外公开,称为公钥(K_{PB});用于解密的密钥,由用户自己秘密保存,称为私钥(K_{PV})。

优点:便于密钥管理、分发,还可用于数字签名。

缺点:计算开销大,处理速度慢。

非对称密钥加密的过程及原理如图 10.2 所示。

通信双方需要加密通信时,可公开自己的公钥 K_{PB},发送方用接收方的公钥对数据进行加密,接收方收到密文后,用自己的私钥 K_{PV} 解密。这种密钥的使用方法,常用于数据的保密通信。如果发送方用自己的私钥 K_{PV} 对数据进行加密,接收方收到密文后,用发送方的公钥 K_{PB} 解密,这种密钥的使用方法,常用于数字签名。如果密文能用发送方的公钥解密,则能证明该数据一定是发送方所发送,能防止抵赖行为。

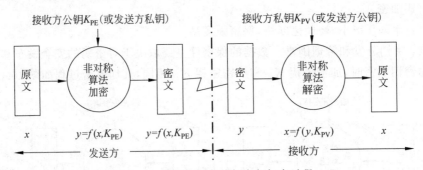

图 10.2　非对称加密的加密与解密过程

公开密钥加密技术解决了密钥的分发和管理问题,是目前商业密码的核心,加密安全性高,缺点是计算开销大,处理速度较慢,因此,常用于对少量数据的加密,比如数字签名,以及对对称加密的密钥进行加密传输等。

RSA 是目前最具有影响力的公钥加密算法,算法的安全性基于数论中大素数分解的困难性。RSA 既可用于数据加密,也可用于数字签名。DSA(digital signature algorithm)是另一种公钥加密算法,算法的安全性基于解离散对数的困难性,只能用于数字签名,不能用于数据加密。RSA 是算法的三位发明者姓氏(Rivest-Shamir-Adleman)的首字母缩写。

3. 加密技术的组合应用

对称密钥加密具有计算开销小,处理速度快的优点,因此可用于对要传输的数据信息进行加密。非对称密钥加密计算开销大,处理速度较慢,但密钥便于分发和安全管理,因此,可采用非对称密钥加密算法,来加密对称密钥加密中所使用的密钥,从而解决对称密钥加密算法中,密钥的安全分发和管理问题。

为保证密钥交换的安全性,可采取将对称密钥用数据接收者的公钥进行加密,然后将加密后形成的密文发送给数据接收者,接收者使用自己的私钥对其解密,这样就可获得对称加密的密钥,从而就可保证对称密钥的安全传输与交换。被公钥加密后的对称密钥,就称为数字信封,因此,数字信封内装的是对数据加密所使用的对称密钥。由于数字信封采用了公钥加密技术,保证了只有指定的接收者才能阅读该封信的内容。

在采用了数字信封机制的加密传输过程中,数据的加密与解密过程如下。

(1) 信息发送者 A 随机产生出一个对称密钥(SK),然后用 SK 对要发送的信息加密,得到密文 E。

(2) 用接收者 B 的公钥 K_{PB_B} 对 SK 进行加密,得到密文 DE,该密文 DE 称为数字信封。

(3) 将密文 E 和数字信封 DE 一起传送给接收者 B。

(4) 接收者 B 用自己的私钥 K_{PV_B} 对数字信封 DE 解密,得到对称密钥 SK。

(5) 用解密得到的对称密钥 SK,对密文 E 进行解密,从而得到原文信息。

10.2.2　数据完整性和身份校验

使用加密技术解决了数据的机密性问题,但还不能保证数据的完整性和在传输过程中不被篡改或伪造。比如:如果黑客从网络拦截到密文和数字信封,由于黑客无 B 的私钥,因此无法解密获得对称密钥,也就无法获得所传输的原文数据,这保证了数据的机密性。但如果黑客用对称加密算法也加密伪造一份密文,也用 B 的公钥加密对称密钥,伪造出数字信封,然后将伪造的密文和数字信封发送给 B,B 也能正常解密并得到伪造的数据内容。从该过程可见,接收者 B 无法判断所收到的数据是否真的是 A 发送的,即无法对发送者的身份和收到内容的完整性进行有效的鉴别,为此,产生了数字摘要和数字签名技术。

1. 数字摘要

数据在传输过程中可能被篡改或伪造,为保证数据的完整性和一致性,可采用数字摘要技术来校验。

数字摘要也称为消息摘要(message digest),算法采用单向散列函数,将需要进行完整性校验的数据信息,散列成固定长度(128 位或 160 位)的消息摘要,如图 10.3 所示。

单向散列函数可使用 MD5(message-digest algorithm 5)、SHA-1 或 SHA-2 算法,SHA 是 secure hash algorithm 的缩写,称为安全的散列算法。MD5 算法将其散列成 128 位的 Hash 值(消息摘要)。SHA-1 算法可散列

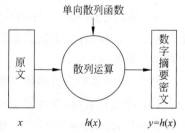

图 10.3　生成数字摘要

为 160 位的 Hash 值,比 MD5 具有更强的抗穷举攻击的能力,是一个非常值得信赖的散列算法。SHA-2 算法可散列为 224 位、256 位、384 位或 512 位的 Hash 值,安全性更高。

假设 Hash 函数用 $h()$ 表示,要完整性校验的消息用 x 表示,数字摘要用 y 表示,则产生数字摘要的算法可表达为 $y=h(x)$,根据单向散列函数的算法特点,可得出数字摘要 y 与 x 具有以下特点。

- 给定 x,很容易计算出 y。
- 给定 y,由 $h(x)=y$,很难计算出 x。
- 给定 x_1,要找到另一个消息 x_2,使其满足 $h(x_1)=h(x_2)$ 是很困难的。
- 给定两个消息 x_1 和 x_2,使得 $h(x_1)=h(x_2)$ 是很困难的。

由于数字摘要具有以上特点,不同的消息生成的摘要总是不相同的,而同一消息,生成的摘要必定是相同的,因此,数字摘要就可成为验明消息"正身"的数字指纹。

利用数字摘要技术,发送者在加密发送消息之前,先对消息生成一个数字摘要,接收者收到消息后,用同样的散列函数,再生成一个数字摘要,然后比较这两个摘要,如果相同,则消息在传输过程中没有被篡改或伪造,这样就可保证数据信息的完整性和一致性。

2. 数字签名

数字签名(digital signature)是指使用密码算法对待发的数据进行加密处理,生成一段信息,附着在原文上一起发送,供接收方通过该信息来验证所收到的数据的真实性。这段信息类似于现实生活中的签名或印章,故称为数字签名。

可综合运用数字摘要技术和公钥加密技术来实现数字签名,为便于说明数字签名的实现过程,对原文的加密传输暂时忽略,数字签名的实现方法和工作原理如下所述。

(1) 首先将原文进行单向散列运算,生成数字摘要密文 MD_1。

(2) 用发送者 A 的私钥(K_{PV_A})对生成的数字摘要 MD_1 进行加密,得到数字签名 DS。

(3) 将数字签名 DS 附着在原文上一起发送给接收者 B。

(4) 接收者 B 收到后,首先用发送方的公钥 K_{PB_A} 对数字签名进行解密,得到原始的数字摘要 MD_1。

(5) 将收到的信息原文,用同样的单向散列函数运算,得到一个新的数字摘要 MD_2。

(6) 最后比较 MD_1 与 MD_2 是否相同,如果相同,则说明信息在传输过程中没有被篡改或伪造,也同时说明该信息就是 A 发送的,因为数字签名使用 A 的公钥可以解密,说明发送者拥有 A 的私钥。

因此,利用数字签名和数字摘要技术,不仅可保证数据的完整性,而且还可对数据发送方的身份进行确认,并可防止抵赖行为,具有抗否认功能,其作用类似于传统商务活动中的手写签名或盖印章,可用于接收方对接收到的消息真伪进行鉴别,并作为防抵赖的证据。数字签名的实现过程如图 10.4 所示。

将对原文的加密传输考虑进去,则数据安全传输的整体解决方案如下。

(1) 数据发送方 A 对要发送的信息进行单向散列运算,生成数字摘要 MD_1。

(2) 发送方 A 用自己的私钥 K_{PV_A} 对数字摘要 MD_1 进行加密,生成数字签名 DS。

(3) 发送方将数据明文、数字签名和发送者的公钥数字证书放在一起,用对称加密算

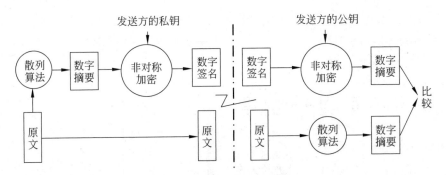

图 10.4 数字签名的实现过程

法,用密钥 SK 对其加密,生成密文 E。

（4）通过接收者的公钥数字证书,获得接收者 B 的公钥 K_{PB_B},然后用接收者的公钥（K_{PB_B}）对密钥 SK 进行加密,生成数字信封 DE。

（5）发送方将生成的密文 E 和数字信封 DE 一起发送给接收者 B。

（6）接收者 B 收到数据后,首先用自己的私钥 K_{PV_B} 解开数字信封,获得对称加密的密钥 SK。

（7）用解密得到的密钥 SK 对密文 E 进行对称解密运算,得到信息明文、数字签名和发送方的公钥数字证书。

（8）用发送方的公钥解密数字签名 DS,获得原始的数字摘要 MD_1。

（9）接收者 B 用收到的信息明文,进行同样的散列运算,生成一个新的数字摘要 MD_2。

（10）比较数字摘要 MD_2 和 MD_1 是否相同,如果相同,则数据正确,否则数据有误。

数据安全传输的整体解决方案如图 10.5 所示。

10.2.3 公钥基础设施

为便于管理用户的公钥和对公钥所属人的身份认证,同时也为了建立一种信任机制,使通信各方能够确认彼此身份的真实性,这就要求通信各方必须有一个可以被验证的身份标识,这个标识称为数字证书。通过验证对方数字证书的有效性,可解决相互间的信任问题,并获得对方的公钥。

颁发数字证书并对证书的真实性和有效性进行认证并签名的机构,称为证书授权中心（certificate authority,CA）或证书认证中心。

提供公钥加密和数字签名服务的系统就称为公钥基础设施（public key infrastructure,PKI）,建立 PKI 的目的是管理密钥和数字证书,PKI 系统的核心元素是数字证书,核心执行者是 CA 认证机构。

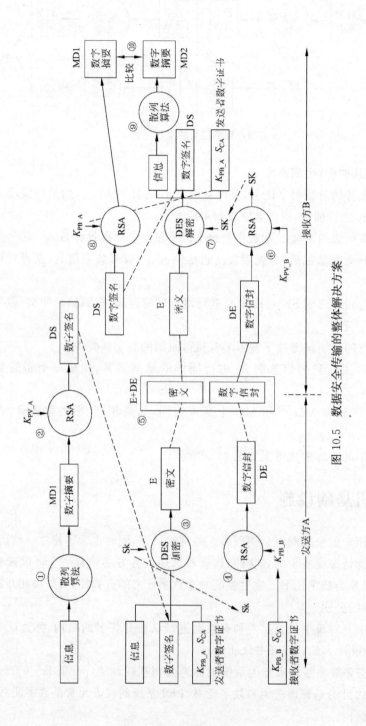

图 10.5 数据安全传输的整体解决方案

1. 数字证书

数字证书是一个由证书主体(证书拥有者)的身份信息、用户公钥、密钥的有效时间、发证机关(CA)名称、证书序列号和证书授权中心对该证书的数字签名等数据构成的一个权威性的电子文件。

CA 为每个使用公开密钥的用户发放一个数字证书,数字证书的作用是证明证书拥有者身份的真实性,并证明该用户合法拥有证书中列出的公开密钥。因此,利用数字证书,就可实现将用户的真实身份信息与用户的公开密钥对应起来,成为用户网上通信的一个身份证明,从而为通信建立起一种信任机制。

CA 对证书的数字签名可以确保证书内容的真实性和有效性,同时也使攻击者无法伪造和窜改数字证书。

数字证书是公开的,发送者可将自己的数字证书的复制件连同密文、摘要放在一起,发送给接收方,接收方通过验证证书上的数字签名来检查此证书的有效性(用 CA 的公钥来验证该证书上的签名即可),如果证书检查正确,就可相信该证书的拥有者身份的真实性和证书中的公钥的确属于该用户。

证书从用途上可细分为签名证书和加密证书。签名证书主要用于对用户信息进行签名,以保证信息的不可否认性。加密证书主要用于对用户传送数据进行加密,以保证数据的真实性和完整性。证书格式和证书内容采用 X.509 国际标准。

2. 数字证书认证中心

为保证数字证书内容的真实性和有效性,数字证书通常由具有合法性、权威性、可信赖性、公正性的第三方认证机构来进行颁发和管理。CA 负责颁发数字证书,以证明实体身份的真实性,并负责在通信中检验和管理数字证书。CA 具有证书申请、证书审批、签发证书、证书下载、证书归档、证书注销、证书更新、证书吊销列表(CRL)管理、CA 自身密钥管理、时间戳服务等功能。

建立 PKI 的主要目的是通过自动管理密钥和证书,为用户建立起一个安全的网络运行环境,使用户可以在各种应用环境下,方便地使用加密和数字签名技术,保证网上数据的机密性、完整性、有效性、身份的可鉴别性和抗否认性,从而保证信息的安全传输。

10.3　IPSec VPN 技术

IPSec VPN 是使用 IPSec 作为隧道封装协议的一种 VPN 技术。IPSec 对 IP 数据包具有封装、加密、身份验证和数据校验功能,可用来建立安全的 VPN 隧道,实现利用开放共享的因特网来传输私有的 IP 数据包。IPSec VPN 可实现网络与网络之间、主机与网络之间或者主机与主机之间的 VPN 连接。

10.3.1 IPSec 协议框架

IPSec 是通过对 IP 数据包进行加密和认证来保护 IP 数据的网络协议框架,IPSec 并不是一个单独的协议,而是由封装协议、密钥协商算法、加密算法、完整性校验算法和身份验证算法构成的一个协议框架,如表 10.1 所示。

表 10.1　IPSec 协议框架

类　别	协议或算法
封装协议	AH、ESP、AH+ESP
加密算法	DES、3DES、AES
完整性校验算法	MD5、SHA
身份验证算法	PSK(pre-shared key,预共享密钥)、RSA
密钥协商算法	DH1、DH2、DH5

1. 封装协议

IPSec 使用 AH 和 ESP 两个安全协议对原始数据进行封装。

(1) AH 协议。AH(authentication header,包头验证)协议主要提供数据源验证、数据完整性验证、身份认证和防重放功能。AH 协议不支持加密,协议号为 51,能防止通信数据被篡改,由于不支持加密,无法防止通信数据被窃听,常用于传输非机密数据。

AH 协议的封装方式是在 IP 包头后面添加一个用于身份验证的头部信息,以对数据提供完整性保护。可选的完整性校验算法有 MD5 或 SHA-1。

(2) ESP。ESP(encapsulating security payload,封装安全载荷)具备 AH 协议的功能,同时具备对 IP 数据包的加密功能,以提供数据传输的机密性。ESP 的协议号为 50。

ESP 对数据包的封装方式是在 IP 包头后面添加一个 ESP 头部信息,并在数据包的后面追加一个 ESP 尾,对要保护的数据进行加密后再封装在 IP 数据包中,以保证数据的机密性。

2. 加密算法与完整性校验算法

IPSec 利用封装和加密机制来实现数据的机密性,利用数字摘要来验证和确保数据的完整性。

3. 身份验证算法

IPSec 的身份验证支持 PSK 和数字签名来验证通信对端的身份。PSK 是一种简单有效的、通过预设置的密钥来验证身份的身份认证方式。

4. 密钥协商算法

IPSec 支持 Diffie-Hellman(迪菲-赫尔曼)密钥交换算法。Diffie-Hellman 算法是

Whitefield Diffie 和 Martin Hellman 在 1976 年公布的一种密钥交换算法,通常也称为 DH 算法,它是一种建立密钥的方法,而不是加密算法,必须和其他加密算法结合使用。

IPSec 支持使用 DH1、DH2 和 DH5 密钥交换算法。DH1 使用一个 768 位的模数,DH2 使用一个 1024 位的模数,DH5 使用一个 1536 位的模数。模数越大,密钥就越随机,安全性越好。

通过通信双方初始约定的数和双方随机生成的数,利用 DH 算法,通信双方可计算生成相同的共享密钥。利用该共享密钥,再加密用于对数据进行对称加密的密钥,生成数字信封,接收方收到数字信封后,利用生成的共享密钥即可解密出对称加密的密钥,最后用对称加密的密钥解密数据密文,获得数据原文。

DH 算法的特点是通信双方并不交换密钥,而是利用双方初始约定的数据和双方随机生成的数据,利用算法生成相同的共享密钥。

RSA 非对称加密算法和 DH 密钥协商算法都可以用来解决密钥分发问题。RSA 的解决思路是用接收方的公钥加密要分发的密钥,接收方用自己的私钥解密出密钥。DH 密钥交换的解决思路则是不交换密钥,而是双方利用算法直接计算生成相同的密钥。

10.3.2 ISAKMP 与 IKE 简介

IKE 是 Internet key exchange 缩写,称为因特网密钥交换协议,用于在两个通信实体协商建立安全关联(security association,SA)和交换密钥。安全关联是单向的,协商结束后,会建立两条单向的 IPSec SA,一条用于发送加密数据,另一条用于接收加密数据。

安全关联是 IPSec 中的一个重要概念,安全关联是保障双方通信安全而达成的协定。一个安全关联表示两个或多个通信实体之间经过了身份认证,且这些通信实体都能支持相同的加密算法,成功地交换了会话密钥,可以开始利用 IPSec 进行安全通信。

IPSec 本身没有提供在通信实体间建立安全关联的方法,而是利用 IKE 建立安全关联。IKE 定义了通信实体间进行身份认证、协商加密算法以及生成共享的会话密钥的方法。

IKE 是一个混合型协议,由 RFC2409 定义,由 ISAKMP、Oakley 和 SKEME 三个协议组成。SKEME 提供 IKE 的密钥交换方式,主要使用 DH 来实现密钥交换。Oakley 提供了框架设计,让 IKE 能够支持更多的协议。ISAKMP 是 IKE 的核心协议,决定了 IKE 协商包的封装格式、交换过程和模式切换。

ISAKMP 是 Internet security association and key management protocol 的缩写,称为因特网安全关联和密钥管理协议,由 RFC2408 定义,定义了建立、修改和删除 SA 的过程和包格式。ISAKMP 只是为支持 SA 的属性和修改 SA 的方法等提供了一个通用的框架,并没有定义具体的 SA 格式。ISAKMP 没有定义任何密钥交换协议的细节,也没有定义任何具体的加密算法、密钥生成技术或者认证机制。这个通用的框架是与密钥交换独立的,可以被不同的密钥交换协议使用。

IKE 可以简单理解为是对 ISAKMP 的完善和升级补充,补上了 ISAKMP 所没有的密钥管理,以及在两个 IPSec 对等体之间共享密钥。IKE 真正定义了一个密钥交换的过程,而 ISAKMP 只是定义了一个通用的、可以被任何密钥交换协议使用的框架。

IPSec VPN 建立连接采用两阶段协商,第一阶段协商成功后建立 ISAKMP/IKE SA,为后续第二阶段协商传递参数提供安全通道,第二阶段协商成功后建立起 IPSec SA,为数据保密通信提供加解密服务。

在配置 IPSec VPN 时,主要就是针对 ISAKMP 进行配置,SKEME 和 Oakley 没有任何相关的配置内容。ISAKMP 报文使用 UDP 传输,端口号为 500。

10.3.3　IPSec 的工作模式

IPSec 无论采用 AH 封装协议,还是采用 ESP 封装协议,都有两种工作模式,即传输模式和隧道模式。下面以 ESP 封装协议为例,介绍传输模式和隧道模式的封装过程。

1. 传输模式

传输模式(transport mode)通常用于提供端到端主机之间的安全通信,其封装过程如图 10.6 所示。

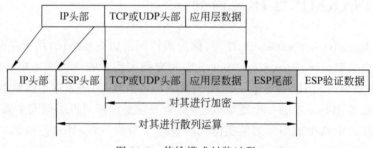

图 10.6　传输模式封装过程

从图 10.6 中可见,首先对原始 IP 数据包进行 ESP 封装,插入 ESP 头部和尾部。然后采用加密算法,对 TCP 或 UDP 头部、应用层数据和 ESP 尾部进行加密,生成密文。接下来使用散列算法,对 ESP 头部和密文进行散列运算,生成数字摘要,作为 ESP 验证数据放在密文的后面。最后将原始 IP 数据包的 IP 包头放在 ESP 头部的前面,完成整个加密和封装过程。传输模式仅加密 IP 数据包的数据部分,不加密 IP 头部,并且保持不变。

传输模式在对 IP 数据包进行加密和封装的过程中,并不会改变 IP 包头信息,通信双方必须是路由可达的,常用于一个网络内部的安全通信。

2. 隧道模式

隧道模式(tunnel mode)用于提供网络与网络之间的安全通信,其封装过程如图 10.7 所示。

在隧道模式下,ESP 封装协议在原始 IP 数据包的包头前面插入 ESP 头部,在应用层数据后面插入 ESP 尾部。然后使用加密算法,对原始 IP 包头、TCP 或 UDP 头部、应用层数据和 ESP 尾部进行加密运算,生成密文,并将密文放在 ESP 头部的后面。接下来使用

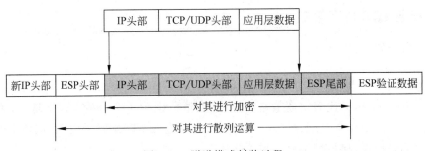

图 10.7　隧道模式封装过程

散列算法,对 ESP 头部和密文进行散列运算,生成数字摘要,作为 ESP 验证数据,放在密文的后面。最后在 ESP 头部再插入一个新的 IP 包头,从而完成加密和封装过程,这个过程就是 VPN 的隧道化过程。封装完成后的 IP 数据包结构如图 10.8 所示。

图 10.8　ESP 隧道模式封装生成的 IP 数据包结构

从图 10.8 中可见,在隧道模式下,原始 IP 数据包被整体加密和封装,不会保留原始的 IP 包头,会增加一个新的 IP 包头信息。在新的 IP 包头中,源 IP 地址为发送方路由器的外网接口地址(公网地址)。目的 IP 地址为对端局域网 VPN 路由器的外网接口地址(公网地址)。通过这种封装后,IP 数据包就可以在因特网中正常路由,从而到达对端 VPN 路由器了。路由器接收到 IP 数据包后,经过解封和数据解密,就可还原出原始 IP 数据包的内容,然后路由到局域网的核心交换机,从而利用 VPN 隧道,通过因特网实现两个局域网间的互联互通。

10.4　IPSec VPN 配置命令

在局域网的 VPN 路由器上对 IPSec VPN 进行配置,也可以将 VPN 与 NAT 功能配置在同一台路由器上,实现 VPN 业务数据和访问因特网的业务数据同时在同一条出口链路上运行,节约出口链路的租用费用。IPSec VPN 的配置步骤和配置命令如下所示。

1. 启动激活 ISAKMP 功能

配置命令如下:

```
crypto isakmp enable
```

该命令在全局配置模式下执行,用于启动激活 ISAKMP 功能。

在 Cisco Packet Tracer 网络模拟软件中,支持 IPSec VPN 功能的路由器有 819IOX、819HGW、829、1240、4321、1841 和 2811 型号。模拟器中的 Cisco 2911 和 4331 路由器不支持 VPN 功能。

2. 配置 IKE 协商策略

配置命令如下：

```
crypto isakmp policy priority_number
```

priority_number 代表协商策略的编号，取值范围为 1～10000，数字越小，策略的优先级越高。该命令在全局配置模式下执行，执行后进入策略配置子模式，在该子模式下进行具体的策略配置，相关配置命令和功能如下。

（1）配置指定身份认证的类型。

配置命令如下：

```
authentication {pre-share|rsa-encr|rsa-sig}
```

参数说明：pre-share 代表预共享密钥认证方式；rsa-encr 代表公钥加密的认证方式；rsa-sig 代表 RSA 数字签名的认证方式。Cisco Packet Tracer 仅支持 pre-share 认证方式。

在这三种认证方式中，pre-share 是最简单方便的一种认证方式。rsa-encr 认证方式由发起者产生一个随机数，并用接收者的公钥进行加密的一种身份认证方式，这种方式需要拥有与其通信的所有节点的公钥。rsa-sig 使用 RSA 数字签名认证，需要配置路由器使用 X.509 数字证书，还要部署 CA，配置起来工作量较大。

（2）配置使用的加密算法。

配置命令如下：

```
encryption {des|3des|aes}
```

配置指定加密数据所用的对称加密算法，默认为 des。如果选择 aes 算法，还可进一步配置指定使用多少位加密的 aes 算法，可选的加密位数有 128、192 和 256 位。

例如，如果要配置采用预共享密钥身份认证方式，数据加密采用 256 位的 AES 加密算法，则配置命令如下：

```
Router(config)#crypto isakmp policy 10
Router(config-isakmp)#authentication pre-share
Router(config-isakmp)#encryption aes 256
```

（3）配置指定数据校验使用的散列算法。

配置命令如下：

```
hash {md5|sha}
```

sha 代表 SHA-1 算法，IPSec 采用 SHA-1 算法。

（4）配置 IKE 采用的 DH 组。

配置命令如下：

```
group {1|2|5}
```

配置密钥协商所采用的 DH 组。参数 1 代表 DH1;2 代表 DH2;5 代表 DH5。

(5) 配置 SA 的生存时间。

配置命令如下:

```
lifetime seconds
```

seconds 代表 SA 的生存时间,单位为秒,取值范围为 60~86400s。

3. 查看配置的 IKE 协商策略和系统的默认策略

配置命令如下:

```
show crypto isakmp policy
Router#show crypto isakmp policy
Global IKE policy
Protection suite of priority 10
    encryption algorithm:    AES-Advanced Encryption Standard(256 bit keys).
    hash algorithm:          Secure Hash Standard
    authentication method:   Pre-Shared Key
    Diffie-Hellman group:    #5 (1536 bit)
    lifetime:                86400 seconds, no volume limit
Default protection suite
    encryption algorithm:    DES-Data Encryption Standard (56 bit keys).
    hash algorithm:          Secure Hash Standard
    authentication method:   Rivest-Shamir-Adleman Signature
    Diffie-Hellman group:    #1 (768 bit)
    lifetime:                86400 seconds, no volume limit
```

从输出结果可见,路由器会创建一个默认的 IKE 策略,加密算法采用 DES,校验算法为 SHA-1,DH 组为组 1,身份验证方式为 RSA 数字签名。

4. 配置预共享密钥和 VPN 对端地址

配置命令如下:

```
crypto isakmp key pwdstring address peer-address
```

参数说明:

pwdstring 代表预共享密钥身份认证方式的身份认证密码,最长不超过 128 个字符。VPN 通信各方的身份认证密码必须相同。

peer-address 代表 VPN 通信的对端路由器的外网接口的 IP 地址,为公网地址。

该命令在全局配置模式下执行,在配置一点对多点 VPN 时,对于 VPN 主节点,其 VPN 对端有多个,对端地址也有多个,可通过多次执行该命令来添加指定多个对端地址。

5. 建立 IPSec 转换集

配置命令如下:

```
crypto ipsec transform-set name transform1 [transform2] [transform3 ...]
```

293

功能：配置创建 IPSec 转换集，指定要使用的安全协议和相关算法。一个转换集通常应定义三个方面的内容，即数据加密算法与封装协议、数据校验算法和 IPSec 的工作模式。

IP 数据包在通过 VPN 传输时，当数据从 VPN 路由器的内网口进入路由器之后，在被路由到因特网之前，路由器要对 IP 数据包进行加密和封装，需要对 IP 数据包进行变换处理，变换处理的内容和方式由 IPSec 转换集来定义，每个转换集至少需要定义一个转换规则。

参数说明：*name* 代表要创建的转换集的名称，自定义名称。*transform*1、*transform*2、*transform*3 代表要使用的转换规则，可使用的转换规则如表 10.2 所示。

表 10.2　转换规则

安全协议	变换规则名	功 能 说 明
AH 完整性	ah-md5-hmac	使用 MD5 的 AH 数据包完整性校验
AH 完整性	ah-sha-hmac	使用 SHA-1 的 AH 数据包完整性校验
ESP 完整性	esp-md5-hmac	使用 MD5 的 ESP 数据包完整性校验
ESP 完整性	esp-sha-hmac	使用 SHA-1 的 ESP 数据包完整性校验
ESP 加密	esp-null	不使用加密的 ESP 封装
ESP 加密	esp-des	使用 DES 加密的 ESP 封装
ESP 加密	esp-3des	使用 3DES 加密的 ESP 封装
ESP 加密	esp-aes	使用 AES 加密的 ESP 封装
压缩	comp-lzs	使用 Lempel-Ziv-Stac(LZS)压缩 IP 数据包

该命令在全局配置模式下执行，执行后将进入配置子模式，在该子模式下，可配置指定 IPSec 的工作模式，其配置命令如下：

```
mode tunnel|transport
```

tunnel 代表隧道模式，为默认值；transport 代表传输模式。

Cisco Packet Tracer 模拟器不支持利用 mode 命令配置工作模式，默认支持隧道工作模式。Cisco Packet Tracer 模拟器也不支持 comp-lzs 转换规则。

例如，如果要创建一个名为 mytfset 的转换集，采用 256 位 AES 加密的 ESP 封装和 SHA-1 的数据完整性校验算法，则配置命令如下：

```
Router(config)#crypto ipsec transform-set mytfset esp-aes 256 esp-sha-hmac
```

如果要激活 IP 压缩功能，则配置命令如下：

```
crypto ipsec transform-set mytfset esp-aes 256 esp-sha-hmac comp-lzs
```

6. 配置加密映射

配置命令如下：

```
crypto map map-name seq-num ipsec-isakmp
```

该命令用于创建加密映射，*map-name* 代表要创建的加密映射的名称；*seq-num* 代表加密映射的条目序列号。同一个名称的加密映射，可以创建多个条目。在一点对多点的 VPN 配置中，主节点对应着多个 VPN 对端，此时就需要创建多个加密映射条目，每一个条目对应一个对端。路由器将根据条目序列号从小到大的顺序处理这些映射。

该命令在全局配置模式下执行，执行后将进入配置子模式，在子模式中，再进行以下具体配置。

（1）配置感兴趣的流量。配置命令如下：

```
match address access-list-number
```

access-list-number 代表 ACL 的编号，IPSec VPN 利用访问控制列表来定义允许通过 VPN 隧道的流量。在配置该项之前，应事先定义一个扩展 ACL 规则，定义允许哪些流量通过 VPN，禁止其余流量通过 VPN。

（2）配置 VPN 对端的 IP 地址。配置命令如下：

```
set peer ipaddress
```

ipaddress 代表 VPN 对端路由器的外网接口的 IP 地址。

（3）配置用于进行 VPN 传输变换的转换集。配置命令如下：

```
set transform-set name
```

name 代表用于进行 VPN 传输变换的转换集的名称。

7. 应用加密映射到 VPN 路由器的外网接口。

配置命令如下：

```
crypto map map-name
```

该命令在接口配置模式下执行。当在路由器的一个接口上应用了加密映射后，路由器使用该接口的 IP 地址作为 IPSec VPN 数据包的源 IP 地址。

8. 查看 VPN 配置的相关信息

- show crypto isakmp policy：查看 IKE 协商策略和系统默认策略。
- show crypto ipsec transform-set：查看 IPSec 转换集。
- show crypto isakmp sa：查看 ISAKMP SA。
- show crypto ipsec sa：查看 IPSec SA。
- show crypto map：查看加密映射。

9. 清除 SA

当路由器的 VPN 配置有误时，有可能建立不正确的 SA，修改配置后，新配置并不会立即生效，因为 SA 有生存周期，而且默认值比较长。为让修改后的配置生效，需要清除旧的 SA,让其重新建立新的 SA。在 Cisco Packet Tracer 中,不支持清除 SA 的命令。

- clear crypto isakmp:清除 ISAKMP SA。
- clear crypto sa:清除 IPSec SA。

10.5 配置实现案例高校三个校区内网互联互通

前面已配置完成了案例高校的三个校区局域网络的组建工作,本节利用因特网,借助 IPSec VPN 技术配置实现三个校区内网的互联互通。本案例以 C 校区作为 VPN 的主节点,A 校区和 B 校区作为 VPN 的子节点,配置实现一点对两点的 VPN 应用。

1. 案例高校三个校区 IP 地址规划回顾

案例高校三个校区的 IP 地址规划中,与 VPN 配置相关的地址规划如表 10.3 所示。

表 10.3 三个校区与 VPN 相关的 IP 地址规划

校区名	VPN 路由器	VPN 是否与 NAT 二合一	路由器外网口地址	局域网内网地址
A 校区	CampusA_Router	是	1.1.1.2/30	10.0.0.0/13
B 校区	CampusB_Router	是	2.2.2.2/30	10.8.0.0/13
C 校区	VPN	否	2.2.9.2/30	10.16.0.0/13

2. 检查核实局域网 VPN 路由器外网口之间的网络是否通畅,能否 ping 通

(1) 检查 A 校区与 B 校区出口路由器外网口之间的网络能否 ping 通。在 A 校区局域网的出口路由器 CampusA_Router 的特权执行模式下,用 ping 命令 ping B 校区出口路由器 CampusB_Router 的外网接口地址 2.2.2.2,检查能否 ping 通。检查结果为不能 ping 通。

在配置 VPN 之前,一定要保证 VPN 路由器外网口之间的网络通畅,外网口地址之间要能相互 ping 通。在模拟运行模式下追踪 A 校区出口路由器 ping B 校区出口路由器外网口地址的 ICMP 包。通过追踪发现,ICMP 包在离开 A 校区出口路由器时,由于配置了 NAT 功能,ICMP 包的源地址被替换修改为 NAT 地址池中的地址,如 1.1.1.9,ICMP 包能成功到达 B 校区出口路由器。B 校区出口路由器生成的 ICMP 响应数据包在离开路由器从外网口出去之前,由于路由器配置了 NAT 功能,ICMP 响应数据包的源地址也会被替换修改为 NAT 地址池中的地址,比如 2.2.2.8,如图 10.9 所示。

ICMP 响应数据包回到 A 校区出口路由器时将会因为没有匹配的静态路由而自动选择默认路由,被重新路由到 R1 路由器,而 R1 路由器根据该响应数据包要到达的目标网络地址,又重新路由到 A 校区出口路由器,从而陷入路由循环,故网络不通。

导致这一问题的根源是路由器配置了基于地址池的 NAT,响应数据包离开 B 校区出口路由器时,源地址被替换修改成地址池中的地址。地址池中的子网不会生成路由条目。

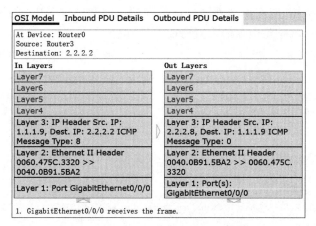

图 10.9　ICMP 响应包源地址被替换修改

　　解决办法是重新定义 NAT 的 ACL 规则,改用扩展访问控制列表,对于路由器外网口地址间的访问,禁止 NAT 操作。由于后面还要配置 VPN,经过 VPN 的流量也不能进行 NAT。

　　① 修改 A 校区出口路由器 NAT 使用的 ACL 规则。在 A 校区出口路由器上定义编号为 101 的 ACL 规则,对于路由器外网口地址间的访问、经过 VPN 的流量以及 DMZ 中使用公网地址的服务器访问因特网禁止 NAT 操作,对 A 校区出口路由器 CampusA_Router 的配置修改如下所示。

```
CampusA_Router#config t
!访问 B 校区路由器外网口地址时禁止 NAT
CampusA_Router(config)#access-list 101 deny ip host 1.1.1.2 host 2.2.2.2
!访问 C 校区 VPN 路由器外网口地址时禁止 NAT
CampusA_Router(config)#access-list 101 deny ip host 1.1.1.2 host 2.2.9.2
!A 校区内网用户访问 C 校区内网时禁止 NAT
CampusA_Router(config)#access-list 101 deny ip 10.0.0.0 0.7.255.255 10.16.0.0
0.7.255.255
!DMZ 中的公网服务器地址段访问因特网时不进行 NAT 操作
CampusA_Router(config)#access-list 101 deny ip 1.1.1.16 0.0.0.15 any
!其余访问允许 NAT
CampusA_Router(config)#access-list 101 permit ip any any
!删除旧的 NAT 配置
CampusA _ Router (config) # no ip nat inside source list 1 pool CampusA _
pool overload
!使用 101 号 ACL 规则重新配置 NAT
CampusA_Router(config)#ip nat inside source list 101 pool CampusA_pool overload
!删除编号为 1、不再使用的 ACL 规则
CampusA_Router(config)#no access-list 1
CampusA_Router(config)#end
CampusA_Router#write
CampusA_Router#exit
```

　　② 修改 B 校区出口路由器 NAT 使用的 ACL 规则。在 B 校区出口路由器上定义编

号为 101 的 ACL 规则,对路由器外网口地址间的访问和经过 VPN 的流量禁止 NAT 操作,对 CampusB_Router 路由器的配置修改如下所示。

```
CampusB_Router#config t
CampusB_Router(config)#access-list 101 deny ip host 2.2.2.2 host 1.1.1.2
CampusB_Router(config)#access-list 101 deny ip host 2.2.2.2 host 2.2.9.2
!B 校区内网访问 C 校区内网时禁止 NAT
CampusB_Router(config)#access-list 101 deny ip 10.8.0.0 0.7.255.255 10.16.0.0
0.7.255.255
!其余访问允许 NAT
CampusB_Router(config)#access-list 101 permit ip any any
!删除旧的 NAT 配置
CampusB _ Router (config) # no ip nat inside source list 1 pool CampusB _
pool overload
!使用 101 号 ACL 规则重新配置 NAT
CampusB_Router(config)#ip nat inside source list 101 pool CampusB_pool overload
CampusB_Router(config)#no access-list 1
CampusB_Router(config)#end
CampusB_Router#write
CampusB_Router#exit
```

对 A 校区和 B 校区出口路由器的 ACL 规则进行修改后,重新在 A 校区出口路由器的特权执行模式下 ping B 校区出口路由器的外网口地址,检查能否 ping 通。测试结果为能 ping 通,如图 10.10 所示。

```
CampusA_Router#ping 2.2.2.2

Type escape sequence to abort.
Sending 5, 100-byte ICMP Echos to 2.2.2.2, timeout is 2 seconds:
!!!!!
Success rate is 100 percent (5/5), round-trip min/avg/max = 10/14/33 ms
```

图 10.10   CampusA_Router 路由器上 ping 测试

最后分别在 A 校区和 B 校区内网任选一台主机,用 ping 测试或者用浏览器访问因特网中的 Web 服务器,检查局域网内网在修改了 ACL 规则后,是否还能正常访问因特网。测试结果为均能正常访问,ACL 规则修改成功。

(2)检查 C 校区 VPN 路由器外网口地址与 A 校区和 B 校区出口路由器外网口地址间能否互访。C 校区的 VPN 功能是单独使用一台路由器来实现的。分别在 A 校区和 B 校区的出口路由器上 ping C 校区 VPN 路由器的外网口地址 2.2.9.2,检查能否 ping 通。测试结果为能 ping 通,但通过追踪 ICMP 包的路径发现 VPN 路由器的 ICMP 响应数据包出去的路径不对,不是由 VPN 路由器直接路由到因特网中的 R8 路由器,而是经过局域网内网,通过核心交换机到达出口路由器,再经出口路由器的源地址替换修改后到达因特网的。这样一来,虽然能 ping 通,但由于经过了 NAT 操作,源地址被替换修改了,后期 VPN 协商建立连接时将因 VPN 对端 IP 地址不对而失败。

另外,在 VPN 路由器上 ping A 校区和 B 校区出口路由器的外网口地址时,会发现 ping 不通。通过对 ICMP 数据包的追踪,发现故障原因是 ICMP 包出去时是经过局域网内网,经核心交换机通过 C 校区出口路由器出去,此时源地址被替换修改为 NAT 地址池中的地址,比如 2.2.8.17。ICMP 请求数据包能到达目标主机,目标主机生成的响应数据包回到 C 校区的出口路由器时,路由器上找不到匹配的静态路由,这是因为 NAT 地址池的子网地址在路由器中不会生成路由条目。找不到匹配路由就自动匹配默认路由,路由器的默认路由是路由给因特网中的 R7 路由器,R7 路由器收到后根据 ICMP 包的目标地址又重新路由回 C 校区的出口路由器,这样就导致了路由循环,故网络不通。

通过以上对 ICMP 包的追踪和分析,发现导致该问题的根源是 VPN 路由器到因特网的路由不对,不应该通过局域网内网出去,而应该直接经与它直连的 R8 路由器到达因特网。

通过检查 VPN 路由器的路由配置发现,VPN 路由器配置了 OSPF 动态路由协议,内网口 G0/3/0 和 G0/1/0 加入了局域网的 OSPF 动态路由网络,并配置了一条到 A 校区和 B 校区内网的静态路由,并将该静态路由发布到了 OSPF 动态路由协议,这条路由的走向配置是正确的。从中可见,VPN 路由器上只配置了到 A 校区和 B 校区内网的路由,缺少了到因特网的路由,这是导致该故障的原因。但在该路由器上不能添加到因特网的默认路由,因为在 C 校区的出口路由器上已经添加了到因特网的默认路由,并将该默认路由重分发到了 OSPF 路由协议,VPN 路由器通过 OSPF 路由协议已经学习到了这条默认路由,所以 VPN 路由器到因特网会通过核心交换机到达出口路由器,然后通过出口路由器到因特网就是这个原因。

明白了问题产生的根源之后就好解决了,这条链路是专门承载 VPN 流量的,VPN 协商建立连接时会访问 VPN 对端路由器(A 校区和 B 校区的出口路由器)的外网口地址,因此,可在 VPN 路由器上针对 A 校区和 B 校区的出口路由器外网口所使用的地址段,配置添加到因特网的静态路由,路由下一跳指向因特网中的 R8 路由器。为此,修改 VPN 路由器的路由配置,添加以下路由配置。

```
VPN#config t
VPN(config)#ip route 1.1.1.0 255.255.255.252 2.2.9.1
VPN(config)#ip route 2.2.2.0 255.255.255.252 2.2.9.1
VPN(config)#end
VPN#write
```

在 VPN 路由器上增加路由配置后,重新 ping A 校区和 B 校区路由器的外网口地址,检查能否 ping 通。测试结果为均能 ping 通,如图 10.11 所示。

到此为止,A 校区和 B 校区的出口路由器与 C 校区的 VPN 路由器外网口地址间就能相互 ping 通了,彼此间的因特网网络通畅。

A 校区与 C 校区是点对点的 VPN 连接,B 校区与 C 校区是点对点的 VPN 连接,C 校区是 VPN 的主节点,因此,路由器外网口之间必须要能 ping 得通。到此,VPN 配置前的保障工作已完成。

3. 配置 A 校区 VPN 功能

在 A 校区的出口路由器上增加配置 VPN 功能,实现 NAT 与 VPN 功能的二合一运

```
VPN#ping 1.1.1.2

Type escape sequence to abort.
Sending 5, 100-byte ICMP Echos to 1.1.1.2, timeout is 2 seconds:
!!!!!
Success rate is 100 percent (5/5), round-trip min/avg/max =
11/19/36 ms

VPN#ping 2.2.2.2

Type escape sequence to abort.
Sending 5, 100-byte ICMP Echos to 2.2.2.2, timeout is 2 seconds:
!!!!!
Success rate is 100 percent (5/5), round-trip min/avg/max =
0/9/33 ms
```

图 10.11　VPN 路由器 ping A 校区和 B 校区路由器外网口地址

行。A 校区与 C 校区建立点对点的 VPN 连接,VPN 对端是 C 校区 VPN 路由器的外网口地址,为 2.2.9.2。

配置命令如下:

```
CampusA_Router#config t
!配置 VPN 感兴趣的流量,即定义允许哪些流量能通过 VPN 链路
!A 校区内网访问 C 校区内网允许通过 VPN 链路
CampusA_Router(config)#access-list 103 permit ip 10.0.0.0 0.7.255.255 10.16.0.
0 0.7.255.255
!其余流量均不允许通过 VPN 链路
CampusA_Router(config)#access-list 103 deny ip any any
!激活 VPN 功能
CampusA_Router(config)#crypto isakmp enable
!配置协商策略
CampusA_Router(config)#crypto isakmp policy 10
CampusA_Router(config-isakmp)#authentication pre-share
CampusA_Router(config-isakmp)#encryption aes 256
CampusA_Router(config-isakmp)#hash sha
CampusA_Router(config-isakmp)#group 5
CampusA_Router(config-isakmp)#exit
!配置 VPN 身份认证的密钥和 VPN 对端地址
CampusA_Router(config)#crypto isakmp key VPNPassLock24361 address 2.2.9.2
!配置变换集
CampusA_Router(config)#crypto ipsec transform-set mytfset esp-aes 256 esp-sha-
hmac
!配置加密映射条目 2,用于 A 校区与 C 校区间的 VPN
CampusA_Router(config)#crypto map vpnmap 2 ipsec-isakmp
CampusA_Router(config-crypto-map)#match address 103
CampusA_Router(config-crypto-map)#set transform-set mytfset
CampusA_Router(config-crypto-map)#set peer 2.2.9.2
CampusA_Router(config-crypto-map)#exit
!将加密映射应用到路由器的外网口
CampusA_Router(config)#int g0/0/0
CampusA_Router(config-if)#crypto map vpnmap
CampusA_Router(config-if)#end
```

```
CampusA_Router#write
CampusA_Router#exit
```

4. 配置 B 校区 VPN 功能

在 B 校区的出口路由器上增加配置 VPN 功能,实现 NAT 与 VPN 功能的二合一运行。B 校区与 C 校区建立点对点的 VPN 连接,VPN 对端为 C 校区 VPN 路由器的外网口地址,为 2.2.9.2。

配置命令如下:

```
CampusB_Router>enable
CampusB_Router#config t
!B 校区内网访问 C 校区内网允许通过 VPN 链路
CampusB_Router(config)#access-list 103 permit ip 10.8.0.0 0.7.255.255 10.16.0.
0 0.7.255.255
CampusB_Router(config)#access-list 103 deny ip any any
!配置 VPN 功能
CampusB_Router(config)#crypto isakmp enable
CampusB_Router(config)#crypto isakmp policy 10
CampusB_Router(config-isakmp)#authentication pre-share
CampusB_Router(config-isakmp)#encryption aes 256
CampusB_Router(config-isakmp)#hash sha
CampusB_Router(config-isakmp)#group 5
CampusB_Router(config-isakmp)#exit
CampusB_Router(config)#crypto isakmp key VPNPassLock24361 address 2.2.9.2
CampusB_Router(config)#crypto ipsec transform-set mytfset esp-aes 256 esp-sha-
hmac
CampusB_Router(config)#crypto map vpnmap 2 ipsec-isakmp
CampusB_Router(config-crypto-map)#match address 103
CampusB_Router(config-crypto-map)#set peer 2.2.9.2
CampusB_Router(config-crypto-map)#set transform-set mytfset
CampusB_Router(config-crypto-map)#exit
CampusB_Router(config)#int g0/0/0
CampusB_Router(config-if)#crypto map vpnmap
CampusB_Router(config-if)#end
CampusB_Router#write
CampusB_Router#exit
```

5. 配置 C 校区 VPN 功能

在 C 校区的 VPN 路由器上配置 VPN 功能。C 校区能分别与 A 校区和 B 校区建立点对点的 VPN,从而实现一点对两点的 VPN 应用,因此,VPN 对端有两个,分别是 A 校区出口路由器的外网口地址 1.1.1.2 和 B 校区出口路由器的外网口地址 2.2.2.2。

```
VPN>enable
VPN#config t
VPN(config)#access-list 102 permit ip 10.16.0.0 0.7.255.255 10.0.0.0 0.7.
255.255
```

```
VPN(config)#access-list 102 deny ip any any
VPN(config)#access-list 103 permit ip 10.16.0.0 0.7.255.255 10.8.0.0 0.7.
255.255
VPN(config)#access-list 103 deny ip any any
VPN(config)#crypto isakmp enable
VPN(config)#crypto isakmp policy 10
VPN(config-isakmp)#authentication pre-share
VPN(config-isakmp)#encryption aes 256
VPN(config-isakmp)#hash sha
VPN(config-isakmp)#group 5
VPN(config-isakmp)#exit
!配置 VPN 身份认证所需的认证密码和 VPN 对端地址
VPN(config)#crypto isakmp key VPNPassLock24361 address 1.1.1.2
VPN(config)#crypto isakmp key VPNPassLock24361 address 2.2.2.2
VPN(config)#crypto ipsec transform-set mytfset esp-aes 256 esp-sha-hmac
!配置加密映射条目 1
VPN(config)#crypto map vpnmap 1 ipsec-isakmp
VPN(config-crypto-map)#match address 102
VPN(config-crypto-map)#set peer 1.1.1.2
VPN(config-crypto-map)#set transform-set mytfset
VPN(config-crypto-map)#exit
!配置加密映射条目 2
VPN(config)#crypto map vpnmap 2 ipsec-isakmp
VPN(config-crypto-map)#match address 103
VPN(config-crypto-map)#set peer 2.2.2.2
VPN(config-crypto-map)#set transform-set mytfset
VPN(config-crypto-map)#exit
VPN(config)#int g0/2/0
VPN(config-if)#crypto map vpnmap
VPN(config-if)#end
VPN#write
VPN#exit
```

6. VPN 测试

(1) 分别在 A 校区内网和 B 校区内网任选一台主机,利用 ping 命令,访问测试 C 校区内网中使用私网地址的服务器,比如 10.16.250.11,检查能否 ping 通。测试结果为均能 ping 通。

① 查看 ISAKMP SA 的配置与状态信息。在 C 校区的 VPN 路由器的特权执行模式下,执行 show crypto isakmp sa 命令,查看 ISAKMP SA 的状态信息,如图 10.12 所示。从中可见,C 校区与 A 校区、C 校区与 B 校区之间的 VPN 连接的第一阶段协商成功,并成功建立起了 ISAKMP SA。

在 A 校区出口路由器的特权执行模式下,执行 show crypto isakmp sa 命令,查看 ISAKMP SA 的状态信息,如图 10.13 所示。

在 B 校区出口路由器的特权执行模式下,执行 show crypto isakmp sa 命令,查看 ISAKMP SA 的状态信息,如图 10.14 所示。

```
VPN#show cry isa sa
IPv4 Crypto ISAKMP SA
dst             src             state           conn-id slot status
1.1.1.2         2.2.9.2         QM_IDLE            1037     0 ACTIVE

2.2.2.2         2.2.9.2         QM_IDLE            1087     0 ACTIVE
```

图 10.12　VPN 路由器的 ISAKMP SA 状态信息

```
CampusA_Router#show crypto isakmp sa
IPv4 Crypto ISAKMP SA
dst             src             state           conn-id slot status
2.2.9.2         1.1.1.2         QM_IDLE            1038     0 ACTIVE
```

图 10.13　A 校区出口路由器的 ISAKMP SA 状态信息

```
CampusB_Router#show crypto isakmp sa
IPv4 Crypto ISAKMP SA
dst             src             state           conn-id slot status
2.2.9.2         2.2.2.2         QM_IDLE            1056     0 ACTIVE
```

图 10.14　B 校区出口路由器的 ISAKMP SA 状态信息

② 查看 IPSec SA 的配置与状态信息。IPSec VPN 在建立连接时,采用两阶段协商,第一阶段协商成功后建立起 ISAKMP SA,第二阶段协商成功后建立起 IPSec SA。IPSec SA(安全关联)是单向的,协商成功后,会建立起两条单向的 IPSec SA,一条用于发送加密数据,另一条用于接收加密数据。

在 C 校区 VPN 路由器的特权执行模式下,执行 show crypto ipsec sa 命令,查看 IPSec SA 的状态信息。C 校区是 VPN 的主节点,有两个 VPN 对端。对于每一个 VPN 对端,会建立起两条单向的 IPSec SA,总共有四条,显示的内容较多,根据 VPN 对端的不同,将显示内容拆分成两个图展示。C 校区与 A 校区之间建立的 IPSec SA 如图 10.15 所示。

从图 10.15 中可见,当前路由器与 VPN 对端 1.1.1.2 成功建立了 inbound esp sas(用于接收加密数据)和 outbound esp sas(用于外发加密数据)共计两条 IPSec SA。

C 校区与 B 校区之间建立的 IPSec SA 如图 10.16 所示。

从图 10.16 中可见,当前路由器与 VPN 对端 2.2.2.2 成功建立了 inbound esp sas(用于接收加密数据)和 outbound esp sas(用于外发加密数据)共计两条 IPSec SA。

(2) 在 C 校区内网任选一台主机,利用 ping 命令测试对 A 校区内网和 B 校区内网的访问,以检查 VPN 链路的通畅性。

VPN 连接是双向的,可以双向互相访问,前面分别在 A 校区内网和 B 校区内网对 C 校区内网进行了访问测试,测试结果为能正常访问,说明 VPN 链路是通畅的。为稳妥起见,下面在 C 校区内网任选一台主机,对 A 校区内网和 B 校区内网进行 ping 测试。

① C 校区内网访问 A 校区内网。局域网内网之间的互访,主要访问的是局域网内使用私网地址的服务器。对于使用公网地址的服务器,直接通过因特网正常访问,不用通过 VPN 隧道访问。因此,下面访问测试 A 校区 DMZ 中使用私网地址的服务器。

```
VPN#show crypto ipsec sa

interface: GigabitEthernet0/2/0
    Crypto map tag: vpnmap, local addr 2.2.9.2

  protected vrf: (none)
  local  ident (addr/mask/prot/port):
(10.16.0.0/255.248.0.0/0/0)
  remote  ident (addr/mask/prot/port):
(10.0.0.0/255.248.0.0/0/0)
  current_peer 1.1.1.2 port 500
   PERMIT, flags={origin_is_acl,}
  #pkts encaps: 15, #pkts encrypt: 15, #pkts digest: 0
  #pkts decaps: 15, #pkts decrypt: 15, #pkts verify: 0
  #pkts compressed: 0, #pkts decompressed: 0
  #pkts not compressed: 0, #pkts compr. failed: 0
  #pkts not decompressed: 0, #pkts decompress failed: 0
  #send errors 0, #recv errors 14

    local crypto endpt.: 2.2.9.2, remote crypto endpt.:1.1.1.2
    path mtu 1500, ip mtu 1500, ip mtu idb GigabitEthernet0/2/0
    current outbound spi: 0xB7C2C83A(3082995770)

    inbound esp sas:
     spi: 0x55F17FFF(1441890303)
       transform: esp-aes 256 esp-sha-hmac ,
       in use settings ={Tunnel, }
       conn id: 2003, flow_id: FPGA:1, crypto map: vpnmap
       sa timing: remaining key lifetime (k/sec): (4525504/2199)
       IV size: 16 bytes
       replay detection support: N
       Status: ACTIVE

    inbound ah sas:

    inbound pcp sas:

    outbound esp sas:
     spi: 0xB7C2C83A(3082995770)
       transform: esp-aes 256 esp-sha-hmac ,
       in use settings ={Tunnel, }
       conn id: 2004, flow_id: FPGA:1, crypto map: vpnmap
       sa timing: remaining key lifetime (k/sec): (4525504/2199)
       IV size: 16 bytes
       replay detection support: N
       Status: ACTIVE

    outbound ah sas:

    outbound pcp sas:
```

图 10.15　C 校区与 A 校区之间建立的 IPSec SA

在 C 校区内网任选一台 PC,在命令行 ping 10.0.0.11 的 Web 服务器,检查能否 ping 通。测试结果为不能 ping 通。对 ICMP 数据包进行追踪,发现 ICMP 数据包到达 A 校区的防火墙设备时,被防火墙丢弃了。进一步检查防火墙的 101 号 ACL 规则,发现以前在配置规则时,只允许 ping DMZ 中 IP 地址为 1.1.1.18 的主机。

修改防火墙的 101 号 ACL 规则,允许所有主机 ping DMZ 中的所有服务器。修改防火墙规则后,重新进行 ping 测试。测试结果为能 ping 通。

接下来 ping 10.0.0.10 的 Web 服务器,将会发现 ping 不通。这是因为该台服务器在路由器上配置了端口映射。由于配置了端口映射,直接使用映射的公网地址通过因特网

```
   local  ident (addr/mask/prot/port):
(10.16.0.0/255.248.0.0/0/0)
   remote  ident (addr/mask/prot/port):
(10.8.0.0/255.248.0.0/0/0)
   current_peer 2.2.2.2 port 500
    PERMIT, flags={origin_is_acl,}
   #pkts encaps: 14, #pkts encrypt: 14, #pkts digest: 0
   #pkts decaps: 14, #pkts decrypt: 14, #pkts verify: 0
   #pkts compressed: 0, #pkts decompressed: 0
   #pkts not compressed: 0, #pkts compr. failed: 0
   #pkts not decompressed: 0, #pkts decompress failed: 0
   #send errors 0, #recv errors 0

    local crypto endpt.: 2.2.9.2, remote crypto endpt.:2.2.2.2
    path mtu 1500, ip mtu 1500, ip mtu idb GigabitEthernet0/2/0
    current outbound spi: 0x3E54E81C(1045751836)

    inbound esp sas:
     spi: 0x16F26C32(384986162)
       transform: esp-aes 256 esp-sha-hmac ,
       in use settings ={Tunnel, }
       conn id: 2002, flow_id: FPGA:1, crypto map: vpnmap
       sa timing: remaining key lifetime (k/sec): (4525504/2227)
       IV size: 16 bytes
       replay detection support: N
       Status: ACTIVE

    inbound ah sas:

    inbound pcp sas:

    outbound esp sas:
     spi: 0x3E54E81C(1045751836)
       transform: esp-aes 256 esp-sha-hmac ,
       in use settings ={Tunnel, }
       conn id: 2003, flow_id: FPGA:1, crypto map: vpnmap
       sa timing: remaining key lifetime (k/sec): (4525504/2227)
       IV size: 16 bytes
       replay detection support: N
       Status: ACTIVE

    outbound ah sas:

    outbound pcp sas:
```

图 10.16　C 校区与 B 校区之间建立的 IPSec SA

正常访问,不必使用私网地址通过 VPN 隧道来访问。

通过以上测试,证明 C 校区内网访问 A 校区内网成功。

② C 校区内网访问 B 校区内网。B 校区内网没有部署服务器,在 C 校区内网任选一台 PC,在命令行 ping B 校区内网任意一台 PC,检查能否 ping 通。测试结果为能 ping通,C 校区内网访问 B 校区内网成功。

(3) 查看 VPN 数据的封装情况。将 Cisco Packet Tracer 模拟器设置为模拟运行模式,然后在 A 校区内网任选一台主机,在命令行执行 ping 10.16.250.11 命令,当数据包到达 A 校区出口路由器上时,对该数据包解码,查看数据包的源 IP 和目标 IP 地址的变化情况,如图 10.17 所示。

从解码的 VPN 数据包可见,A 校区主机 10.1.0.20 访问 C 校区目标主机 10.16.250.11 的 IP 数据包从内网口进入路由器之后,路由器对该 IP 数据包进行了 VPN 封装,增加

305

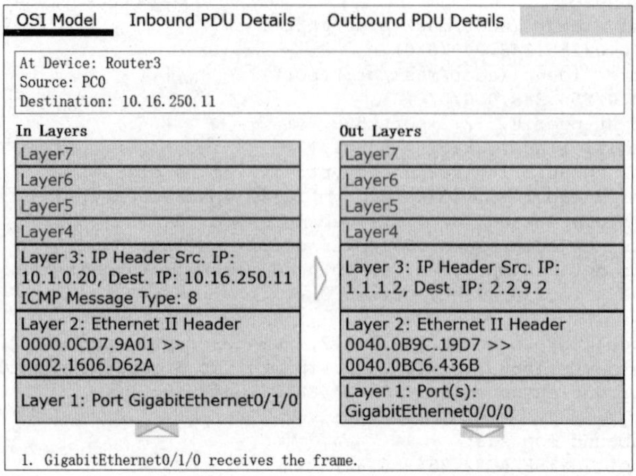

图 10.17　从路由器外网口出去时对 IP 数据包进行 VPN 封装

了新的 IP 包头,源 IP 地址设置为本地路由器的外网口地址 1.1.1.2,目标 IP 地址设置为
VPN 对端路由器的外网口地址 2.2.9.2。然后将封装后的 VPN 数据包路由到因特网。
对 IP 数据包封装后,源 IP 和目标 IP 都变为公网地址,可以在因特网中正常路由转发。

　　VPN 数据包通过因特网的路由,最终到达目标路由器 2.2.9.2,从外网口流入路由器
后,路由器将对 VPN 数据包进行解封和解密,从而还原出原始的 IP 数据包,如图 10.18
所示。VPN 数据包解封后,然后根据原始 IP 数据包的目标地址进行路由转发,这样数据
包就能到达内网的目标主机了。

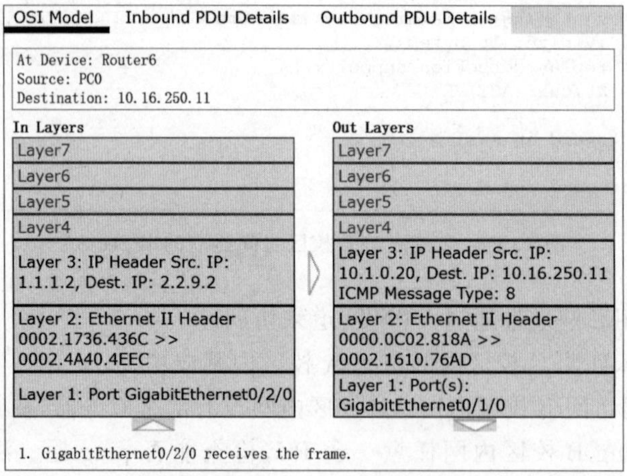

图 10.18　从路由器外网口流入时对 IP 数据包进行 VPN 解封

　　(4) 校区间内网服务访问测试。前面的测试是利用 ping 命令来实现的,主要检测网
络是否通畅。下面用浏览器访问 Web 服务器,检查利用 VPN 链路,能否正常访问内网中
使用私网地址的服务器。

　　① 在 A 校区内网任选一台主机,用浏览器访问 10.16.250.11 主机的 Web 服务,检查
能否正常访问。测试结果为能正常访问。

② 在 B 校区内网任选一台主机，用浏览器访问 10.16.250.11 主机的 Web 服务，检查能否正常访问。测试结果为能正常访问。

③ 在 C 校区内网任选一台主机，用浏览器访问 10.0.0.11 主机的 Web 服务，检查能否正常访问。测试结果为能正常访问。

（5）在三个校区的局域网内网任选主机，用浏览器访问因特网中的 Web 服务器和局域网内部的 Web 服务器，检查是否都能访问。经访问测试，全部都能正常访问。只有 C 校区的 10.16.250.10 服务器，在前面的配置中没有为其配置端口映射，故不能访问。为其配置端口映射，然后在因特网的 DNS 服务器中为其添加域名解析，之后就可使用域名地址（www.lib.cqut.edu.cn）进行访问。

到此为止，本书介绍的案例高校的三个校区的局域网络建设工程全部完成，并配置实现了以 C 校区为 VPN 主节点，A 校区和 B 校区为 VPN 子节点的一点对两点的 VPN 应用，实现了三个校区远距离的内网互联互通。

实训　配置实现一点对多点的 VPN 应用

【实训目的】　熟悉和掌握 VPN 的配置步骤与配置方法，理解和掌握一点对多点 VPN 应用的配置与实现方法。

【实训环境】　Cisco Packet Tracer v8.0.0.x。

【实训内容与要求】

以前面配置完成的案例高校的网络拓扑为基础，将 C 校区作为 VPN 主节点，A 校区和 B 校区作为 VPN 子节点，配置实现一点对两点的 VPN 应用，实现 A 校区与 C 校区之间内网、B 校区与 C 校区之间内网能相互访问。

参 考 文 献

1. 谢希仁.计算机网络[M].4 版.北京：电子工业出版社,2004.
2. 李学锋,郑毅.网络工程设计与项目实训[M].南京：东南大学出版社,2016.